石油教材出版基金资助项目

石油高等院校特色规划教材

化学工程与工艺专业实验

(第二版·富媒体)

主　编　李　传　孙昱东
副主编　张淑霞　王纯正

石油工业出版社

内 容 提 要

本书结合化学工程与工艺专业实验教学的特点，以石油加工和石油化工为主线，在详细介绍化工专业实验基本知识的基础上，系统讲述油品分析实验和化工专业课程实验的相关内容。本书既注重培养学生对专业基础理论知识的认识与理解，又注重培养学生的基本实验技能、综合动手能力，以及对实验现象进行分析、归纳和总结的能力，以期为今后从事相关领域的生产和科研打下良好的基础。

本书可供高等院校化工专业的本科生、专科生及研究生使用，也可作为相关技术人员、科研人员及化验分析操作人员的参考资料。

图书在版编目（CIP）数据

化学工程与工艺专业实验：富媒体/李传，孙昱东主编. -- 2版. -- 北京：石油工业出版社，2024.8. （石油高等院校特色规划教材）. --ISBN 978-7-5183-6763-4

Ⅰ. TE65-33

中国国家版本馆 CIP 数据核字第 2024RG4084 号

出版发行：石油工业出版社

（北京市朝阳区安华里二区 1 号楼 100011）

网　　址：www.petropub.com

编辑部：（010）64256990

图书营销中心：（010）64523633　　（010）64523731

经　　销：全国新华书店

排　　版：三河市聚拓图文制作有限公司

印　　刷：北京中石油彩色印刷有限责任公司

2024 年 8 月第 2 版　　2024 年 8 月第 1 次印刷

787 毫米×1092 毫米　　开本：1/16　　印张：14

字数：358 千字

定价：39.00 元

（如发现印装质量问题，我社图书营销中心负责调换）

版权所有，翻印必究

第二版前言

化学工程与工艺专业是以过程工业为背景，在化学和其他相关学科基础上实现物质加工生产过程的一门工程技术专业，是主要研究化工类生产过程以及过程技术的基本规律，并运用这些规律建立有关的基本理论和基本方法，解决与生产、研究、设计和优化等相关问题的工程技术学科。

化学工程与工艺专业具有非常强的工程实践性，"化学工程与工艺专业实验"是在学生学习专业课程之后开设的一门专业实验课，是化学工程与工艺专业重要的实践教学环节之一。通过本课程的学习，一方面巩固学生对本专业基础理论知识的认识与理解，另一方面培养学生的基本实验技能、综合动手能力及对实验现象进行分析、归纳和总结的能力，熟悉和正确使用化工专业实验室中常用的仪器、仪表和设备，掌握化工专业实验技能、实验数据的处理方法以及工程实验的设计和组织方法，为今后从事相关领域的科研和生产实践打下良好的基础。

本教材结合专业特点，根据高等院校石油类专业本科指导性专业规范的要求及化学工程与工艺专业实验课程教学大纲撰写而成，主要突出以下特点：

（1）教材内容模块化。注重实验项目的归类，按照油品分析实验到专业实验，最后到专业综合实验的原则循序渐进，逐步提升学生的实验操作技能。

（2）内容丰富、知识覆盖面广、方向性和实用性强。各种类型实验统筹安排，有利于学生完全地、系统地掌握化工专业实验技术，培养工程实验能力。

（3）信息化程度高。教材采用"富媒体"形式，将实验装置介绍、演示视频、思政案例等内容以二维码技术体现，学生通过识别每个实验项目后面对应的二维码即可获得相关知识，简单、方便、快捷，富有时代气息，并且内容能够不断更新完善。

本教材以石油加工和石油化工为主线，介绍相关的专业实验内容。本教材内容包括四部分：化工专业实验基本知识、油品分析实验方法、化工专业课程实验和专业综合实验。化工专业课程实验基本知识部分主要介绍了化工实验室对安全、卫生以及实验过程的要求，使学生在进入实验室前建立起良好的安全、环保意识；油品分析实验方法部分主要介绍了常见石油产品性质分析相关的标准方法，部分性质分析还介绍了多种重要标准实验方法；化工专业课程实验部分主要介绍了化学反应工程、化工热力学、化学工艺学等专业课程相关的通用型实验；专业综合实验部分以培养具有创新能力的、满足石油化工行业需求的综合性化工类人才为目标，选择特色鲜明的乙酸乙酯合成及水解综合实训实验、固体流态化综合实训实验作为实训教学项目，构建了多学科交叉、多专业共享、多模块组合、多功能集成、多手段教学的全过程实践教学平台。

本教材由中国石油大学（华东）化学化工学院组织相关教师编写，由李传、孙昱东担任主编并统稿，由张淑霞、王纯正担任副主编。参与本教材撰写的人员还有李俊玲、郭燕生、文萍、沐宝泉、李庶峰、祝晓琳等老师。具体的编写分工如下：李传、孙昱东负责撰写第一章，张淑霞、李俊玲、文萍负责撰写第二章，王纯正、沐宝泉、李庶峰、郭燕生负责撰写第三章，张淑霞、祝晓琳负责撰写第四章。

由于编者水平所限，教材中难免存在一些不足之处，恳请读者批评指正并提出宝贵的意见和建议，我们一定会努力完善和提高。

编 者
2023 年 11 月于青岛

第一版前言

化学工程与工艺专业是以过程工业为背景，在化学和其他相关学科基础上实现物质加工生产过程的一门工程技术专业，是主要研究化工类生产过程以及过程技术的基本规律，并运用这些规律建立有关的基本理论和基本方法，解决与生产、研究、设计和优化等相关问题的工程技术学科。

化学工程与工艺专业具有非常强的工程实践性，"化学工程与工艺专业实验"是在学生学习专业课程之后开设的一门专业实验课，是化学工程与工艺专业重要的实践教学环节之一。通过本课程的学习，一方面巩固学生对专业基础理论知识的认识与理解，另一方面培养学生的基本实验技能、综合动手能力及对实验现象进行分析、归纳和总结的能力，熟悉和正确使用化工专业实验室中常用的仪器、仪表和设备，掌握化工专业实验技能、实验数据的处理方法以及工程实验的设计和组织方法，为今后从事相关领域的科研和生产实践打下良好的基础。

本教材结合化学工程与工艺专业的特点，以石油加工和石油化工为主线，介绍了相关的专业实验内容。本教材内容主要包括三部分——化工实验基本常识、油品分析实验和化工专业课程实验。化工实验基本常识部分主要介绍了化工实验室对安全、卫生以及实验过程的要求，使学生在进入实验室前建立起良好的安全、环保意识；油品分析实验部分主要介绍了常见油品分析相关的标准方法，部分分析还介绍了多种重要的标准实验方法；化工专业课程实验部分主要介绍了化学反应工程、化工热力学、化学工艺学等专业课程相关的通用型实验。

本教材由孙昱东组织编写并担任主编，杨朝合教授担任主审。参与本教材编写的还有张秀英、李俊玲、宋春敏、齐选良、刘会娥、杨晓亚、杨金荣、南国枝、李水平，丁雪对全书进行了校定，在此深表感谢。

由于编者水平所限，书中难免存在不少纰漏，希望各位老师和同学对其中的不足之处给予批评指正。

编者
2013 年 6 月

目录

第一章 化工专业实验基本知识 ... 1
第一节 化工实验室规章制度 ... 1
第二节 实验室人员伤害急救措施 ... 7
第三节 实验设备的安全使用 ... 8
第四节 灭火器材使用须知 ... 9
第五节 实验室学生实验守则 ... 11
第六节 学生实验考勤考核办法 ... 12
第七节 预习、记录、数据处理及实验报告要求 ... 12

第二章 油品分析实验方法 ... 15
油品分析简介 ... 15
实验一 原油的实沸点蒸馏 ... 21
实验二 石油产品水分测定法 ... 28
实验三 石油产品常压蒸馏特性测定 ... 31
实验四 石油产品运动黏度测定 ... 43
实验五 深色石油产品运动黏度测定法（逆流法）和动力黏度计算法 ... 49
实验六 深色石油产品硫含量测定法（管式炉法） ... 52
实验七 石油产品硫含量测定法（燃灯法） ... 57
实验八 轻质烃及发动机燃料和其他油品的总硫含量测定法（紫外荧光法） ... 60
实验九 原油和液体石油产品密度实验室测定法（密度计法） ... 66
实验十 石油和液体石油产品密度测定法（比重瓶法） ... 70
实验十一 石油产品闪点测定（闭口杯法） ... 75
实验十二 石油产品闪点与燃点测定法（开口杯法） ... 78
实验十三 石油产品凝点测定法 ... 81
实验十四 馏分燃料冷滤点测定法 ... 85
实验十五 石油产品和烃类溶剂苯胺点和混合苯胺点测定法 ... 88
实验十六 石油产品的酸度和酸值测定 ... 92
实验十七 石油产品水溶性酸及碱测定法 ... 97
实验十八 石油产品和添加剂机械杂质测定法（重量法） ... 100
实验十九 石油产品灰分测定法 ... 103
实验二十 石油产品残炭测定法（康氏法） ... 106
实验二十一 石油产品残炭测定法（电炉法） ... 112

第三章　化工专业课程实验 ... 115

化工专业课程实验简介 ... 115
实验一　气相色谱法测定无限稀释溶液的活度系数 ... 115
实验二　二元体系气液平衡数据的测定 ... 121
实验三　乙醇气固相脱水制乙烯动力学实验 ... 130
实验四　连续搅拌釜式反应器停留时间分布的测定 ... 136
实验五　固定床与流化床反应器流动特性的测试 ... 140
实验六　溶剂油分子筛吸附脱芳实验 ... 145
实验七　乙苯脱氢制苯乙烯实验 ... 148
实验八　邻二甲苯气固相氧化制邻苯二甲酸酐 ... 155
实验九　石脑油管式炉裂解制乙烯 ... 161
实验十　雪花膏的配制 ... 166
实验十一　皂基型洗面奶的制备与性能检测 ... 169
实验十二　非离子表面活性剂的合成与性能测定 ... 172
实验十三　大分子有机酸酯的合成及性能测试 ... 175
实验十四　超滤膜的制备及性能测试 ... 178
实验十五　双酚 A 型低分子量环氧树脂的制备 ... 182
实验十六　酯交换法合成生物柴油 ... 185

第四章　专业综合实验 ... 189

实验一　乙酸乙酯合成及水解综合实验 ... 189
实验二　气固流态化综合实验 ... 205

参考文献 ... 216

富媒体资源目录

序号	名称	内容	页码
1	富媒体1 原油的实沸点蒸馏	实验操作视频、实验PPT	21
2	富媒体2 石油产品水分测定法	实验操作视频、实验PPT	28
3	富媒体3 石油产品常压蒸馏特性测定	实验操作视频、实验PPT	31
4	富媒体4 石油产品运动黏度测定	实验操作视频、实验PPT	43
5	富媒体5 深色石油产品硫含量测定法（管式炉法）	实验操作视频、实验PPT	52
6	富媒体6 石油产品密度测定	实验PPT	66
7	富媒体7 石油产品闪点测定	实验操作视频、实验PPT、实验课程思政	75
8	富媒体8 石油产品凝点测定	实验操作视频、实验PPT、实验课程思政	81
9	富媒体9 石油产品残炭测定	实验操作视频、实验PPT、实验课程思政	106
10	富媒体10 气相色谱法测定无限稀释溶液的活度系数	实验操作视频、实验PPT、实验课程思政	116
11	富媒体11 二元体系气液平衡数据的测定	实验操作视频、实验PPT	121
12	富媒体12 乙醇气固相脱水制乙烯动力学实验	实验操作视频、实验PPT、实验虚拟仿真	130
13	富媒体13 连续搅拌釜式反应器停留时间分布的测定	实验操作视频、实验PPT	136
14	富媒体14 固定床与流化床反应器流动特性的测试	实验PPT	140
15	富媒体15 溶剂油分析筛吸附脱芳实验	实验操作视频、实验PPT	145
16	富媒体16 乙苯脱氢制苯乙烯实验	实验操作视频、实验PPT	148
17	富媒体17 邻二甲苯气固相氧化制邻苯二甲酸酐	实验操作视频、实验PPT	155
18	富媒体18 石脑油管式炉裂解制乙烯	实验操作视频、实验PPT	161
19	富媒体19 雪花膏的配制	实验操作视频、实验PPT、实验课程思政	166

第一章

化工专业实验基本知识

第一节　化工实验室规章制度

　　化工实验中经常使用各种有毒或易燃易爆化学药品和仪器设备,以及水、电、煤气等,还经常会遇到高温、低温、高压、真空、高电压、高频和带有辐射源的实验条件和仪器,若缺乏必要的安全防护知识和规章制度,将会造成人员生命和财产的巨大损失。实验室安全管理工作是确保实验室教学、科研工作正常进行的前提条件。因此,化工实验室必须建立相应的安全责任制和各种安全规章制度,加强安全管理。

一、总则

　　(1) 对进入实验室的工作人员和学生要进行安全教育和培训。首次做实验的人员必须在掌握各项实验室安全管理办法和基本知识、熟悉各项操作规程后,方可进行实验。

　　(2) 学生进入实验室,首先要熟悉实验室的整体安排和环境,了解实验室安全用具放置的位置、水和电阀门的安排,熟悉各种安全用具(如灭火器、沙桶等)的使用方法。

　　(3) 在实验室中应积极宣传、普及一般防护和急救知识和技能,如烧伤、创伤、中毒、触电等的避免和急救处理办法。

　　(4) 实验室应有定期进行各项检查的制度。

　　(5) 大型精密贵重仪器要有操作规程挂墙,运行时须由经过培训并拿到上岗证的人员指导操作,实验过程中必须严格按操作规程运作。大型精密贵重仪器使用及维修情况必须记录存档。

　　(6) 实验室存放贵重物品和危险品要有严密的保管措施,防止丢失或污染。保管和领出使用要由两个专人共同负责,避免发生事故。实验室"三废"(废气、废液和废渣)的排放要符合环保要求。

　　(7) 保证实验室的消防通道和人行通道畅通,不允许在走廊过道和楼梯间设立铁闸、物品架、实验台或堆放仪器设备及杂物等。

　　(8) 经常检查实验室的电源、气源、水源、火源和放射源是否安全,发现隐患要及时整改。根据实验室的特点,设置相应的消防器材,定期检查更换,保证器材随时可用。

　　(9) 非工作时间要关窗锁门,关闭电源、火源和气源。空调机、烘箱和电炉等大功率耗电设备一般不通宵开机。节假日使用实验室须报经实验室主任批准。除实验楼值班人员外,一律不许住人。

（10）保持实验室内安静，不得在实验楼内大声喧哗、追逐打闹。除实验需要外，不准在实验室内使用明火和蒸煮食品。实验期间，学生不能在不同的实验室之间串岗。

（11）发生事故，除立即组织抢救处理外，必须按规定上报。重大事故，要保护好现场。对事故的责任者将依据情节轻重给予行政处分，造成损失的按学校有关规定责令赔偿，构成违法犯罪的送交司法部门处理。

二、实验室安全规定

1. 穿着规定

（1）进入实验室，必须按规定穿着工作服，必要时可穿防静电工作服。

（2）对危害性物质、挥发性有机溶剂、特定化学物质或其他列管毒性化学物质等化学药品进行操作或实验研究，必须要穿戴防护用品（防护口罩、防护手套、防护眼镜等）。

（3）实验操作过程中，严禁配戴隐形眼镜（防止化学药剂溅入眼睛而腐蚀眼睛）。

（4）须将长发及松散衣服妥善固定，且在药品处理过程中必须穿着鞋子（不允许穿拖鞋、凉鞋）。

（5）操作高温实验时，必须配戴防高温手套。

（6）操作易碎玻璃制品时，必须配戴防护手套。

2. 饮食规定

（1）严禁在实验室内吃食物、喝饮料，使用化学药品后需先洗净双手方能进食。

（2）严禁在实验室内吃口香糖等。

（3）禁止使用实验器皿和设备蒸煮食物。

（4）食物禁止储藏在储有化学药品的冰箱或储藏柜内。

（5）不得使用化学器皿盛放食物，也不得把餐具等带入实验室。

3. 药品领用、存储及实验操作相关规定

（1）实验室药品须由专人负责管理。

（2）操作危险性化学药品请务必遵守操作守则或遵照老师要求的操作流程进行实验，严禁自行更改实验流程。

（3）拿取药品时，该确认容器上标示的名称是否为需要的实验用药品。

（4）领取药品时，请看清楚药品的等级、危害标示和图样，是否为危险性物品。

（5）实验室中的危险性及易制毒药品应有严格的管理制度，药品的领取和使用必须有严格的登记制度，对此类药品的使用应全程跟踪。

（6）使用挥发性有机溶剂、强酸强碱、高腐蚀性、有毒性的药品时必须在通风橱内进行操作。

（7）有机溶剂，固体化学药品，酸、碱化合物均需分开存放，挥发性化学药品必须放置在具有通风功能的药品柜内。

（8）高挥发性或易于氧化的化学药品必须存放于低温的冰箱或冰柜中。易光解、易氧化的药品，应存放于棕色瓶中并放置于阴凉通风处或冰箱内。

（9）严禁独自一人操作危险性化学药品和实验仪器。

（10）若须进行无人监督实验，要求实验装置对于防火、防爆、防水等都具有特殊考

虑，实验期间需让实验室的灯亮着，并在门外留下紧急处理时联络人电话及可能造成的灾害。

（11）做危险性实验时必须经实验室主任批准，有两人以上在场方可进行，节假日和夜间严禁做危险性实验。

（12）涉及有危害性气体的实验必须在通风橱内进行。

（13）做有放射性等对人体危害较重的实验，应制定严格的安全措施，做好个人防护。

（14）实验室中的废弃药液、过期药液和废弃物必须分类标示清楚，实验过程中产生的废弃物严禁倒入水槽或水沟，应倒入专用收集容器中回收。

（15）玻璃仪器使用前需进行检查，破损老化的玻璃仪器及时更新，以免割伤。拆装玻璃管与橡胶管时，应先用水润湿，且需戴上手套，避免玻璃管折断伤人。

（16）严禁剧烈碰撞装有轻质油品和易挥发性溶剂的玻璃容器，以防爆裂。

（17）使用电炉需定点，严禁周围有易燃易爆物品，严谨使用电炉直接加热轻质油品等易挥发、易燃易爆物品。

（18）为了避免危险物品外流引起事故，实验室应严格做到"四防""五关""一查"（防火、防盗、防破坏、防灾害事故；关门、关窗、关水、关电、关气；查仪器设备）。

4. 实验室用电安全规定

（1）实验室内电气设备的安装和使用管理，必须符合安全用电管理规定，大功率实验设备用电必须使用专线，严禁与照明线共用，谨防因超负荷用电发生着火事故。

（2）实验室用电负荷的确定要兼顾增容需要，留有一定余量，严禁乱拉乱接电线。

（3）实验室内的配电盘、板、箱、柜等装置及线路系统中的各种开关、插座、插头等均应保持完好可用状态，熔断装置所用的熔丝必须与线路所允许的负荷相匹配，严禁用其他导线替代电熔丝。室内照明器具应保持稳固可用状态。

（4）可能产生易燃、易爆气体或粉体的实验室内，所用电气线路和用电装置均应按相关规定使用防爆电气线路和装置。

（5）对实验室内可能产生静电的部位、装置要有明确的标记和警示，对其可能造成的危害要有妥善的预防措施。

（6）实验室内所用的高压、高频设备要定期检修，要有可靠的防护措施。凡设备本身要求安全接地的，必须接地；定期检查线路，测量接地电阻。自行设计、制作的设备或装置，其中的电气线路部分，应请专业人员查验无误后方可投入使用。

（7）实验室内不得使用明火取暖或加热，严禁烟火。必须使用明火的实验场所，须经批准后，才能使用。

（8）手上有水或潮湿时请勿接触电器用品或电器设备；严禁使用水槽旁的电器插座。

（9）使用电子仪器设备时，应先了解其性能，按操作规程操作。实验前先检查用电设备完好后，再接通电源；实验结束后，先关仪器设备，再关闭电源。

（10）离开实验室或遇突然断电，应关闭电源，尤其要关闭加热电器的电源开关。

（11）若电器设备发生过热现象或出现焦糊味时，应立即关闭电源。

（12）电器插座请勿接太多插头，以免电流超负荷，引起电器火灾。

（13）实验室内不能有裸露的电线头；如有裸露，应设置安全罩；如电器设备无接地设施，请勿使用，以免产生触电。

（14）如遇触电时，应立即切断电源，或用绝缘物体将电线与触电者分离，再实施抢救。

（15）电源开关附近不得存放易燃易爆物品或堆放杂物，以免引发火灾事故。

5. 压力容器安全规定

（1）装有各种压缩气体的钢瓶应根据气体的种类涂上不同的颜色及标志，且气瓶外表颜色应保持鲜明，容易辨认；各种钢瓶应定期进行技术检验，并盖有检验钢印，不合格的钢瓶不能灌气。

（2）气瓶应专瓶专用，不能随意改装其他种类的气体。

（3）气瓶应存放在阴凉、干燥、远离热源的地方；氧气瓶、可燃气体瓶最好不要进楼房和实验室；易燃气体气瓶与明火距离不小于5m；氢气瓶最好隔离放置。

（4）气瓶使用时应加以固定，气瓶搬运要轻拿轻放，放置需用架子、套环固定。

（5）各种气压表一般不得混用。

（6）氧气瓶严禁油污，操作过程中应注意手、扳手或衣服上不应有油污。

（7）气瓶内气体不可用尽，以防倒灌。

（8）开启钢瓶阀门时要小心。应先检查减压阀螺杆是否松开，关气时应先关闭钢瓶阀门，放尽减压阀中气体，再松开减压阀螺杆。

（9）开启气瓶阀门时操作者必须站在气体出口的侧面，不准将头或身体对准气瓶总阀，以防阀门或气压表冲出伤人。

（10）气瓶搬运应确保保护盖锁紧后才进行。气瓶要配置防震胶圈。

（11）压力容器吊起搬运不得用电磁铁、吊链、绳子等直接吊运。

（12）在有条件的情况下，气瓶移动尽量使用手推车，务求安稳直立。

（13）以手移动气瓶，应直立移动，不可卧倒滚运。

（14）确认气瓶及气瓶内气体的用途无误时方可使用。

（15）每月应定期检查气瓶及其管路是否漏气。

（16）气体使用前应检查压力表是否正常。

三、环境卫生

（1）实验室应注重环境卫生，并保持卫生整洁。

（2）为减少尘埃飞扬，洒扫工作应于工作时间外进行。

（3）有盖垃圾桶应经常清除、消毒以保环境清洁。

（4）垃圾的清除及处理，必须符合卫生要求且应按指定场所倾倒，不得任意倾倒堆积以影响环境卫生。

（5）凡有毒性或易燃的垃圾废物，均应特别处理，以防火灾或伤害人体健康。

（6）窗户及照明器具透光部分均须保持清洁。

（7）实验室走廊及楼梯应保持通行无阻。

（8）油类或化学物质撒到地面或工作台时应立即擦拭冲洗干净。

（9）实验人员应养成随时拾捡地上杂物的良好习惯，确保实验场所清洁。

（10）垃圾或废物不得堆积于操作区域或实验室内。

（11）实验及消防用水，应与饮用水分别放置于不同的处所。

（12）盥洗室、厕所、水沟等应经常保持清洁。

（13）实验完成后，应及时打扫实验台及地面卫生。

四、安全防护

1. 防火

（1）实验室防火工作应以防为主，杜绝火灾隐患，了解各类有关易燃、易爆知识及消防知识。

（2）如遇火警，除应立即采取必要的消防措施灭火外，应马上报警（火警电话为119），并及时向上级报告。

（3）实验室应配备各类灭火器，并定期检查更换，实验室人员必须熟悉各类灭火器的特性及使用方法。

（4）实验室内严禁吸烟，严禁生火取暖；实验室中的电器应定期检修，防止绝缘不良而短路或超负荷而引起电路起火。

（5）化工实验室里的易燃、易爆物品需定期检查，易燃品不能直接使用明火加热，储存时要远离火源放置，也不能与强氧化剂接触。

（6）闪点小于25℃、极易挥发、遇明火即燃的化学试剂属于易燃易爆试剂，常见的易燃易爆试剂有石油醚、汽油、溶剂油、乙醚、苯、甲醇、乙醇、丙酮、乙酸乙酯等，易燃易爆试剂必须密封存放于阴凉干燥通风处。

（7）防止煤气管、煤气灯漏气，煤气使用后一定要把阀门关好。

（8）乙醚、酒精、丙酮、二硫化碳、苯等易燃有机溶剂，实验室不得存放过多，其废液切不可倒入下水道内，以免集聚引起火灾。

（9）金属钠、钾、铝粉、电石、黄磷以及金属氢化物等要注意使用和存放，尤其不宜与水直接接触。

（10）实验室发生火灾，应冷静判断处置，立即移开可燃物，切断电源，停止通风，采取适当措施灭火，如小面积起火可立即使用湿布、沙子等覆盖燃烧物，隔绝空气使火熄灭；也可根据不同情况，分别选用水或泡沫、CO_2、CCl_4灭火器等灭火，以减少损失。

（11）严禁在烘箱内加热易挥发、易燃、易爆油品等物品。

2. 防爆

化学药品的爆炸分为支链爆炸和热爆炸。

（1）支链爆炸是指基于放能支链化学反应的进行而形成的爆炸，支链化学反应在链持续过程中消耗一个链载体（如自由基）的同时，产生出两个或多个新的链载体。当链终止步骤的速率不够高时，反应系统中链载体浓度迅速增大，反应链的数目迅速增多，这样又迅速产生出更多的链载体，使该放能反应的速率急剧上升，在短时间内集中释放出大量的能量，从而导致爆炸。氢、乙烯、乙炔、苯、乙醇、乙醚、丙酮、乙酸乙酯、一氧化碳、水煤气和氨气等可燃性气体与空气混合至爆炸极限，一旦有热源诱发，极易发生支链爆炸。

对于支链爆炸，主要是防止可燃性气体或蒸气散失在室内空气中，应保持室内通风良好。当大量使用可燃性气体时，应严禁使用明火和可能产生电火花的电器。

（2）热爆炸是指放热的、反应速率随温度上升而呈指数规律加快的化学反应，由于散热不良而导致的爆炸。如过氧化物、高氯酸盐、叠氮铅、乙炔铜、三硝基甲苯等易爆物质，受震或受热可发生热爆炸。

为了防止热爆炸发生,对于强氧化剂和强还原剂必须分开存放,使用时应轻拿轻放,远离热源。

3. 防中毒

化工实验室经常接触各种有毒有害及刺激性物质,这些物质可以通过皮肤接触、呼吸道吸入及消化道吞入等引起人体各种急、慢性中毒,影响人体健康,并可能留下严重的后遗症,甚至危害生命。为防止中毒事故发生,实验室人员应该严格做到以下方面:

(1) 了解实验过程中所使用各种试剂及材料的毒性及其对人体健康的影响,严格操作规范,避免人体直接与有毒害物质接触。

(2) 对有毒害物质特别是剧毒物品要加强管理,做到专人保管,严格发放,并妥善处理废弃物。

(3) 使用化学药品时,一般不要用鼻子直接去嗅,更不能用口尝,应避免用手直接接触药品,搬动药品后应及时使用肥皂水洗净手、脸。

(4) 加强实验室通风,对有毒害物质的操作应在密闭的通风橱内进行。

(5) 建立毒物等级档案及毒物周知卡,进入实验室的人员应了解毒物的性质及中毒急救措施。

(6) 实验室人员要注意个人卫生,遵守个人防护规则,实验过程中穿戴好防护用品。

(7) 严禁在实验室内吃东西,实验室中的冰箱内严禁存放食物。

4. 防灼伤

化工实验室中除了高温以外,液氮、强酸、强碱、强氧化剂、溴、磷、钠、钾、苯酚、醋酸等物质都会灼伤皮肤。应注意不要让皮肤与之接触,尤其防止溅入眼中。

(1) 最重要的是保护好眼睛!实验过程中最好配戴护目镜(平光玻璃或有机玻璃眼镜),防止眼睛受刺激性气体熏染,防止任何化学药品特别是强酸、强碱、玻璃屑等异物溅入眼内。

(2) 禁止用手直接拿取任何化学药品,使用毒品时除用药匙、量器外必须配戴橡胶手套,实验后马上清洗仪器用具,立即用肥皂洗手。

(3) 尽量避免吸入任何药品和溶剂蒸气。处理具有刺激性的、恶臭的和有毒的化学药品时,如 H_2S、NO_2、Cl_2、Br_2、CO、SO_2、SO_3、HCl、HF、浓硝酸、发烟硫酸、浓盐酸、乙酰氯等,必须在通风橱中进行。通风橱开启后,不要把头伸入橱内,保持实验室通风良好。

(4) 禁止口吸吸管移取浓酸、浓碱、有毒液体,应该用洗耳球吸取。禁止冒险品尝药品试剂。

(5) 不要用乙醇等有机溶剂擦洗溅在皮肤上的药品,这种做法反而会增加皮肤对药品的吸收速度。

(6) 实验室内禁止赤膊、穿拖鞋等。

5. 防辐射

化学化工实验室内的辐射,主要是指 X 射线,长期反复接受 X 射线照射,会导致疲倦、记忆力减退、头痛、白细胞降低等。

防护的方法是避免身体各部位（尤其是头部）直接受到 X 射线照射，操作时需要屏蔽，屏蔽物常用铅、铅玻璃等。

五、"三废"处理

实验室应加强"三废"处理的管理，各实验室应配备储存废渣、废液的容器，实验过程中所产生的对环境有污染的废渣和废液应分类倒入指定容器储存，并集中统一处理、清除。

1. 废气

（1）产生少量有毒气体的实验应在通风橱内进行，通过排风设备将少量毒气排到室外。
（2）产生大量有毒气体的实验必须具备吸收或处理装置。

2. 废渣

实验室少量有毒的废渣应埋于地下固定地点。

3. 废液

（1）对于废酸液，可先用耐酸塑料网纱或玻璃纤维过滤，然后加碱中和，调 pH 值至 6~8 后可排出。
（2）对于剧毒废液，必须采取相应的措施，消除毒害作用后再进行处理。
（3）实验室内大量使用的冷凝用水，一般无污染，可直接排放。
（4）实验室洗刷用水，污染不大，可排入下水道。
（5）酸、碱、盐水溶液用后均需倒入酸、碱、盐污水桶中，经中和处理后排入下水道。
（6）有机溶剂回收于有机污桶内，采用蒸馏、精馏等分离方法回收。
（7）重金属离子等应集中处理。

第二节　实验室人员伤害急救措施

一、实验室伤害的预处理

（1）实验室内应配置药箱，内放常用医药用品，包括：
① 消毒剂：75%酒精，0.1%碘酒，3%双氧水，酒精棉球。
② 烫伤药：玉树油，蓝油烃，烫伤药，凡士林。
③ 创伤药：红药水，龙胆汁，消炎粉。
④ 化学灼伤药：5%碳酸氢钠溶液，1%硼酸，2%醋酸，氨水，2%硫酸铜溶液。
⑤ 医疗用品：药棉，纱布，护创胶，绷带，镊子等。
（2）普通伤口：伤口保持清洁，伤口内如有异物，请小心取出，以生理食盐水或酒精棉清洗伤口，涂上红药水，必要时以胶布包扎固定，也可在洗净的伤口上贴上"创可贴"，可立即止血，且易愈合。若严重割伤且大量出血时，应先止血，让伤者平卧，抬高出血部位，压住附近动脉，或用绷带盖住伤口直接施压，并立即送往医院治疗。
（3）烧烫（灼）伤：可在伤处涂上玉树油或 75%酒精后再涂蓝油烃；如果伤口面积较

大，深度达真皮，应小心用75%酒精处理，并涂上烫伤油膏后包扎，送往医院（注意事项：水泡不可自行刺破）。

（4）化学药物灼伤：皮肤沾上浓硫酸后，切忌用水冲洗，应先用棉布吸取浓硫酸，再用清水冲洗，接着用3%~5%的碳酸氢钠溶液中和，最后用水冲洗；必要时涂上甘油，若有水泡，应涂上龙胆汁。至于其他灼伤，可立即用清水冲洗，然后进行处理。如被碱灼伤时先用水冲洗，然后用3%的硼酸或2%的醋酸清洗。如果酸碱溅入眼内，应先用水冲洗，再用5%的碳酸氢钠溶液或2%的醋酸清洗。必要时送医院就诊。

（5）如果眼内进入固体化学物质，应用棉签将其粘出后，用清水冲洗，严重者应立即送医院就诊。

二、实验室中毒的急救措施

实验室发生中毒事件时，必须采取紧急措施，同时，需紧急送往医院救治。实验室化学中毒主要有三条途径：通过呼吸道吸入有害的气体、粉尘、烟雾而中毒；通过消化道误服而中毒；通过皮肤接触而中毒。

（1）呼吸系统中毒，应使中毒者撤离现场，转移到通风良好的地方，让患者呼吸新鲜空气，症状轻者会较快恢复正常；若发生休克昏迷，可给患者吸入氧气或人工呼吸，并迅速送往医院。

（2）消化道中毒应立即洗胃，常用的洗胃液有食盐水、肥皂水、3%~5%的碳酸氢钠溶液，边洗边催吐，洗到基本没有毒物后服用生鸡蛋清、牛奶、面汤等解毒剂。

（3）皮肤、眼睛、鼻、咽喉等受毒物侵害时，应立即用大量的清水冲洗（浓硫酸需先用干布擦干），具体措施同化学灼伤的处理方法。

三、触电事故的急救措施

人体接触的电压超过36V就可引起触电，特别是手脚潮湿时更容易引起触电。发生触电时，应立即切断电源（注意防止救人者触电，必要时可采用干木条或绝缘橡胶手套），将患者转移至附近适当场所，解开上衣，全身舒展，并进行人工呼吸，切忌注射兴奋剂。当患者恢复呼吸后立即送往医院进行治疗。

第三节 实验设备的安全使用

一、了解实验设备的性质和使用方法

在进行实验前，必须了解所使用实验设备的性质和使用方法。实验设备的性质包括材质、尺寸、承受压力等，使用方法包括装置、拆卸、清洗等。正确使用实验设备，避免危险事故的发生。

二、正确安装实验设备

实验设备的安装应该按照实验操作规程进行，避免不当安装导致设备失稳或泄漏。安装实验设备时，应该检查设备的密封性和稳定性，避免设备出现漏气、漏液等情况。

三、正确使用实验设备

在使用实验设备时，应该按照实验操作规程进行，避免超量使用或不当使用。使用实验设备后，应该及时清洗和维护，避免设备出现故障或损坏。

第四节　灭火器材使用须知

火灾是指在时间和空间上失去控制的燃烧所造成的灾害。依据火灾中燃烧物的特性，可将火灾划分为A、B、C、D、E五类。各类火灾事故应根据火灾的特点选择相应的灭火方式。化工实验室中常见的是B、C、D类火灾。一般对于火灾的初期，火势较小，如能及时发现，可采用简单的灭火方式进行处理，否则，可能会引起大的灾害。

A类火灾指固体物质火灾。这种物质往往具有有机物质性质，一般在燃烧时产生灼热的余烬。如木材、煤、棉、毛、麻、纸张等火灾。

B类火灾指液体火灾和可熔化的固体物质火灾。如汽油、煤油、柴油、原油、甲醇、乙醇、沥青、石蜡等火灾。

C类火灾指气体火灾。如煤气、天然气、甲烷、乙烷、丙烷、氢气等火灾。

D类火灾指金属火灾。如钾、钠、镁、铝镁合金等火灾。

E类火灾指带电物体和精密仪器等物质的火灾。

一、初期火灾扑救的重要性

初期火灾在火情发生后还未扩大蔓延成大灾的情况下，如处理及时，在很短的时间内迅速将其扑灭，是完全可能的。因为任何灾难都有一个由发生到发展的过程，火灾也是如此。由于初期火灾发生的时间短，可燃物未能充分燃烧，热值未能充分释放，热能未能充分发挥，火势发展不会很快，给扑灭初期火灾创造了条件，提供了宝贵的时间。统计资料表明，大多数火灾能够成功扑救，往往得益于初期火灾扑灭成效显著，而重特大火灾酿成的最直接原因是初期火灾扑灭不及时或不力。火灾初期由于火势小，着火面积不大，扑灭起来相对容易，可使用一般的轻便器材（如石棉被、沙子、灭火器等）将其扑灭；灭火战术也比较简单，经过简单的培训便可掌握。

二、石棉布和灭火沙等的使用

石棉布是一种质地柔软，自身阻燃、绝缘、耐高温的材料，能用于初期火灾的扑灭。作为灭火工具，石棉布没有失效期，使用后不会产生二次污染。

石棉是不燃物，扑盖在火源上能起到隔绝空气的作用，从而使火焰窒息，迅速扑灭火源，广泛用于加油站、油库的消防配备补充和其他初期火源灭火使用。

沙子也可以起到阻止空气流入燃烧区域，使燃烧物得不到足够的氧气而熄灭的作用，故沙子也可以作为灭火用品。可将沙子迅速撒到燃烧物上，隔绝燃烧物与空气的作用而进行灭火。

另外，实验室如果发生较小火势的火灾，也可迅速取一块湿毛巾覆盖到燃烧物上，起到灭火的作用。

三、灭火器的使用

1. 使用步骤

灭火器有多种不同类型,适宜扑灭不同种类的火灾,使用方法也不尽相同,但其使用步骤基本包括以下几部分:

(1) 携带灭火器到达火灾现场;
(2) 操作者将灭火器把手上的保险销拔掉;
(3) 操作者一手握住喷射管,将喷嘴对准火焰根部,另一手压下压把;
(4) 灭火器可喷射,也可点射,按下即喷,松开即停;
(5) 灭火器用后可重新装灭火剂,反复使用。

2. 手提式泡沫灭火器

(1) 适用范围:泡沫灭火器适宜扑灭油类及一般物质的初起火灾。
(2) 使用方法:使用时,用手握住灭火机的提环,平稳、快捷地提往火场,不要横扛、横拿。灭火时,一手握住提环,另一手握住筒身的底边,将灭火器颠倒过来,喷嘴对准火源,用力摇晃几下,即可灭火。
(3) 注意事项:
① 不要将灭火器的盖与底对着人体,防止盖、底弹出伤人。
② 不要与水同时喷射在一起,以免影响灭火效果。
③ 扑灭电器火灾时,尽量先切断电源,防止人员触电。

3. 手提式二氧化碳灭火器

(1) 适用范围:二氧化碳灭火器适宜扑灭精密仪器、电子设备以及600V以下的电器初起火灾。
(2) 使用方法:手提式二氧化碳灭火器有两种类型,即手轮式和鸭嘴式,使用方式如下。
① 手轮式:一手握住喷筒把手,另一手撕掉铅封,将手轮按逆时针方向旋转,打开开关,二氧化碳气体即会喷出。
② 鸭嘴式:一手握住喷筒把手,另一手拔去保险销,将扶把上的鸭嘴压下,即可灭火。
(3) 注意事项:
① 灭火时,人员应站在上风处。
② 持喷筒的手应握在胶质喷管处,防止冻伤。
③ 室内使用后,应加强通风。

4. 手提式干粉灭火器

(1) 适用范围:干粉灭火器适宜扑灭油类、可燃气体、电器设备、物品、文件资料等初起火灾。
(2) 使用方法:使用时,先打开保险销,一手握住喷管,对准火源,另一手拉动拉环,即可扑灭火源。

四、消火栓

1. 消防栓的使用

通常情况下使用消火栓灭火，一般需由两人配合，先按下报警按钮，再打开箱门，取出水带，向火场方向展开，把水带一端接到消火栓的接口上，将水枪接到水带另一端的接口，拉直水带，另一人逆时针慢慢打开阀门，将水柱对准火焰根部左右扫射进行灭火。

消防卷盘的使用：先开启软盘阀门，将胶管喷头拉至现场，打开水枪头开关将水柱对准火焰根部左右扫射进行灭火。

2. 手动报警按钮的作用

手动报警按钮与消防主机连接，是消防自动报警系统的终端设备之一，当按下按钮时，场内警铃鸣响，监控中心的自动报警系统——消防主机会接收到信号并显示报警点的位置及编码，而且相应的联动灭火设备——消防泵会自动启动抽水加压。

3. 手动报警器的使用

手动报警器大部分安装于消火栓的旁边，使用时只需用力将报警器中心的玻璃（胶）片按下即可，设置于消防中心的火灾自动报警系统将会显示其确切位置。

第五节　实验室学生实验守则

（1）学生进入实验室必须服从实验教师和实验室工作人员的安排，应遵守实验室的一切规章制度。

（2）学生必须按时到指定实验室做实验，不得迟到早退。

（3）实验前，学生必须预习实验指导书规定的有关内容，明确实验目的、原理、预期结果，操作步骤及注意事项等，并经指导教师检查认可后，才能开始做实验准备工作。

（4）学生应独立完成实验的准备工作。在启动设备之前，需经指导教师检查认可。

（5）实验过程中，要严肃认真，正确操作，仔细观察，真实记录实验数据和结果。不许喧闹谈笑，不做与实验无关的事情，不动与实验无关的设备，不进入与实验无关的场所。

（6）实验中要注意安全，遵守"实验室安全规则"及有关的操作规程。

（7）仪器设备发生异常现象时，应及时报告指导教师。发生人身安全事故时，应立即切断相应的电源、气源等，并听从指导教师的指挥，要沉着冷静，不要惊慌失措。

（8）实验过程中，如发现仪器设备损坏，应及时报告，查明原因。凡属违反操作规程导致设备损坏的，要追究责任，并照章赔偿。

（9）实验结束后，实验数据要经指导教师审阅、签字，并整理好实验现场后，方可离去。

（10）实验室内的仪器设备、工具、药品、器皿等未经允许一律不准带出。实验开始前，学生应先清点所用化学药品、玻璃器皿、仪器设备等，实验结束后，清洗干净后交实验教师验收。

（11）学生进入开放实验室做自行设计的实验时，应事先和有关实验室联系，报告自己的实验目的、内容和所需药品及实验仪器，经同意后，在实验室安排的时间内进行实验。

（12）学生因操作不当造成实验不合格需重做者，或未按规定时间做实验而要补做者，必须交纳实验仪器设备折旧费、实验器材和水电消耗费等。

（13）爱护实验室各种仪器设备，节约药品和其他易耗品，节约水、电。

第六节　学生实验考勤考核办法

实验教学是高校教学的重要环节，实验技能的提高将直接影响学生的知识水平和动手实践能力，实验教师应从学生的实验技能、仪器操作水平、报告的编写、理论和实践的结合及实验课堂纪律表现等诸方面对学生进行考核。

（1）实验教师将对每次实验课进行考勤，对缺课和迟到早退者进行记录，学生因病或因故不能参加实验需提前请假，课后要主动和实验教师联系进行补课，对没有参加实验，课后抄袭报告者要按有关规定处理，不记录实验成绩。

（2）学生在实验课前必须预习实验，撰写预习报告，实验教师在课前进行检查，无预习报告的不能进行实验；学生实验课后要认真独立撰写实验报告，对未交实验报告或实验报告雷同者成绩按不及格记。

（3）实验教师要对实验课的全过程进行考查，对每位学生的操作水平、课堂纪律、实验结果进行记录。实验教师根据课堂表现和实验报告水平给出成绩。实验课的成绩按数次实验的平均成绩计算。

（4）作为独立课程的实验课，除按上列条款执行外，实验课结束时要进行考试，考试按课程教学大纲要求进行，期末考试不及格者或平时有两次以上实验不及格者均按不合格处理。

（5）学生实验过程中必须保持室内安静、整洁，课后要打扫卫生、整理实验器材、认真填写实验日志，实验教师要将此列入考核内容。

第七节　预习、记录、数据处理及实验报告要求

一、预习报告要求

学生在实验前应认真阅读实验教材（或实验指导书），了解实验目的、实验内容、实验原理、实验步骤和注意事项等，并按要求写出预习报告，上实验课时应携带预习报告，并交辅导教师审阅。

一般情况下，预习报告应包括以下内容：目的及要求；实验原理；实验所需药品、仪器及使用方法和注意事项；操作步骤及注意事项；设计实验数据记录表格；回答指定的预习思考题。

二、实验记录要求

实验记录是对实验过程和结果的记录，实验中观察到的现象、结果和数据等应及时如实地记录在案。

实验记录的基本要求如下：

（1）实验记录必须由实验者本人记录，不能由他人代记。

（2）实验记录字迹应工整，采用规范的专业术语、计量单位及外文符号，使用蓝色或黑色钢笔、碳素笔记录，不得使用铅笔、易褪色及红色笔记录。

（3）实验记录应为客观实事，切勿夹杂主观因素！

（4）实验过程及结果应及时记录。实验记录必须记录在专用的实验记录纸或便于保存的纸张上，不能记录在废纸上。

（5）记录的修改部分不能用完全掩盖的方式（如用涂改液），只能用简单画线，能保留和辨认原记录字样。

（6）实验记录是记录实验的过程和结果，对每项实验，必须完成和记录实验过程的各项内容（包括具体步骤、试剂的制备方法和来源等）。

（7）实验记录应包括实验日期、时间和地点，实验名称，所使用的仪器、药品，主要操作条件及实验结果等。

（8）实验记录还应包括实验中的意外情况，如仪器故障、异常的实验现象等。

（9）实验记录应有实验完成者的签名，由集体进行的实验项目，应有每个成员的签名及分工情况记录。

（10）实验结束后，实验结果应由实验指导教师签名确认。原始实验记录需附在相应的实验报告之后。

三、实验数据处理及实验报告书写要求

实验报告是实验工作的全面总结，实验报告撰写必须在科学实验的基础上进行，主要的用途在于帮助实验者不断地积累研究资料，总结研究成果。实验报告的书写是一项重要的基本技能训练，它不仅是对每次实验的总结，还可以初步地培养和训练学生的逻辑归纳能力、综合分析能力和文字表达能力，是科学论文写作的基础。因此，学生实验后应及时认真地书写实验报告。要求实验报告的内容要实事求是，分析全面具体，文字简练通顺，誊写清楚整洁。

实验报告的具体内容要求如下：

（1）实验报告应简单明了，语言通顺，图表数据齐全规范。实验报告的重点是对实验数据的整理与分析。

（2）对原始记录进行必要的分析、整理。包括实验数据处理过程与方法，产生误差的原因及减小误差的方法等。

（3）实验数据及处理。必须根据实验原始记录和实验数据处理要求，画出数据表格，整理实验数据。表中各项数据如是直接测得，要注意有效数字的位数；如是计算所得，必须列出所用公式，并以一组数据为例进行计算，其他可直接填入表格。如需绘制曲线图，要按要求选择合适的坐标和刻度绘图。图表中的数据必须用国际标准单位标注。

（4）对实验过程中的非正常现象进行分析讨论。

（5）完成指定的思考题。

（6）总结实验的体会和收获，如在理论和实验操作上有哪些收获，对实验操作和仪器装置等的改进建议及实验中的疑难问题等。

（7）实验报告应撰写在专用的实验报告纸上，除实验报告纸上规定的内容以外，建议参照以下内容编写：

一、目的、意义和要求

二、实验原理

三、实验试剂及仪器

四、操作步骤

五、实验结果（数据记录及处理）

六、分析讨论

七、课后思考题

八、原始实验记录

（8）为便于保存，实验报告应使用蓝黑墨水钢笔书写，避免用圆珠笔书写造成油污或数据字迹模糊。

（9）实验报告应在实验完成后一周内交实验指导教师批阅。

第二章 油品分析实验方法

油品分析简介

石油及石油产品分析（简称油品分析）是指用统一规定的或公认的实验方法，分析检验油品的理化性质和使用性能的实验方法。油品分析是进行生产装置设计、提高和监督产品质量、完成生产任务的基础和依据，也是油品储运和使用过程中制定合理的储运方案、正确使用油品、发挥油品最大效益的依据。

一、油品分析的目的

油品分析的目的主要有5个方面：
（1）对石油加工过程的原料油和原材料进行分析检验，为制定生产方案和炼油厂设计提供依据。
（2）对炼油装置的生产过程进行控制分析，系统检验各馏出口的产品质量，从而对生产过程和操作及时进行调整，以保证安全生产和产品质量。
（3）对出厂产品进行分析，控制和提高产品质量，提高炼油厂经济效益。
（4）对油品使用性能进行评定，对超期储存和失去标签或发生串混的油品的使用性能进行评定，以确定油品能否继续使用或提出处理意见。
（5）对油品质量进行仲裁。当油品生产和使用部门对油品的质量产生争议时，有关部门可根据公认的方法进行检验，分析问题的原因，进行调解或仲裁，以保证各方的正当利益。

二、油品物性

石油及其产品是由分子大小和结构不同的各种烃类和非烃类组成的复杂混合物，由于油品组成的复杂性，其准确的组成无法获得，而油品的物理性质（简称物性）与其化学组成之间具有一定的关联性，所以可以使用油品的物性间接地反映油品的组成和使用性能。油品的物性是评定石油加工性能和油品使用质量的重要指标，也是设计炼油设备和装置的必要依据。

石油产品的物性是组成油品的各种化合物性质的综合表现，由于油品的组成不易测定，且许多物性不具有简单的可加性，所以对油品的多数物性需采用规定的采样和实验方法直接进行测定。在实际工作中，往往可根据若干基本物性（一般是较易获得者）数据，采用查图表或公式计算的方法获得其他物性数据。

三、油品采样

1. 试样

采样是指按规定的方法从一定数量的整批物料中采集少量具有代表性样品的一种行为过程或技术。采样后向分析实验过程所提供的具有代表性的样品称为试样。

本部分主要讲解液体试样、气体试样的取样方法及注意事项。

（1）液体试样：如汽油、煤油、柴油、原油等。采样方法依据所装容器不同又可分为3类。

① 油罐，按油罐形状及大小分为两种：立式油罐或容积大于 $60m^3$ 的卧式油罐；容积小于 $60m^3$ 的卧式油罐。

② 油船。

③ 油槽车，按车轴形式又可分为两种：两轴槽车和四轴槽车。

（2）气体试样：气体试样比较复杂。

① 按所处位置分为3种：容器中、管路中和大气中。

② 按压力状况分为3种：正压状态、常压状态和负压状态。

③ 按化学活泼性分为2种：可燃可爆气体（如 CH_4、CO、H_2S 等）和惰性气体（如 CO_2、N_2 等）。

④ 按能否被酸碱液吸收可分为3种：酸性气体（如 H_2S、CO_2 等）、中性气体（如 H_2、CO、CH_4）和碱性气体（如 NH_3 等）。

2. 试样的分类

按试样的用途，可以分为3类。

（1）点试样：指在同一容器或容器某一位置所采取的单个样品。点试样代表该容器或该位置所取出的石油产品的性质。

（2）组合试样：指按规定在同一容器各部位或几个容器中所采样品的调和试样。组合试样代表某一批次石油产品的质量，如在某一油罐上、中、下部的规定高度所采试样按等比例混合所得组合试样即代表该油罐中油品的性质。

（3）检查试样：指供化验分析用的点试样或组合试样。

3. 试样的要求

试样是分析产品性质或鉴定产品质量是否达到某一要求的样品，因此有以下要求：

（1）试样应具有足够的代表性。要求取样过程要按照标准规定的方法进行，否则测定结果无代表性。

（2）试样必须有足够的数量。做鉴定分析或仲裁所用的样品应留样封存以备检查或复查。

（3）采样所用的采样器和盛装试样的容器必须清洁干燥，并备有盖子或塞子，以防止样品污染。按照质量、用途等级要求不同，采样器一般分为专用和混用两类。容器标签上必须注明样品的名称、牌号、油罐号、批号、采样日期和采样人等信息。

4. 采样工具

由于试样的性状和盛装容器不同，采样工具有很大区别，概述如下：

(1) 液态石油产品。按盛装油品容器不同，采样工具分为 4 种。

① 采样器及带测深锤的金属卷尺：这两种工具主要是在油罐、油槽车、油船中采取组合试样或点试样时使用。采样器是一个底部加重（一般是灌铅）并设有容易开启器盖的金属容器，或是一个安装在加重金属框内的玻璃瓶，瓶口用系有绳索的瓶塞塞紧。

② 底部采样器：是一种能够采取距油罐底部 3~5cm 处试样的采样器。

③ 直径为 10~15mm 的长玻璃管：适用于采取小容器（大桶、镀锌铁桶、瓶子等）中的试样。

④ 500~1000mL 的小口试样瓶：适用于采取装有旁通阀门的在线油品。

(2) 气体样品。根据气体样品的性质及所处状态和位置不同，常用的采样器具有以下 4 种。

① 橡皮球胆：常用于无腐蚀性气体在正压状态下采样。

② 铝箔采气袋：具有化学性质稳定、操作简单、轻便易携带等特点。铝箔复合膜采样袋可在较长时间内储存 10^{-6}（ppm）级到百分含量的一般工业气体、石油化工气体等并能确保浓度不变，也可在规定时间内储存低浓度的腐蚀性和化学活性气体，并具有极好的耐腐蚀性，适用于强腐蚀性气体如 SO_2、H_2S、NO_2 等。

③ 带有抽气装置的大容量集气瓶：适用于常压或负压下气体的采样。

④ 连接流量计和抽气装置并盛有吸收液的吸收瓶：适用于采取可与吸收溶液发生反应的气体，如 H_2S、NH_3 等。

5. 液体石油产品采样方法

气、液、固石油产品的采样方法不同，国标或行业标准中分别有所规定，本部分主要介绍液体石油产品的取样方法。

(1) 立式油罐取样。当采取单个油罐中用于检验油品质量的组合试样时，按等比例混合上部样品（顶液面下 1/6 处所取试样）、中部样品（顶液面下 1/2 处所取试样）和出口液面样品（最低液面处的点试样）即可。当采取单个油罐用于计算油品数量的组合试样时，按等比例混合上部试样、中部试样和下部试样（顶液面下 5/6 处所取试样）即可。

(2) 卧式油罐采样。在油罐容积不大于 $60m^3$ 或油罐容积虽然大于 $60m^3$ 而油品深度不超过 2m 时，可在油品深度的 1/2 处取样，作为代表性试样。如果油罐容积大于 $60m^3$，且油品深度超过 2m，则应在油品深度的 1/6、1/2 和 5/6 处各采一份样品，等比例混合后作为组合试样。

(3) 油罐车采样。把取样器放入油罐车内油品深度的 1/2 处，迅速拉动绳子，打开取样器的塞子，待取样器内充满油样后，提出取样器。对于整列装有相同油品的油罐车，应按规定的比例进行随机取样。

(4) 油桶取样。将桶口向上放置，打开盖子，把盖子湿侧朝上放置在塞孔旁边。取玻璃、金属或塑料制成的取样管，用拇指按住清洁干燥的取样管上端，把管子插进油品中约 300mm 深，移开拇指，让油品移动，使油品能够接触取样时被浸入管子的内表面部分，冲洗取样管。整个取样期间，要避免抚摸管子已浸入油品的部分，放掉并排净取样管内的冲洗油品。

将冲洗好的取样管上端放开，插入油品中。插入的深度要使管内液面同管外液面大致相同，以取得油品全深度的试样。用拇指按住取样管上端，迅速提起取样管，把油品转入准备好的容器中。此方法取得的试样为组合试样。

（5）油船取样。每舱都要取上部样品、中部样品和下部样品3个试样，以等比例混合成该舱的组合试样。

（6）管线取样。管线取样分为流量比例和时间比例两种。标准推荐使用流量比例取样，步骤如下：

① 取样前，应先将取样管线内留存的油品放干净，再放出一定量的油品，把取样设备冲洗干净，然后把所取试样收集在试样容器中。

② 采取高倾点试样时，要注意线路保温，防止油品凝固。采取挥发性较强的轻组分时，要防止轻组分损失。

③ 对于输油管线中输送的油品，应按照相关的取样规定采取流量比例或时间比例油样，再把所采取的试样等比例混合成一份间歇样。

④ 当管线中输送的油品性质稳定，且温度变化不大时，在长时间内连续输油的情况下，可适当延长取样的流量和取样时间。

6. 采样注意事项

采样时的注意事项，在相关的国标、行业标准中都有详细的规定，但仍需特别注意以下几个方面：

（1）液体石油产品。

① 采样器的材料，必须不能与石油产品发生反应，以免影响分析结果。

② 采样器应分类使用和存放。

③ 试样不宜装满容器，应至少留出10%的无油空间。

④ 不允许使用铁质取样器采样（尤其是汽油等低闪点油品），避免与器壁撞击产生火花，造成爆炸事故。

⑤ 采取挥发性试样时，应站在上风口，避免中毒。

⑥ 当罐内可燃性烃类的储存温度高于其闪点或罐内已产生了烃类蒸气或油雾时，应避免采样操作者及其携带的照明灯具、取样器具等带有静电。

⑦ 采取高温重油时，应戴手套、拿抹布，并站在上风口，以避免中毒和烫伤。当油温已超过油品的自燃点时，油品必须经盘管冷却后才能放出管线。

⑧ 如罐底有水垫，需了解水层高度，避免底部采样时带水。

（2）气体采样。由于石油化工厂的气体多数是易燃易爆有毒气体，取样时应注意：

① 防止管线或容器内气体泄漏。

② 在大气或敞口容器或塔体内采样应防止中毒或缺氧窒息，也应防止产生火花引燃致爆。

③ 取样前应对取样管线排空，利用样品冲洗管线，使所取样品具有代表性。

④ 取样所用橡胶球胆或铝箔取气袋应与取样口密封连接，避免取样中混入空气影响分析结果。

⑤ 取样前应利用所取气体多次洗涤取样气袋。

四、油品分析方法标准

油品分析方法多为条件性实验，即在油品分析时必须严格按照规定条件进行测定，所得的数据才有意义和可比性，否则毫无意义。条件性实验是油品分析的一大特点，为了统一分析方法，必须制定一系列统一规定或公认的实验方法，该方法具有权威性和法律约束性，称为分析方法标准。

1. 实验方法标准

在每一个实验方法标准里面，都对实验方法的仪器、试剂、操作步骤等做了严格详细的规定。石油产品的实验方法标准，按技术等级分为5类。

（1）国际标准：该标准由共同利益国家间合作与协商制定，被大多数国家承认，具有先进的水平，在国际上适用，如ISO标准。

（2）地区标准：一般限制在几个国家和地区组成的集团使用，如欧盟制定和使用的标准。

（3）国家标准：一般是指由国家指定机关如国家标准局颁布的标准，如我国的国家标准GB、美国ANSI、英国BS、日本JIS、德国DIN等。

（4）行业标准：由有关各行业发布的标准，如中国石化行业标准SH。美国材料与试验协会标准ASTM和英国石油学会标准IP，是世界上著名的专业标准，是各国分析方法靠拢的目标。

（5）企业标准：由各企业自己制定的内部执行的标准。企业标准是针对企业范围内需要协调、统一的技术要求、管理要求和工作要求所制定的标准。企业标准由企业制定，由企业法人代表或法人代表授权的主管领导批准、发布。

每一个标准都有编号，编号的字母（我国为汉语拼音）表示标准等级，中间的数字为标准号，末尾的数字为发布年限。如GB/T 17144—2021即中华人民共和国推荐性（T代表推荐性）国家标准第17144号，2021年发布。

2. 石油产品标准

所谓石油产品标准，是指将石油及其产品的质量规格按其性能和使用要求进行规定的主要指标。在我国主要执行中华人民共和国强制性国家标准（GB）、推荐性国家标准（GB/T）、石油化工行业标准（SH）及企业标准。

五、原油评价

石油是从地下开采出来的，具有天然性状的气态、液态或固态的烃类和非烃类的混合物。一般可根据其常温下性状的不同将石油分为天然气和原油，而原油是最常见的、石油的最基本类型之一。

原油是从地下开采出来的黄色、褐色或黑色的可燃性黏稠液体，密度一般比水小。原油的性质会因为产地的不同而存在着较大的差异，但从元素组成上来看，原油主要由碳、氢、硫、氮和氧5种元素组成，且碳和氢2种元素的含量一般占到原油组成的95%以上。原油主要由分子大小不同、结构各异、数量众多的各种烃类和非烃类的混合物组成，烃类主要包括烷烃、环烷烃和芳烃，非烃类包括含硫化合物、含氮化合物、含氧化合物以及胶状沥青状物质。

原油是一个多组分的复杂混合物，各组分的沸点范围非常宽，从常温起一直到800℃以上。一般来说，对原油进行研究或加工利用之前，须先对原油进行分馏，将原油按照组分沸点范围的不同，切割成若干个馏分，如汽油馏分（<200℃）、煤柴油馏分（200~350℃）、减压馏分（350~500℃）和减压渣油（>500℃）等，再分别对各馏分加以利用或研究。原油中的烃类、非烃类和重金属等在各馏分中的分布都随着馏分沸点范围的变化而呈规律性的变化。

由于不同来源原油的组成和性质不同，其适合的产品方案不同，需要采用的加工方法也不同。因此，对于某一油田或区块生产的原油，必须先在实验室进行一系列的分析、测试，习惯上称为原油评价，以确定原油的组成特点和属性，制定合理的加工方案，使原油资源得到合理的利用，取得最佳的经济和社会效益。

根据评价的内容和目的不同，原油评价可以分为4种。

1. 原油性质分析

原油性质分析的内容主要包括：对脱水前的原油测定水分、盐含量和机械杂质；若原油含水量大于0.5%应先脱水，对含水量低于0.5%的原油，需分析密度、运动黏度、凝点或倾点、残炭、硫含量、氮含量、酸值、灰分、镍含量、钒含量及馏程等，并根据需要，分析蜡、胶质、沥青质的含量及其他有必要分析的项目。

原油性质分析的主要目的是在油田的勘探开发过程中了解单井、集油站、区块原油的一般性质及原油性质的变化规律。

2. 原油简单评价

原油简单评价的内容除了包括原油性质分析所做项目以外，还需要对原油进行简单蒸馏，切取窄馏分，计算各窄馏分的收率，并测定各窄馏分的密度、黏度、凝点、苯胺点，计算特性因数和相关指数等。

原油简单评价的主要目的是初步确定原油的类型、特征和基属，为不同类型原油的合理利用和进一步的分输、分炼提供依据。

3. 原油基本评价

除了原油性质分析中所包括的项目外，还需确定原油基属。

除原油性质分析外，还需对原油做实沸点蒸馏，切取窄馏分及>500℃渣油进行性质分析，绘制窄馏分的性质曲线，并将分析数据以表格的形式列出。窄馏分的分析项目主要包括密度、运动黏度、凝点、苯胺点、酸度或酸值、硫含量、折射率，并计算各窄馏分的特性因数、相关指数等。

对于各炼油厂每半年或一季度的原油评价，除实沸点蒸馏以外，对于<350℃的馏分还应根据炼油厂生产方案的不同，切取适当的馏分进行分析。350~500℃（520℃）的馏分每50℃切取一个窄馏分进行分析。由原油实沸点蒸馏数据做出收率曲线。

原油基本评价的目的主要是为一般炼油厂的设计提供基础数据，或对炼油厂的进厂原油每半年或一季度进行评价。

4. 原油综合评价

原油性质分析除上述评价方法所包括的项目外，还应分析原油的主要金属含量及闪点。

针对不同沸点范围的窄馏分，实沸点蒸馏窄馏分的性质分析还应包括相应沸点范围产品的主要指标，并给出每10℃馏分的质量和体积收率。

对汽油馏分、煤油馏分、柴油馏分，应分别分析两个或两个以上不同收率或沸点范围的馏分的性质。对350~500℃（520℃）的宽馏分、窄馏分分别进行性质分析。

对重油（>350℃）和渣油（>500℃）的性质进行分析，内容包括密度、运动黏度、凝点、残炭、碳含量、氢含量、硫含量、氮含量、平均分子量、四组分分析、金属含量分析，并根据密度法计算结构参数。

对 350~400℃、400~450℃、450~500℃、500~520℃ 的馏分，先进行-15℃脱蜡，再进行脱蜡油的性质分析，内容包括密度、运动黏度、凝点、折射率、平均分子量，并计算黏度指数、黏重常数、结构族组成等。

原油综合评价的目的是为石油化工型炼油厂制定生产方案提供参考数据，或为原油综合利用方案的制定提供依据。

原油评价是一项繁杂而多变的工作，在实际工作中，评价的项目可根据具体情况有所增减，选择不同的评价内容以及具体的分析测试项目，如在原油的综合评价中，大部分时候还需要加上有关油品的反应性能评价。

实验一　原油的实沸点蒸馏

一、实验目的

（1）认识并了解原油实沸点蒸馏的作用和意义；
（2）掌握实沸点蒸馏的原理，掌握以原油为原料的实沸点蒸馏过程，学会蒸馏工艺条件的控制方法；
（3）在稳定的操作条件下，正确获取数据，认真观察实验现象，训练分析问题、解决问题的能力；
（4）学习并掌握国内实沸点蒸馏方法。

富媒体1　原油的实沸点蒸馏

二、实验原理

实沸点蒸馏是原油评价工作的基础。原油经过实沸点蒸馏被分割成多个窄馏分，然后对各个窄馏分进行性质分析，最后将数据标绘成实沸点蒸馏曲线和性质曲线。这些曲线概括了原油的主要性质，是制定原油加工方案的依据。实沸点蒸馏装置，还可以用来切取直馏产品，然后对这些宽馏分进行分析研究，评定直馏产品的质量与产率。

实沸点蒸馏装置是一套釜式的常减压蒸馏装置，具有比炼油厂常减压装置更高的分馏能力。原油的实沸点蒸馏过程是间歇式的蒸馏过程，分为三段进行：第一段是常压蒸馏，切取从初馏点到200℃的各个馏分；第二段是残压为 1.33kPa(10mmHg) 左右的减压蒸馏，切取 200~395℃ 的各个馏分；第三段是在小于 0.667kPa(5mmHg) 的残压下，不用精馏柱的减压蒸馏，通常称为克氏蒸馏，切取395℃到约500℃的各个馏分；最后釜中得到500℃以上的残渣油。在第二、三段之间还有冲洗精馏柱以回收其中的滞留液的操作。在排出釜中渣油后，尚须清洗蒸馏釜以回收其中附着的渣油。

本实验以 Oilpro 实沸点蒸馏仪 TDS-10A 和重油釜式蒸馏仪 VDS-08A 为例进行讲解。

三、实验仪器与试剂

1. 实验仪器

原油实沸点蒸馏仪和重油蒸馏仪实物图如图 2-1 所示，主要包括加热炉、蒸馏釜、精馏柱、回流冷凝器（主冷水浴、馏分水浴、冷阱水浴）、馏分收集器、计算机自动控制系统、压力调节器、真空泵及辅助设备。

图2-1 原油实沸点蒸馏仪和重油蒸馏仪实物图

（1）加热炉：为电加热炉。

（2）蒸馏釜：容积10L和6L，采用电炉加热。

（3）具有电热保温的精馏柱，柱内放有5mm×5mm不锈钢多孔填料，其特点是不须先经过"预润湿"就能充分发挥精馏效果；填料表面上滞留液量较少，适于切取窄馏分；精馏柱的理论板为17块（用苯和四氯化碳二元混合物测定）；重油深拔蒸馏装置没有精馏柱。

（4）回流冷凝器：能保持回流比为5∶1。

（5）馏分收集器：可自动切换馏分的转盘式收集器。

（6）计算机自动控制系统：主要用于控制全系统的温度、压力等操作参数。

其他部件如真空泵、真空压力计、馏分接收管等不再一一赘述。

2. 工艺流程

（1）原油实沸点蒸馏装置的工艺流程如图2-2、图2-3所示。蒸馏系统主要是用来对原油从初馏到400℃进行蒸馏的。其中包括脱丁烷、常压蒸馏到400℃的减压蒸馏。具体配置有：①蒸馏系统；②接收系统；③冷凝冷却及保温系统。

（2）重油深拔蒸馏（克氏蒸馏）装置的工艺流程如图2-4、图2-5所示。蒸馏系统主要用来对原油350~500℃进行蒸馏，具体配置与实沸点蒸馏装置大致相同。

3. 实验试剂

（1）无水乙醇：冷却介质。

（2）乙二醇：冷却介质。

（3）蒸馏水：符合GB/T 6682—2008中三级水规格。

（4）石油醚：沸点范围为60~90℃，90~120℃。

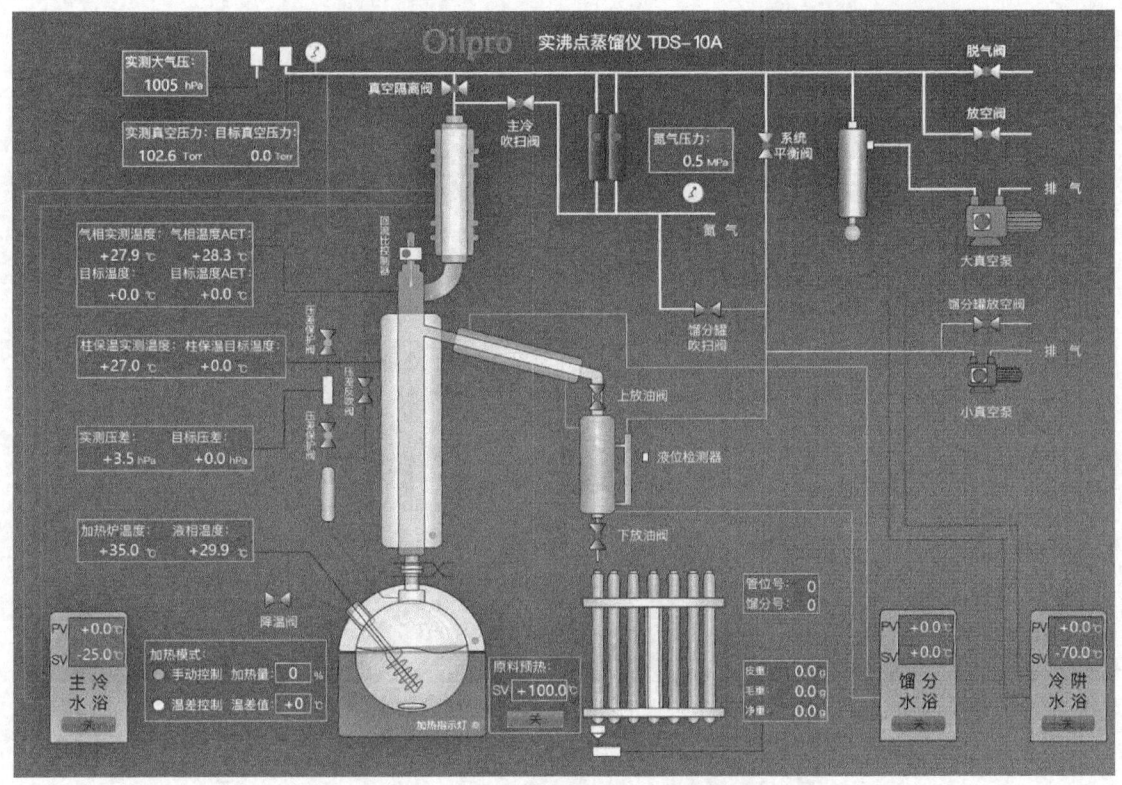

图 2-2 原油实沸点蒸馏工艺流程画面

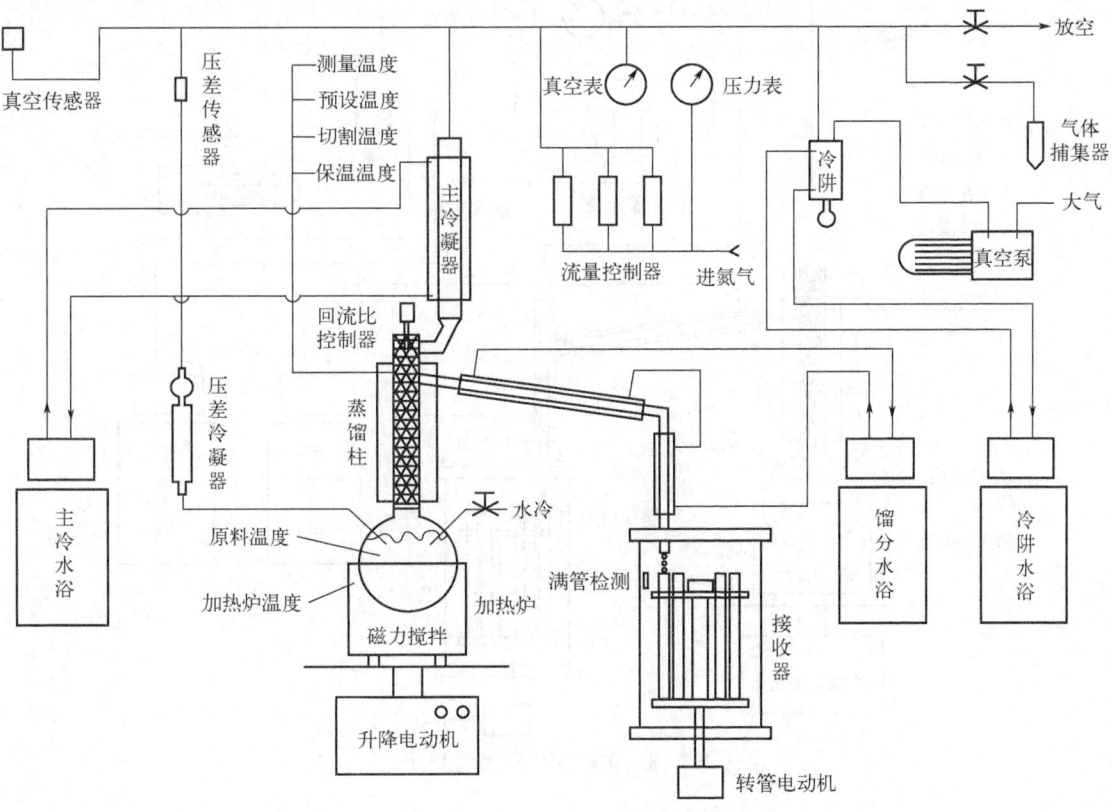

图 2-3 原油实沸点蒸馏仪流程图

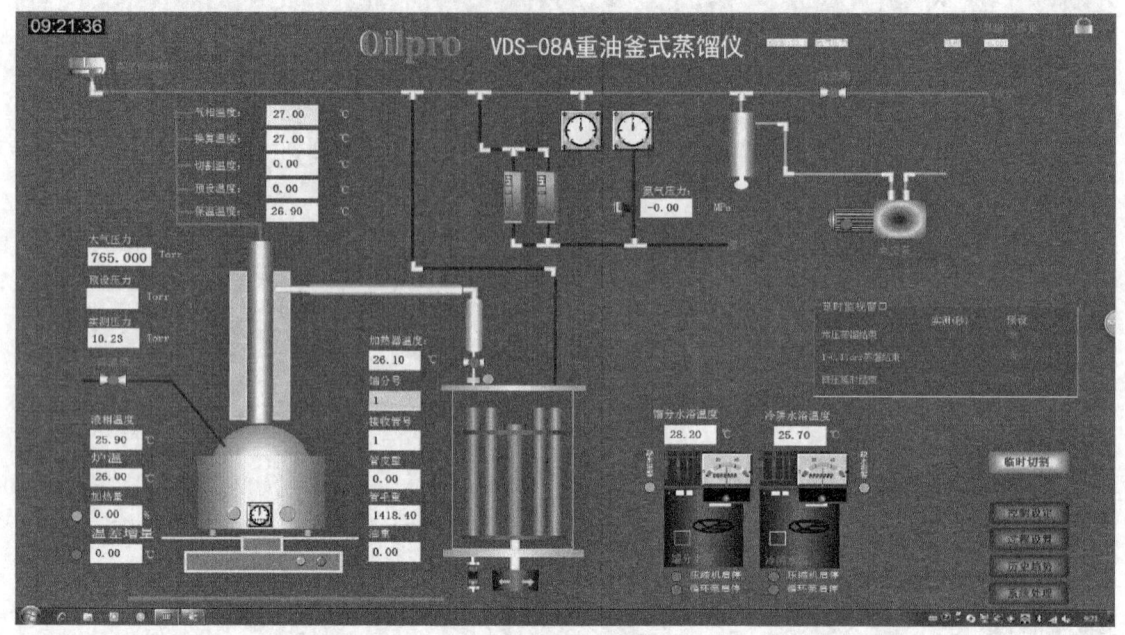

图 2-4　重油深拔蒸馏工艺流程画面

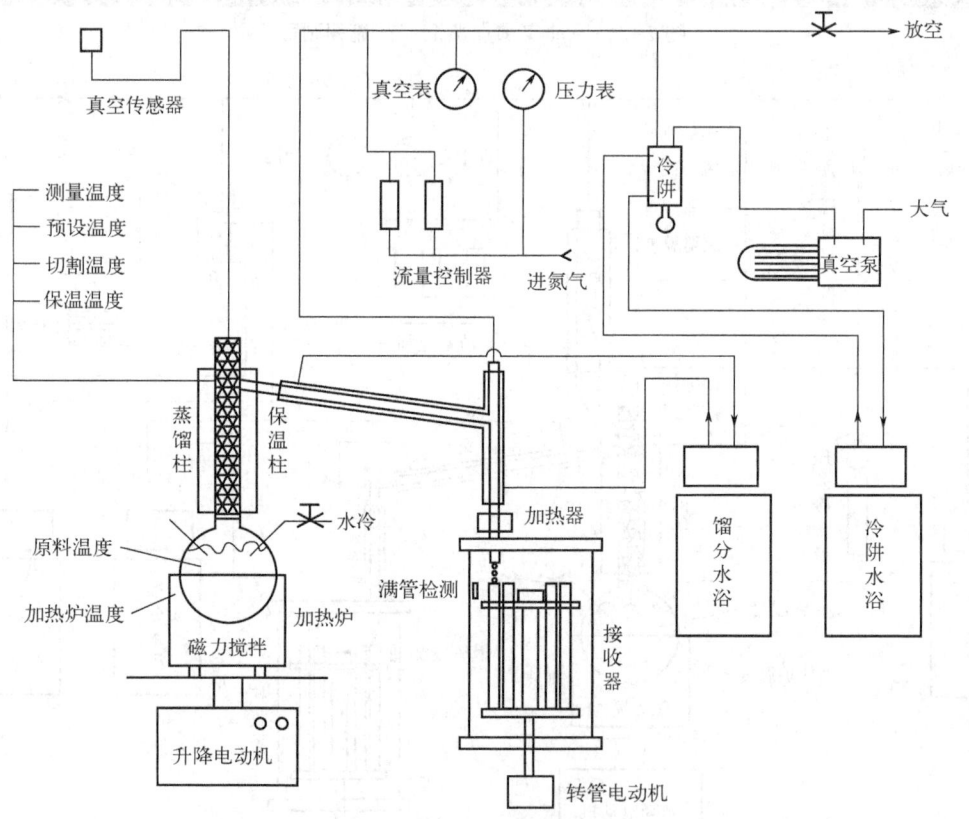

图 2-5　重油深拔蒸馏流程图

四、实验步骤

1. 开机

(1) 打开装置的电源开关,打开氮气瓶,调节氮气压力控制在 0.4~0.6MPa,打开冷却水开关。

(2) 开启触摸屏,输入密码 oilpro。

(3) 打开电脑,双击桌面上"Oilpro 蒸馏仪控制程序"图标,输入密码 oilpro,进入工艺流程画面,先解锁,点击降温阀开关(点击时应听到仪器上有阀门开闭的声音,以此证明仪器通信连接是否正常)。观察计算机界面和触摸屏上各温度点显示是否正常。

2. 装入原油

(1) 原油的含水量必须小于 0.5%(质量分数),否则在蒸馏中易造成温度指示失真和冲油事故。

(2) 将内有搅拌转子的蒸馏釜称量并记录质量,然后加入原油,再称量并记录质量,一般加入量相当于蒸馏釜的 2/3 左右。

3. 蒸馏釜就位

(1) 把装好原油并称好质量的蒸馏釜放入加热炉内,点击"上升"按钮,使釜口与蒸馏柱下口连接紧密并用夹具夹紧。(注意:连接过程中要缓慢升降,釜口接近蒸馏柱下口时点刹操作,以免顶坏蒸馏柱!)

(2) 将蒸馏釜冷却器和釜温传感器(一体)插入蒸馏釜侧口并用夹具夹紧,还要把差压测量连接嘴连接到蒸馏釜小口上并用夹具夹紧。

(3) 开启磁力搅拌旋钮并将旋钮调整到合适位置,确保转子搅拌转起来后,戴上加热帽。

4. 放入接收管

把馏分接收管放入接收旋转架上,要依次放入清洁干净的接收管。注意:接收管要放置到位不能倾斜,中间不能缺管,取放接收管时要点击"正反转电动"按钮,严禁用手扳动旋转架左右晃动,以免造成花盘错位,损坏馏分称量系统。

5. 常压蒸馏

(1) 在工艺流程主界面上点击"工艺设置",在原料信息栏依次输入名称、皮重以及毛重,选择"常压"打钩,输入馏分数 6,分别是 60℃、95℃、122℃、150℃、175℃、200℃,工艺设置完成后,点击"执行"按钮进入蒸馏过程,然后点击"流程画面"进行加热量的设置,根据工艺过程,适时调节加热量的大小。

(2) 实沸点蒸馏的过程中注意观察压差值的变化,根据全回流状况适时调节预设压差值,确保回流比的顺利打开。(当仪器加热后一段时间蒸馏塔的顶部发现有大量的液体回流出现,这时应及时降低预设压差值,确保回流比打开,以免造成淹塔。)

(3) 记下冷凝器馏出口滴下第一滴液体的温度作为初馏点。蒸馏过程中要经常观察馏分的流出速度,根据流出速度适时调整釜底加热量,控制流出速度为每秒 3~4 滴。

(4) 当油温大于 350℃时,热分解严重,因而常压蒸馏只能在釜温低于 350℃下进行。

当馏出温度达200℃时，常压蒸馏结束，系统即自动停止加热，打开降温阀，此时取下覆盖在蒸馏釜上方的电加热套。

6. 减压蒸馏

（1）常压蒸馏结束后，待蒸馏釜和精馏柱温度降到130~150℃以下，进行减压蒸馏。

（2）与常压蒸馏相同，把清洁干净的接收管依次放入接收旋转架上。

（3）在工艺流程主界面上点击"工艺设置"，选择减压蒸馏，有三种选择："50Torr""10Torr"和"2Torr"。一般选择"10Torr"打钩，输入馏分数6，分别是225℃、250℃、275℃、300℃、325℃、350℃，工艺设置完成后，点击"执行"按钮进入蒸馏过程，然后返回流程画面进行加热量的设置，根据工艺过程，适时调节加热量的大小。

（4）减压蒸馏过程中计算机自动根据实测气相温度和系统真空度值的公式换算，得出相当常压温度（AET），并根据预先设置切割温度实现馏分自动切割。

（5）蒸馏过程中要经常观察馏分的流出速度，根据流出速度适时调整釜底加热量，控制流出速度为每秒3~4滴。对于含蜡原油，蒸至275~300℃馏分时，一定注意冷却器的温度，以防冷却器内的馏出油结蜡，堵塞管路，使釜内压力升高。

（6）温度到达最后一个馏分的切割点时，系统即自动停止加热，打开降温阀，此时取下覆盖在蒸馏釜上方的电加热套。

（7）当液相温度降至降温的安全温度以下时，系统会自动关闭真空泵和降温阀、打开放空阀，直至系统压力回到常压，继续下降至100℃左右，把蒸馏釜拿出，注意避免高温烫伤，在一定温度下（80~90℃）把釜内剩余油样倒入重油蒸馏釜中（前后都要称重），进行后续实验。

7. 洗釜

向釜内注入60~90℃或90~120℃石油醚，然后进行常压蒸馏，把石油醚蒸出，把减压操作中滞留在填料上的馏分油洗入釜内。

8. 第二段减压蒸馏（克氏蒸馏）

（1）打开重油蒸馏仪的电源开关，开机与常压蒸馏操作相同。

（2）将步骤6.（7）转移后并称好重的蒸馏釜放入重油蒸馏仪的加热炉内，衔接蒸馏柱与常压蒸馏操作相同。

（3）将馏分接收管放入馏分接收室管架，将馏分接收室推入最里处，并将其上升，至馏分接收室玻璃外罩顶部与密封板下方密封垫圈紧密接触。

（4）点击"过程设置"按钮进入工艺过程设置画面，分别输入原料名称、蒸馏釜重、毛重（蒸馏釜+原料总重），单位为g，系统自动计算原料重。

（5）选择1.0~0.1Torr蒸馏段，输入馏分数6，输入需要切割的温度：375℃、395℃、425℃、450℃、475℃、500℃，设置完成后，点击"执行"按钮开启蒸馏程序，并点击"流程画面"回到主界面进行加热设置。

（6）蒸馏过程中要经常观察馏分的流出速度，根据流出速度适时调整釜底加热量，控制流出速度为每秒1~2滴。

（7）温度到达最后一个馏分的切割点时，系统即自动停止加热，打开降温阀，通入冷却水，此时取下覆盖在蒸馏釜上方的电加热套。

（8）当液相温度降至降温的安全温度以下时，系统会自动关闭真空泵、关闭降温阀、打开放空阀，直至系统压力回到常压，待液相温度降到低于100℃后，把釜内渣油转移，进行后续实验。

（9）向釜内注入60~90℃或90~120℃石油醚，然后进行常压蒸馏把石油醚蒸出，把蒸馏柱、回流冷凝器、馏分冷凝器以及储馏器洗干净，待下次备用。

（10）所有实验操作结束后，点击主界面的"系统处理"，在系统处理界面中点击右下角的"退出系统"，退出软件。

五、实验数据记录及处理

1. 实验数据计算

按式（2-1）计算每一馏分占原油的质量分数 w：

$$w = \frac{m_1 - m_2}{m} \times 100\% \tag{2-1}$$

式中　w——每一馏分占试样的质量分数；

　　　m_1——馏分质量+接收管的质量，g；

　　　m_2——接收管的质量，g；

　　　m——原油试样质量，g。

2. 绘制原油的实沸点蒸馏曲线

绘制原油的总产率—实沸点曲线：在16cm×32cm坐标纸上，以总馏出率为横坐标，以馏出物的沸点为纵坐标作曲线，称为实沸点蒸馏曲线。某原油实沸点蒸馏曲线及其性质曲线如图2-6所示。

3. 精密度

单个试样两次平行测定，在相同蒸气温度时，其总馏出量的差数应小于1%（质量分数）；每次蒸馏的总损失量应小于1%（质量分数）。

六、注意事项

（1）常压蒸馏时，系统不可密闭，一定要通大气，憋压可引起油料喷溅、起火，注意放空阀一定是开的。

（2）严禁用手扳动转盘接收器左右旋转，只能点击"正转"或"反转"按钮操作。

（3）实沸点蒸馏过程中注意观察压差值的变化，根据全回流状况适时调节预设压差值，确保回流比调节器可顺利工作（顺利工作时有明显的敲击声）。

（4）注意冷浴温度是否在设定范围内、冷却介质的量是否缺少。

（5）含蜡原油的300℃以上馏分凝点较高，一定注意馏分水浴的温度，防止堵塞。万一发生堵塞，应先冷却蒸馏釜，然后才可加热冷却器而熔化蜡油。不然的话，堵塞一旦解除，随之而来的是冲油事故。严重时可使玻璃容器爆裂，碎片横飞。千万注意！

（6）重油釜式蒸馏仪器拆卸接收器请注意：接收器拆卸时一定要先按几下"上升"按钮然后再按"下降"按钮，避免接收缸快速下降脱落。

（7）用石油醚洗釜时冷浴温度需要降到10℃以下方可清洗蒸馏塔。

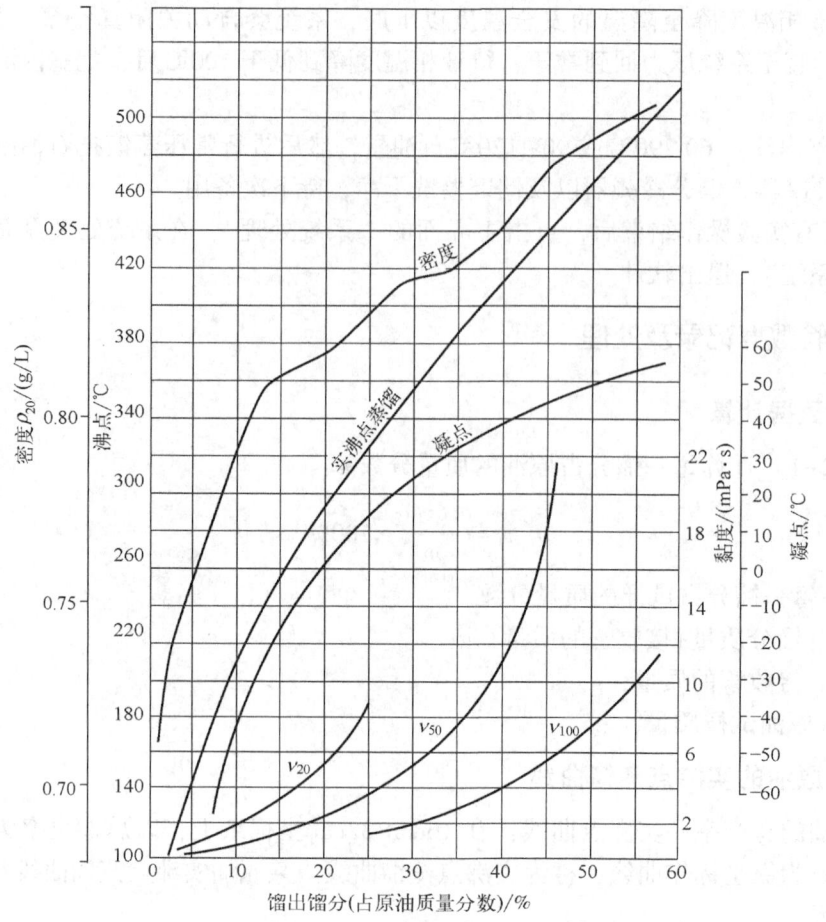

图 2-6　某原油实沸点蒸馏曲线及其性质曲线

（8）实验过程中时刻警惕异常报警，注意氮气压力、真空压力是否在设定范围内。

（9）实验操作时，为使数据准确可靠，必须注意控制馏分间的分离程度，简称分馏精确度。对其影响最大的因素是馏出速度，通常应保持在 3~5mL/min。如馏出速度过快，则分馏精确度降低，馏分收率、组成、性质都会改变，这是导致实验误差的主要原因。其他影响因素包括升温时间、回流比、精馏柱的保温状态、馏出前是否采用全回流平衡操作等。

实验二　石油产品水分测定法

一、实验目的

（1）了解并熟悉石油产品水分测定的意义；
（2）学习并掌握石油产品水分测定的操作方法。

二、实验原理

将油品与无水溶剂在水分测定器中蒸馏。由于溶剂沸点

富媒体 2　石油产品水分测定法

较低，首先汽化并将油品中的水分携带出来，经冷凝后流入水分接收器中，溶剂与水在接收器中分层，从接收器的刻度得到水分含量，以质量分数表示。溶剂同时可以降低油品黏度（特别是原油和重油等），以免含水油品沸腾时起泡甚至冲出，溶剂蒸馏后不断冷凝回流到烧瓶内，降低水、溶剂和油品混合物的沸点，防止过热。

原油开采时都夹带一些地下水，油品在生产、运输、储存过程中也会或多或少地混入一些水分，且油品中的各种烃类都具有一定的吸水性。这些水分会破坏原油的正常加工过程、恶化油品的使用性能，必须设法除去。原油含水量又是原油计量必不可少的数据，因而水分测定是油品分析过程中经常进行的工作。

本方法适用于含水较多的原油及其他油品含水量的测定。

三、实验仪器与试剂

1. 实验仪器

（1）水分测定器，如图 2-7 所示，包括圆底烧瓶、接收器、直形冷凝管。
（2）电炉或煤气灯或酒精灯：用于加热油品。
（3）无釉瓷片或浮石或一端封闭的玻璃毛细管，在使用前必须经过烘干。
（4）一端带橡皮头的玻璃棒或一端带鸭毛的金属丝。

2. 实验试剂

工业溶剂油或直馏汽油 80℃ 以上的馏分，溶剂在使用前必须脱水和过滤。

四、实验步骤

（1）水分测定器的烧瓶、接收器必须预先洗净、烘干，冷凝管内部必须事先用干净棉花擦干。
（2）黏稠的或含石蜡的石油产品应预先加热到 40~50℃，使之完全熔融后再进行摇匀。
（3）向预先洗净、烘干的圆底烧瓶中倒入已摇匀的试样 100g，称准至 0.1g。如不是刚好为 100g，则如实记下试样的质量。注意，切勿使试样倒在烧瓶外或黏在烧瓶磨口接头处。

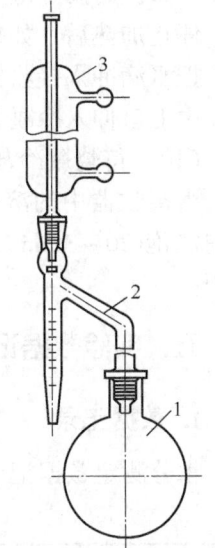

图 2-7 水分测定器
1—圆底烧瓶；2—接收器；
3—直形冷凝管

注：① 对于黏度小的试样可用量筒量取 100mL，注入圆底烧瓶中，再用这只未经洗涤的量筒量取 100mL 溶剂。圆底烧瓶中的试样质量等于该试样的密度乘 100mL 所得之积。

② 试样的水分超过 10% 时，试样的质量应酌量减少，要求蒸出的水不超过 10mL 为宜。

（4）用量筒量取 100mL 溶剂，注入圆底烧瓶中。将圆底烧瓶中的混合物仔细摇匀后，投入数片无釉瓷片或浮石或一端封口的玻璃毛细管，以防止加热过程中暴沸。

（5）将接收器 2 的支管紧密地安装在圆底烧瓶 1 上，使支管的斜口进入烧瓶 15~20mm，然后将直形冷凝管 3 安装在接收器上。这两处的连接一般为磨口或用软木塞（仲裁实验时必须用磨口）。如果用磨口连接，在安装时应先在磨口上抹上一薄层密封脂，以防不易拆卸和漏气。安装时，冷凝管与接收器的轴心线必须要互相重合，冷凝管下端的斜口切面与接收器支管管口相对。进入冷凝管的水温与室温相差较大时，应在冷凝管上端用干净棉花将其轻轻塞住，以免空气中的水蒸气进入冷凝管凝结。

（6）用变压器控制电炉（或用煤气灯或酒精灯），小心加热圆底烧瓶，调节回流速度，使冷凝管斜口每秒滴下2~4滴液体。开始加热要快些，当油品开始汽化、沸腾时，立即减小加热强度，保持一定的回流速度。

对于含水较多的试油，在加热时必须小心，切不可加热太快，以免产生剧烈的沸腾现象，造成水蒸气与溶剂蒸气一起喷出冷凝管外，引起火灾。

（7）测定时，水蒸气与溶剂蒸气一起蒸出，在冷凝器下部冷凝、冷却后流入接收器中，水分沉于底部，多余溶剂流回蒸馏烧瓶。最初的冷凝液是浑浊的，当水分逐渐增多时，水层呈清液，溶剂也逐渐变清，最后成为澄清的两层。

（8）蒸馏将近完毕时，如果冷凝管内壁上沾有水滴，则应加大电流，使烧瓶中的混合物迅速剧烈沸腾，利用大量的冷凝溶剂将水滴尽量冲洗入接收器中。

（9）当接收器中收集的水体积不再增加，而且水层上面的溶剂层完全透明时，应停止加热。回流时间不应超过1h。

停止加热后，如果冷凝管壁上仍沾有水滴，可从冷凝管上端倒入经过脱水、过滤的溶剂，把水滴冲入接收器。如果冲洗依然无效，则用带鸭毛的金属丝或带橡皮头的玻璃棒的一端，由上口伸入冷凝管中将水滴刮进接收器中。

（10）待烧瓶冷却后，将仪器拆卸开，读出接收器中所收集水的体积。

当接收器中的溶剂呈现浑浊，而且管底收集的水不超过0.3mL时，将接收器放入热水中浸泡20~30min，使溶剂澄清，再将接收器冷却到室温，然后读出管底收集水的体积。

五、实验数据记录及处理

1. 数据记录

水分测定数据记录见表2-1。

表2-1 水分测定数据记录

试样名称		
测定日期		
油+瓶重/g		
瓶重/g		
油重 G/g		
回流时间 T/s		
水分的体积 V/mL		
水分的质量分数 X/%		
操作人		
备注		

2. 实验数据处理

（1）试样水分的质量分数 X 按式(2-2)计算：

$$X = V/G \tag{2-2}$$

式中　V——接收器中收集的水分体积，mL；
　　　G——试油的质量，g。

注：水在室温下的密度可以视为1g/mL，因此用水的毫升数作为水的克数。试样的质量为（100±1）g时，在接收器中收集水的毫升数，可以作为试样水分的质量分数结果。

（2）试样水分的体积分数 Y 按式(2-3)计算：

$$Y = \frac{V \cdot \rho}{G} \times 100\% \tag{2-3}$$

式中　V——接收器中收集的水分体积，mL；
　　　ρ——注入试样的密度，g/mL；
　　　G——试油的质量，g。

注：量取100mL试样时，在接收器中收集水的毫升数，可以作为试样水分的体积分数测定结果。

3. 实验结果与讨论

（1）两次测定中收集水的体积差值不应超过接收器的一个刻度，然后用平行测定的两个结果的算术平均值作为试油的水分含量。

（2）试油水分少于0.03%（质量分数）时，认为是痕迹；在仪器拆卸后接收器中没有水存在，认为试油无水。

六、注意事项

（1）实验过程中所使用的仪器必须清洁、干燥，溶剂必须严格脱水、过滤。

（2）试样必须具有代表性，在称取试油前必须将试油充分摇均匀，这是测定结果准确的关键。

（3）加热速度过快或因接口处漏气而使部分蒸气未经冷凝而逸出时，实验须重做。

（4）应严格控制蒸馏速度，使从冷凝管斜口处每秒滴下2~4滴蒸馏液。太慢，使测定时间长，溶剂汽化量少，会降低对油中水分气体的携带能力，使结果偏低；太快，则易产生突沸。

（5）当试样水分超过10%时，可酌情减少试样量，使蒸出的水分不超过10mL为宜。但也要注意，试样称量太少时，会降低试样的代表性，影响测定结果的准确性。

实验三　石油产品常压蒸馏特性测定

一、实验目的

（1）熟悉并巩固油品蒸发性能的相关知识；
（2）学会并掌握石油产品蒸馏的测定方法；
（3）了解石油产品蒸馏测定的意义。

富媒体3　石油产品常压蒸馏特性测定

二、实验原理

油品的馏程是汽油、煤油、柴油的重要质量指标,又是工艺计算的重要基础数据,在生产中常用作控制操作条件和产品质量的依据,不同油品的馏程测定方法有些差别。

为了向国际标准靠拢,我国已制定了《石油产品常压蒸馏特性测定法》(GB/T 6536—2010),其仪器结构和实验方法与《石油产品馏程测定法》(GB 255—1977)类似,但详细尺寸、操作步骤等差别较大。最新制定的油品质量标准如轻柴油等已用 GB/T 6536—2010 取代 GB 255—1977 来测定馏程。该方法适用于车用汽油、航空汽油、喷气燃料、特殊沸点的溶剂、石脑油、煤油、柴油、馏分燃料和相似的石油产品的蒸馏测定。

在一定压力下加热纯物质时,其蒸气压随温度的升高而增大,当蒸气压力与外界压力相等时,液体开始沸腾,此时的温度称为沸点。纯物质的沸点是压力的单值函数,与测定方法无关。

石油及其产品是烃类和非烃类的复杂混合物,它被加热蒸馏时,沸点较低的组分最先汽化馏出,此时的温度称为初馏点。在不断加热的情况下,蒸馏出来的组分的沸点由低逐渐升高,直到最高沸点的组分被蒸馏出来为止,此时的温度称为终馏点。从初馏点到终馏点代表油品的沸点范围,称为沸程或馏程。不同的方法测得同一油品的沸程是有差别的,因而测定馏程时必须严格按照规定方法进行。

本实验采用 GB/T 6536—2010 方法进行,该方法规定,将 100mL 试样在其相应组别所规定的条件下进行蒸馏,根据实验结果的要求,系统地观察温度计读数和冷凝液体积、蒸馏残留物和损失体积,观测的温度读数需进行大气压修正,并根据这些数据计算和报告结果。

本标准采用下列术语:

(1)装样体积:在规定的温度下装入蒸馏烧瓶中的试样体积,此体积为 100mL。

(2)分解:烃分子经热分解或裂解生成比原分子具有更低沸点的较小分子的现象。

注:热分解特性表现为在蒸馏烧瓶中出现烟雾,且温度计读数不稳定,即使在调节加热后,温度计读数通常仍会下降。

(3)分解点:与蒸馏烧瓶中液体出现热分解初始迹象相对应的校正温度计读数。

注:在本方法实验条件下测定的试样分解点不一定与其他应用条件下试样的分解温度相当。

(4)干点:最后一滴液体(不包括在蒸馏烧瓶壁或温度测量装置上的任何液滴或液膜)从蒸馏烧瓶中的最低点蒸发瞬时所观察到的校正温度计读数。

注:在使用中一般采用终馏点,而不用干点。对于一些有特殊用途的石脑油,如油漆工业用石脑油,可以报告干点,当某些样品的终馏点测定精密度不是总能达到所规定的要求时,也可用干点代替终馏点。

(5)动态滞留量:在蒸馏过程中出现在蒸馏烧瓶的瓶颈、支管和冷凝管中的物料。

(6)露出液柱影响:将全浸玻璃水银温度计在局浸条件下使用时产生的温度计读数偏差。

(7)终馏点(终点):实验中得到的最高校正温度计读数。

注:终馏点或终点通常在蒸馏烧瓶底部的全部液体蒸发之后出现,常被称为最高温度。

(8)轻组分损失:指试样从接收量筒转移到蒸馏烧瓶的挥发损失、蒸馏过程中试样的蒸发损失和蒸馏结束时蒸馏烧瓶中未冷凝的试样蒸气损失。

（9）初馏点：从冷凝管的末端滴下第一滴冷凝液瞬时所观察到的校正温度计读数。

（10）回收百分数：在观察温度计读数的同时，在接收量筒内观测得到的冷凝物体积，以装样体积分数表示。

（11）最大回收百分数：加热停止后，使馏出液完全滴入接收量筒内，得到的量筒内液体体积，以装样体积分数表示。

（12）损失百分数：100%减去总回收百分数。

（13）校正损失：经大气压修正后的损失百分数。

（14）残留百分数：蒸馏烧瓶冷却后，且未观察到再有蒸气出现时，烧瓶中残留物体积，以装样体积分数表示。

（15）蒸发百分数：回收百分数与损失百分数之和。

（16）总回收百分数：最大回收百分数与蒸馏烧瓶中残留百分数之和。

三、实验仪器

采用 GB/T 6536—2010 方法的馏程测定器如图 2-8 和图 2-9 所示。馏程测定器的基本元件包含蒸馏烧瓶、冷凝器和相连的冷凝浴、用于蒸馏烧瓶的金属防护罩或围屏、加热器、蒸馏烧瓶支架和支板、温度计和收集馏出物的接收量筒。

图 2-8　馏程测定器

四、准备工作

1. 取样、样品储存和样品处理

（1）确定样品组别。根据样品组别性质表（表 2-2），确定被测样品所属组别。

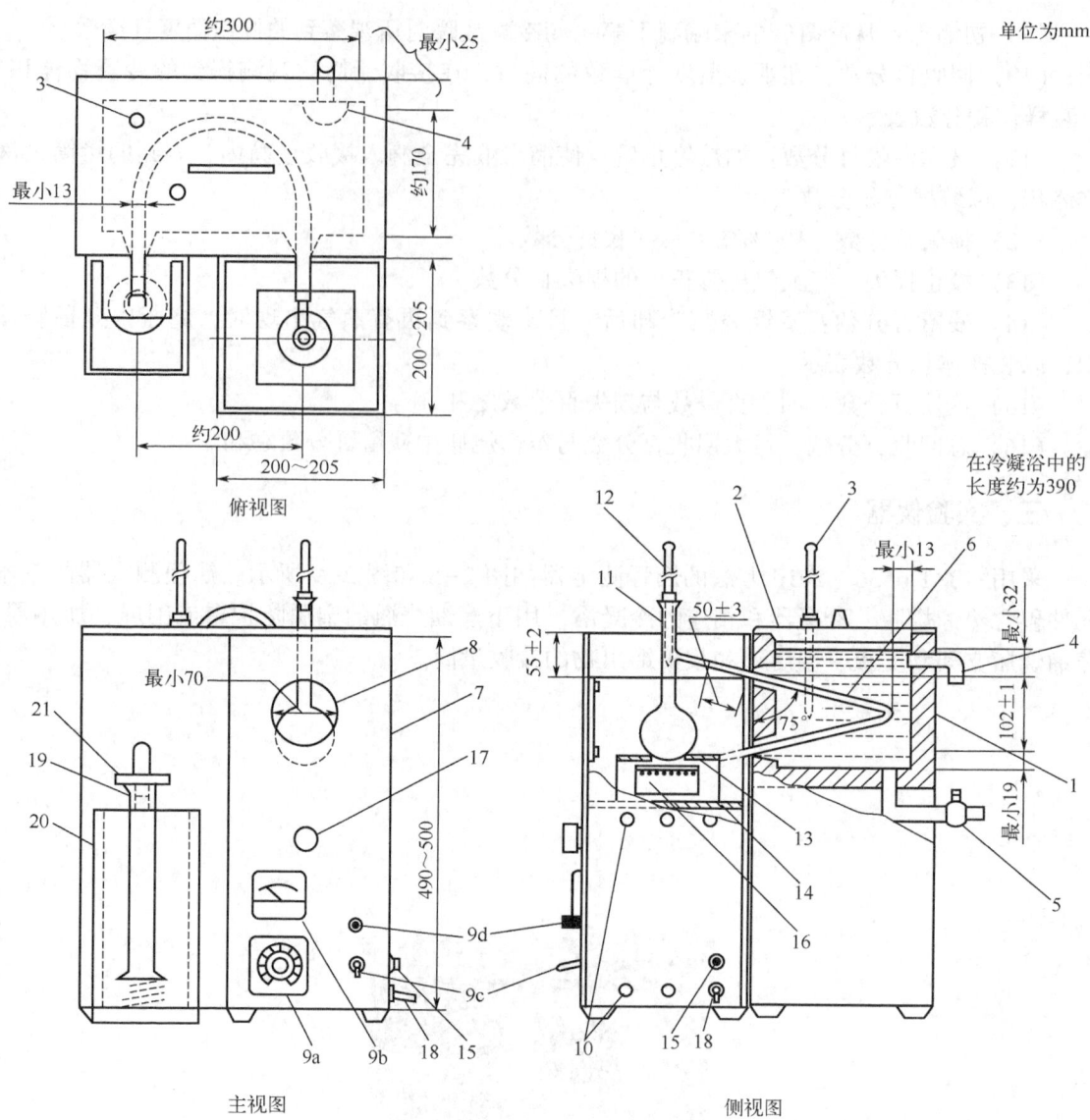

图 2-9 电加热型馏程测定器装置图

1—冷凝浴；2—冷凝浴盖；3—冷凝浴温度传感器；4—冷凝浴溢流口；5—冷凝浴排液口；6—冷凝管；7—防护罩；8—视窗；9a—调压器；9b—电压表或电流表；9c—电源开关；9d—电源指示灯；10—通风孔；11—蒸馏烧瓶；12—温度传感器；13—蒸馏烧瓶支板；14—蒸馏烧瓶支架台；15—接地线；16—电加热器；17—调节支架台水平的操作孔；18—电源线；19—接收量筒；20—接收量筒冷却浴；21—接收量筒遮盖物

表 2-2 样品组别性质表

样品特性		0组	1组	2组	3组	4组
馏分类型		天然汽油				
蒸气压（37.8℃）/kPa（实验方法 GB/T 8017—2012）			≥65.5	<65.5	<65.5	<65.5
蒸馏特性	初馏点/℃				≤100	>100
	终馏点/℃	≤250	≤250	>250	>250	

（2）取样。取样应根据 GB/T 4756—2015 的要求进行，详见表 2-3。

表 2-3 取样、样品储存和样品处理

项目	0 组	1 组	2 组	3 组	4 组
样品瓶温度/℃	<5	<10			
样品储存温度/℃	<5	<10[a]	<10	环境温度	环境温度
分析前样品处理后温度/℃	<5	<10	<10	环境温度或高于倾点 9~21℃[b]	环境温度或高于倾点 9~21℃[b]
取样时含水	重新取样	重新取样	重新取样	按（5）③规定干燥	
重新取样后仍含水[c]	样品保持在 0~10℃，每 100mL 样品加约 10g 无水硫酸钠，振荡混合物约 2min，再静置约 15min［依照（5）②规定干燥］				

a：在特定情况下，样品也可以在低于 20℃下储存，见（3）③；
b：如样品在环境温度下为（半）固体，不用参考表中的温度；
c：如已知样品含水，可省略重新取样步骤，直接按（5）②和（5）③干燥样品。

① 0 组：将样品瓶的温度调整至 5℃以下，最好将经冷却的液体样品装入样品瓶中，并弃去初始样品，如果不可能实现，例如所采取的样品处于环境温度，则将所采取的样品置于预先冷却至低于 5℃的样品瓶中，并以搅动最小的方式进行取样，立即用密合的塞子封好样品瓶，并将其置于冰浴或冰箱中。

② 1 组：在 10℃以下采取样品，如果不可能实现，例如所采取的样品处于环境温度，则将所采取的样品置于预先冷却至低于 10℃的样品瓶中，并以搅动最小的方式进行取样，立即用密合的塞子封好样品瓶，并将其置于冰浴或冰箱中。

③ 2 组、3 组和 4 组：在环境温度下采取样品，取样后立即用密合的塞子封好样品瓶。

④ 如果实验室收到的样品是其他人采取的，不知其取样过程是否符合规定要求，可假设样品的取样符合要求。

（3）样品储存。

① 如果取样后不立即开始实验，样品应按照下述要求和表 2-3 的规定进行储存，所有样品在储存时应避开阳光直射和热源。

② 0 组，样品应储存在低于 5℃的冰箱中。

③ 1 组和 2 组，样品应在低于 10℃的温度下储存。

注：如果在低于 10℃温度下储存样品的条件不具备或不充分，只要操作人员能确保样品容器紧密贴合且无泄漏，则样品也可在低于 20℃的温度条件下储存。

④ 3 组和 4 组，样品可在环境温度或低于环境温度的条件下储存。

（4）分析前的样品处理。

在打开样品瓶之前，样品应经处理调整至表 2-3 所规定的温度。

（a）0 组，在打开样品瓶之前，样品应经调整至低于 5℃。

（b）1 组和 2 组，在打开样品瓶之前，样品应经调整至低于 10℃。

（c）3 组和 4 组，如果在环境温度下样品不呈液态，在分析之前应将其加热至高于其倾点（按 GB/T 3535—2006 或 SH/T 0771—2005 测定）9~21℃。如果试样在储存过程中有部分或完全固化，在打开样品瓶之前，在样品熔化后应将其剧烈摇动，使其均匀。

（d）如果样品在环境温度下不呈液态，则表 2-4 中所规定的蒸馏烧瓶和样品的温度范围不适用。

表 2-4 仪器准备

项目	0组	1组	2组	3组	4组
蒸馏烧瓶/mL	100	125	125	125	125
蒸馏用温度计编号	GB 46	GB 46	GB 46	GB 46	GB 47
蒸馏用温度计范围	低	低	低	低	高
蒸馏烧瓶支板孔径/mm	32	38	38	50	50
实验开始时蒸馏烧瓶温度/℃	0~5	13~18	13~18	13~18	不高于环境温度
实验开始时蒸馏烧瓶支板和防护罩温度/℃	不高于环境温度	不高于环境温度	不高于环境温度	不高于环境温度	—
实验开始时接收量筒和100mL试样的温度/℃	0~5	13~18	13~18	13~18	13~环境温度

(5) 含水样品。

① 如果待测样品含有可见的水，则不适于测定。如果样品含水，应另取一份无悬浮水的样品。

② 0组、1组和2组，如果不能得到无悬浮水的样品，可按如下所述除去样品中的悬浮水：将样品保持在0~10℃，每100mL样品中加入约10g的无水硫酸钠，振荡混合物约2min，然后将混合物静置约15min。当样品中无可见悬浮水时，用倾析法倒出样品，将其保持在1~10℃待分析之用。在结果报告中应注明试样曾用干燥剂干燥过。

注：对1组和2组浑浊样品中的悬浮水采用加入无水硫酸钠，然后用倾析法将液体样品与干燥剂分离的方法，除去悬浮水，此脱水步骤对实验结果不会造成显著的影响。

③ 3组和4组，如果没有不含水的样品，可将含悬浮水的样品与无水硫酸钠或其他合适的干燥剂一起振荡，用倾析法将样品从干燥剂中分离出来，以除去悬浮水。在结果报告中应注明试样曾用干燥剂干燥过。

(6) 仪器准备。

① 参考表2-4准备仪器，对应指定的组别选择合适的蒸馏烧瓶、温度测量装置和蒸馏烧瓶支板。将接收量筒、蒸馏烧瓶和冷凝浴调节到规定温度。

② 采取任何必要的措施，使冷凝浴的接收量筒的温度保持在规定的温度下。接收量筒应浸没在一个冷却浴中，并使浸入液面至少达到量筒的100mL刻线，也可将整个接收量筒用空气循环室包围起来。

（a）0组、1组、2组和3组，用作低温浴的合适介质包括，但不限于：碎冰和水、冷冻的盐水、冷冻的乙二醇等。

（b）4组，用于环境温度或高于环境温度浴的合适介质包括，但不限于：冷水、热水或加热的乙二醇等。

③ 用缠在细绳或铁丝上的无绒软布将冷凝管内的残留液体除去。

五、实验步骤

(1) 记录环境大气压。

(2) 用量筒量取100mL试样，尽可能完全倒入蒸馏烧瓶中，要注意不能使液体流入蒸馏烧瓶支管，如果试样预期会出现不规则沸腾（突沸），可向试样中加入少量沸石。

（3）用密合的软木塞或硅酮橡胶塞或由其他相当的聚合材料制成的塞子，紧紧地装配在样品容器的颈部，使样品温度达到表2-4规定的温度。使温度计感温泡位于瓶颈的中心，温度计毛细管的底端与蒸馏烧瓶支管内壁底部的最高点齐平（图2-10）。

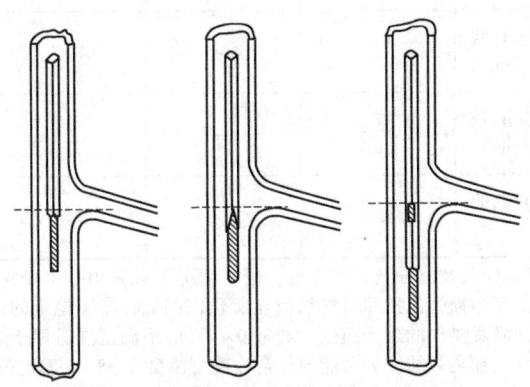

图2-10 温度计在蒸馏烧瓶中的位置

（4）用密合软木塞或硅酮橡胶塞或由其他相当的聚合材料制成的塞子，将蒸馏烧瓶支管紧紧地与冷凝管相连。调节蒸馏烧瓶，使其处于直立的位置，并使蒸馏烧瓶支管伸到冷凝管内25~50mm。升高并调节蒸馏烧瓶支板，使其紧紧地接触蒸馏烧瓶的底部。

（5）将先前量取过试样、未经干燥的接收量筒放入冷凝管末端下方已控温的冷却浴中，冷凝管的末端应位于接收量筒的中心，且伸入量筒中至少25mm，但不能低于量筒的100mL刻线。

（6）初馏点的测定：用一张吸水纸或类似的材料盖住接收量筒，以减少蒸馏中的蒸发损失，用于覆盖的纸或材料应裁为紧贴冷凝管以便将量筒盖严。如果使用接收导流器，使导流器的尖端恰好接触接收量筒内壁；如果未使用接收导流器，应使冷凝管滴液尖端不接触接收量筒内壁。开始蒸馏，注明蒸馏开始时间，观察并记录初馏点，精确至0.5℃。如未使用接收导流器，当观测到初馏点后，应立即移动接收量筒使冷凝管滴液尖端接触到量筒内壁。

（7）调整加热，使蒸馏过程中的条件符合表2-5的规定。若蒸馏过程未能符合表2-5的规定，应重新进行蒸馏。观察并记录所需要的数据，温度精确至0.5℃。

① 0组：如果未指明有特殊的数据要求，记录初馏点、终馏点和从10%~90%回收体积之间每10%回收体积倍数时的温度读数。

② 1组、2组、3组和4组：如果未指明有特殊的数据要求，记录初馏点、终馏点和/或干点，在5%、15%、85%和95%回收体积时的温度读数，以及10%~90%回收体积之间每10%回收体积倍数时的温度读数。

表2-5 实验条件

项目	0组	1组	2组	3组	4组
冷凝浴温度[a]/℃	0~1	0~1	0~5	0~5	0~60
接收量筒周围冷却浴温度/℃	0~4	13~18	13~18	13~18	装样温度±3
从初馏点到5%回收体积的时间/s	—	60~100	60~100	—	—

续表

项目	0组	1组	2组	3组	4组
从初馏点到10%回收体积的时间/min	3~4	—	—	—	—
从5%回收体积到蒸馏烧瓶中5mL残留物的均匀平均冷凝速率/(mL/min)	—	4~5	4~5	4~5	4~5
从10%回收体积到蒸馏烧瓶中5mL残留物的均匀平均冷凝速率/(mL/min)	4~5	—	—	—	—
从蒸馏烧瓶中5mL残留物到终馏点的时间/min	≤5	≤5	≤5	≤5	≤5

a：合适的冷凝浴温度取决于试样蒸馏馏分及其蜡含量，通常情况下只采用一个冷凝温度。冷凝器中蜡的形成缘于：①馏出物液滴中出现的蜡颗粒；②蒸馏损失比按照试样初馏点所预估的高；③不稳定的回收率；④用无绒的布擦除残留液体时出现蜡颗粒。应使用能得到满意操作的最低温度。通常0~4℃的浴温范围适用于煤油和轻质中间馏分燃料；在某些情况下，中间馏分燃料、重馏分油和类似的馏分可能要保持冷凝浴温度在38~60℃的范围。

（8）如观察到分解点，应停止加热，并按照步骤（10）进行。

（9）当蒸馏烧瓶中残留液体约为5mL时，最后一次调整加热，使蒸馏烧瓶中5mL残留液体蒸馏到终馏点的时间符合表2-5规定的范围。如果未满足此条件，需对最后加热调整进行适当修改，并重新实验。

注：由于蒸馏烧瓶中剩余5mL沸腾液体的时间难以确定，可用观察接收量筒内回收液体的数量来确定。这点的动态滞留量约为1.5mL。如果没有轻组分损失，蒸馏烧瓶中5mL的液体残留量可认为对应于接收量筒内93.5mL的量。这个量需根据轻组分损失估计值进行修正。

如果实际的轻组分损失与估计值相差大于2mL，应重新进行实验。

（10）根据需要观察并记录终馏点和/或干点，并停止加热，使馏出液完全滴入接收量筒内。当冷凝管中连续有液滴滴入接收量筒时，每隔2min观察并记录冷凝液体积，精确至0.5mL，直至连续两次观察的体积相同。准确测量接收量筒内液体的体积，记录并精确至0.5mL。

（11）记录接收量筒内液体体积相应的回收百分数。如果出现分解点蒸馏提前终止，那么从100%中减去回收百分数，报告此差值作为残留百分数和损失百分数之和，并省略第（12）步。

（12）待蒸馏烧瓶冷却之后，且未观察到再有蒸气出现时，从冷凝管上拆下蒸馏烧瓶，将其内容物（沸石除外）倒入一个5mL带刻度量筒中，测量量筒中液体体积，精确至0.1mL，记作残留百分数。

如果5mL带刻度量筒在1mL以下无刻度，而液体体积不到1mL，则先向量筒中加入1mL密度较大的油，以便较好地测量回收液体的体积。

如果得到的残留物比预期的残留物多，且蒸馏不是在终馏点之前被人为终止的，检查蒸馏过程中加热是否足够，且实验过程中各条件是否满足表2-5的规定，如果没有，应重做实验。

注：①用本方法测定汽油、煤油和柴油馏分所得蒸馏残留物体积分数的典型值分别是0.9%~1.2%、0.9%~1.3%和1.0%~1.4%。

②本方法不适用于分析含有较多残留物的馏分燃料。

（13）实验结束，清洗整理实验仪器。

六、实验数据记录及处理

1. 实验数据记录

馏程测定实验数据记录表见表 2-6。

表 2-6 馏程测定实验数据记录表

测定人				测定日期			
大气压/kPa				环境温度/℃			
样品名称							
仪器编号							
冷浴温度/℃				接收室温度/℃			
馏出体积分数	时间/min	馏出温度/℃	校正后温度/℃	时间/min	馏出温度/℃	校正后温度/℃	平均馏出温度/℃
初馏点							
5%							
10%							
15%							
20%							
30%							
40%							
50%							
60%							
70%							
80%							
85%							
90%							
95%							
终馏点							
回收百分数/%							
残留百分数/%							
损失百分数/%							
备注							

2. 数据处理

（1）将温度读数修正到 101.3kPa 标准大气压，每个温度读数的修正值可按下列悉尼杨（Sydney Young）公式（2-4）得到，或用表 2-7 进行修正：

$$C_c = 0.0009(101.3 - p_k)(273 + t_c) \tag{2-4}$$

式中 C_c——观察到的温度计读数应加的修正值；

p_k——实验时的大气压力，kPa；

t_c——温度计读数，℃。

将所得修正值对观测温度读数进行修正，将结果修约至0.5℃，后续的计算和报告都应使用经过大气压修正的校正温度读数。

表2-7 近似的温度读数修正值

温度范围/℃	10~30	>30~50	>50~70	>70~90	>90~110	>110~130	>130~150	>150~170
每1.3kPa压差的修正值[a]/℃	0.35	0.38	0.40	0.42	0.45	0.47	0.50	0.52
温度范围/℃	>170~190	>190~210	>210~230	>230~250	>250~270	>270~290	>290~310	>310~330
每1.3kPa压差的修正值[a]/℃	0.54	0.57	0.59	0.62	0.64	0.66	0.69	0.71
温度范围/℃	>330~350	>350~370	>370~390	>390~410				
每1.3kPa压差的修正值[a]/℃	0.74	0.76	0.78	0.81				

a：大气压低于101.3kPa时应加上修正值，大气压高于101.3kPa时应减去修正值。

（2）当温度读数修正到101.3kPa时，将实际损失百分数也修正到101.3kPa。校正损失用式(2-5)计算：

$$L_c = 0.5 + (L-0.5)/[1+(101.3-p_k)/8.0] \tag{2-5}$$

式中 L_c——校正损失，%；

L——观测损失，%；

p_k——实验时当地的大气压，kPa。

用式(2-6)计算相应的校正回收百分数：

$$R_c = R_{max} + (L-L_c) \tag{2-6}$$

式中 R_c——校正回收百分数，%；

R_{max}——最大回收百分数，%；

L——观测损失，%；

L_c——校正损失，%。

（3）要得到在规定温度读数时对应的蒸发百分数，将损失百分数加到规定温度时得到的每个观测回收百分数上，并报告这些结果作为相应的蒸发百分数，见式(2-7)：

$$P_e = P_r + L \tag{2-7}$$

式中 P_e——蒸发百分数，%；

P_r——回收百分数，%；

L——观测损失，%。

（4）要得到在规定蒸发百分数时对应的温度读数，如果在规定的蒸发百分数时，没有在0.1%体积内记录的温度数据，可采用下面两个步骤中的任一步骤，并在结果报告中注明是使用了计算法还是图解法。

① 计算法：先从每个规定的蒸发百分数之中减去观测损失，以得到相应的回收百分数，再用式(2-8)计算所需的温度读数：

$$T = T_L + (T_H - T_L)(R - R_L)/(R_H - R_L) \tag{2-8}$$

式中 T——在规定蒸发百分数时的温度读数，℃；

T_L——在 R_L 时记录的温度计读数，℃；

T_H——在 R_H 时记录的温度计读数,℃;

R——与规定蒸发百分数相应的回收百分数,%;

R_H——邻近并高于 R 的回收百分数,%;

R_L——邻近并低于 R 的回收百分数,%。

由计算法得到的数值受蒸馏曲线的非线性程度影响,在实验任何阶段连续的数据点的间隔不能大于所规定的数据间隔。

注:计算法的示例参见附录A。

② 图解法:使用有均匀细刻线的图纸,将每个经大气压修正的温度读数,对其相应的回收百分数作图。在0%回收百分数处绘出初馏点。连接各点绘制一条平滑曲线。将每个规定蒸发百分数减去损失百分数得到其相应的回收百分数,从绘制的曲线中得到此回收百分数所对应的温度读数。用图解法内插得到的数据受人为绘制曲线的精确度影响。

(5) 报告。

报告以下内容(报告示例参见馏程测定实验数据记录表2-6):

① 大气压,精确至0.1kPa。

② 以百分数形式报告所有体积读数,精确至0.5%。

③ 报告所有温度读数,精确至0.5℃。

④ 计算蒸发百分数时不要采用校正损失。

⑤ 当测定试样为汽油或0组或1组的其他产品,或者试样蒸馏测定的损失百分数大于2%时,建议报告温度读数和蒸发百分数之间的关系。对其他情况,可报告温度读数与蒸发百分数或回收百分数的关系。每份报告应明确指出所采用的对应关系。

七、注意事项

(1) 试样预处理,不能含水,否则实验时易产生突沸,影响结果的准确性。

(2) 控制加热速度。加热速度应逐步提高,以免过度加热导致化学物质发生分解或燃烧。冷却速度也应逐步降低,以免过快降温导致混合物重新混合或产生冷凝物。

(3) 安全操作。进行常压蒸馏时,应注意不要使用易燃物质或低沸点的物质,防止爆炸和火灾的发生。必须戴上适当的防护装备,并根据所使用的化学物质选择合适的防护措施。

八、思考题

(1) 蒸馏速度对馏出温度有何影响?

(2) 温度计的安装位置不同对实验结果有何影响?

(3) 大气压力对馏出温度有何影响?

(4) 石油产品馏程测定在生产和应用上有何意义?

附录A 报告数据的计算示例

一、数据和计算示例

用于下述计算示例的蒸馏数据列于表A-1中。

表 A-1 报告数据示例

样品编号：				
分析日期：		大气压：98.6kPa		
仪器型号：		实验者：		
备注：自动法				

回收百分数/%	大气压		计算法/图解法	
	观测值 98.6kPa	修正后 101.3kPa		
	温度读数/℃	校正温度读数/℃	蒸发百分数/%	校正温度读数/℃
初馏点	25.5	26.2	—	—
5	33.0	33.7	5	26.7
10	39.5	40.3	10	34.1
15	46.0	46.8	15	40.7
20	54.5	55.3	20	47.3
30	74.0	74.8	30	65.7
40	93.0	93.9	40	84.9
50	108.0	108.9	50	101.9
60	123.0	124.0	60	116.9
70	142.0	143.0	70	134.1
80	166.5	167.6	80	156.0
85	180.5	181.6	85	168.4
90	200.4	201.6	90	182.8
终馏点	215.0	216.2	95	202.4
最大回收百分数/%	94.2	95.3		
残留百分数/%	1.1	1.1		
损失百分数/%	4.7	3.6		

（1）用式（A-1）将温度读数修正到 101.3kPa 标准大气压：

$$修正值(℃) = 0.0009(101.3-98.6)(273+t_c) \tag{A-1}$$

（2）用式（A-2）将损失百分数修正到 101.3kPa 标准大气压，计算数据见表 A-1。

$$校正损失(\%) = 0.5+(4.7-0.5)/[1+(101.3-98.6)/8.0] = 3.6 \tag{A-2}$$

（3）用式（A-3）将最大回收百分数修正到 101.3kPa 标准大气压：

$$校正回收百分数(\%) = 94.2+(4.7-3.6) = 95.3 \tag{A-3}$$

二、在规定蒸发百分数时的温度读数计算

（1）在10%蒸发百分数（观察损失 4.7%，即 5.3%回收百分数）时的校正温度读数按式（A-4）计算：

$$T_{10E}(℃) = 33.7+[(40.3-33.7)(5.3-5)/(10-5)] = 34.1 \tag{A-4}$$

（2）在50%蒸发百分数（45.3%回收百分数）时的校正温度读数按式（A-5）计算：

$$T_{50E}(℃) = 93.9+[(108.9-93.9)(45.3-40)/(50-40)] = 101.9 \tag{A-5}$$

（3）在90%蒸发百分数（85.3%回收百分数）时的校正温度读数按式（A-6）计算：

$$T_{90E}(℃) = 181.6+[(201.6-181.6)(85.3-85)/(90-85)] = 182.8 \tag{A-6}$$

（4）未修正到 101.3kPa 标准大气压的 90%蒸发百分数（85.3%回收百分数）时的温度读数按式(A-7)计算：

$$T_{90E}(℃) = 180.5+[(200.4-180.5)(85.3-85)/(90-85)] = 181.7 \tag{A-7}$$

实验四　石油产品运动黏度测定

一、实验目的

（1）熟悉并巩固油品流动性能的相关知识；
（2）学习并掌握毛细管黏度计测定石油产品运动黏度的方法及动力黏度计算方法；
（3）了解石油产品运动黏度测定的意义。

富媒体 4　石油产品运动黏度测定

二、实验原理

本方法适用于测定液体石油产品（指牛顿型流体）的运动黏度，其单位为 m^2/s，通常在实际中使用为 mm^2/s。动力黏度可由实验测得的运动黏度乘以液体的密度求得，单位为 Pa·s 或 mPa·s。

注：本方法所测之液体认为其剪切应力和剪切速率之比为一常数，也就是黏度与剪切应力和剪切速率无关，这种液体称为牛顿型流体。

本方法是在某一恒定的温度下，测定一定体积的液体在重力作用下流过一个经标定的玻璃毛细管黏度计的时间（s），黏度计的毛细管常数与流动时间的乘积，即该温度下被测液体的运动黏度。在温度 t 时的运动黏度用符号 γ_t 表示。该温度下运动黏度和同温度下液体密度的乘积为该温度下的动力黏度。在温度 t 时的动力黏度用符号 η_t 表示。

用毛细管黏度计测定黏度是以泊氏（Poiseuitle）公式为基础进行的：

$$\eta = \frac{\pi p r^4 \tau}{8VL} \tag{2-9}$$

式中　η——动力黏度，Pa·s(N·s/m^2)；
　　　V——通过毛细管的液体体积，m^3；
　　　L——毛细管长度，m；
　　　p——推动液体流动的压力，Pa；
　　　r——毛细管半径，m；
　　　τ——液体流过毛细管的时间，s。

当液体流动靠重力流动时，其压力 p 为：

$$p = h \cdot \rho \cdot g \tag{2-10}$$

式中　h——液柱高度，m；
　　　ρ——液体密度，kg/m^3；
　　　g——重力加速度，m/s^2。

则：
$$\frac{\eta}{\rho}=\gamma=\frac{\pi r^4 hg}{8VL}\times\tau \tag{2-11}$$

设 $C=\dfrac{\pi r^4 hg}{8VL}$，代入上式，则得：

$$\gamma = C \cdot \tau \tag{2-12}$$

C 为黏度计常数，它只与黏度计的几何形状与尺寸有关。如忽略黏度计本身玻璃的膨胀系数，则在不同温度下，同一支黏度计可以使用同一常数。所以运动黏度的测定，只要用已知常数 C 的毛细管黏度计在一定温度下测定试油流过毛细管的时间，代入式（2-12）即可求得试油的运动黏度。

黏度计常数 C，通常采用已知 20℃ 黏度 γ_{20} 的标准油，在 20℃ 下测定其流过黏度计的时间 τ，然后按 $C=\gamma_{20}/\tau$ 计算得到。

温度对油品的黏度有很大影响，必须严格控制测定温度误差在 ±0.1℃ 以内，测定结果必须标明温度。

油品的黏度是评价油品流动性能的指标，在油品输送和使用过程中，黏度对流量和压力降影响很大，是石油化工设计中必不可少的物理性质参数。油品的黏度与其化学组成密切相关，它反映了油品的烃类组成特性，所以是柴油、喷气燃料和润滑油的重要质量指标。

三、实验仪器与试剂

1. 仪器

石油产品运动黏度测定器如图 2-11 所示。

（1）毛细管黏度计一组：毛细管内径分别为 0.4mm、0.6mm、0.8mm、1.0mm、1.2mm、1.5mm、2.0mm、2.5mm、3.0mm、3.5mm、4.0mm、5.0mm 和 6.0mm，如图 2-12 所示。

图 2-11 石油产品运动黏度测定器

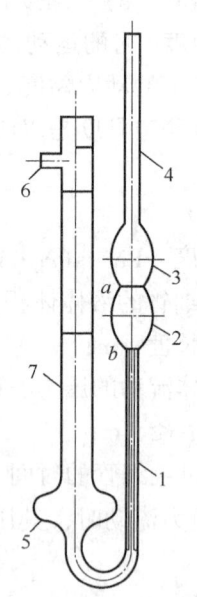

图 2-12 毛细管黏度计
1—毛细管；2，3，5—扩张部分；4，7—管身；
6—支管；a、b—标线

每支黏度计必须按《工作毛细管黏度计检定规程》(JJG 155—2016)进行检定并确定其常数。测定试样的运动黏度时,应根据实验的温度选用适当的黏度计,务必使试样的流动时间不少于200s。内径为0.4mm的黏度计,流动时间不少于350s。

(2) 恒温浴:带有透明壁或装有观察孔的恒温浴,其高度不小于180mm,容积不小于2L,并附有自动搅拌装置和能准确调节温度的电热装置。

根据测定的条件,在恒温浴中注入表2-8中列举的任一液体。恒温浴中的矿物油最好加有抗氧化添加剂,以防止氧化。

表2-8　不同温度恒温浴所使用的液体

测定的温度/℃	恒温浴液体
50~100	透明矿物油、甘油或25%硝酸铵水溶液(溶液的表面要浮着一层透明的矿物油)
20~50	水
-20~0	水与冰的混合物,或乙醇与干冰(固体二氧化碳)的混合物
-50~0	乙醇与干冰的混合物;在无乙醇的情况下,可用无铅汽油代替

(3) 玻璃水银温度计:符合《石油产品试验用玻璃液体温度计技术条件》(GB/T 514—2005),分度为0.1℃。测定温度-30℃以下的运动黏度时,可以使用同样分度的玻璃合金温度计或其他玻璃液体温度计。

(4) 秒表:分度为0.1s。

用来测定运动黏度的秒表、毛细管黏度计和温度计都必须定期进行检测。

2. 试剂

(1) 溶剂油:符合《橡胶工业用溶剂油》(SH 0004—1990)要求,以及可溶的适当溶剂。

(2) 铬酸洗液。

(3) 石油醚:60~90℃。

(4) 95%乙醇:化学纯。

四、实验步骤

(1) 试油如果含水或机械杂质,实验前必须经过脱水处理,用滤纸过滤除去机械杂质。将过滤后的试油放入小烧杯中。

对于黏度较大的润滑油,可以用瓷漏斗,利用水流泵或其他真空泵,也可以在加热至50~100℃的温度下进行脱水过滤。

(2) 装入试油前,黏度计必须用轻汽油或石油醚洗涤干净,如果沾有污垢,可先用铬酸洗液、水、蒸馏水或95%乙醇依次洗涤;然后放入烘箱中烘干,或用通过棉花过滤过的热空气吹干。

(3) 将橡皮管套在选好的黏度计支管6(图2-12)上,将黏度计倒置,并用大拇指堵住管身7的管口,然后将管身4的一端插入小烧杯所盛的试油中,用洗耳球从橡皮管的一端将试油吸入黏度计中并到达标线b处,同时注意黏度计中试油不得产生气泡和裂隙。当液面正好到达标线b时,从烧杯中提起黏度计,并迅速将它倒置过来,恢复正常位置,将管身外壁所沾试油拭去,让试油自由流下。从支管6上取下橡皮管套在管身4上,以备实验时吸油用。

(4) 将装有试样的黏度计浸入恒温浴中，使黏度计扩张部分 3 浸入一半，并用夹子将黏度计固定在支架上。将黏度计毛细管调整成垂直状态，须用铅垂线从两个交叉的方向检查毛细管 1 的垂直状况。

(5) 恒温浴中温度计的水银球位置，必须与黏度计的毛细管 1 中点处于同一水平面。为了使温度指示准确，最好使用全浸式温度计，并使水银线只有 10mm 露出在恒温浴液面之上。

使用全浸式温度计时，如果它的测温刻度露出恒温浴的液面高于 10mm，应按照式 (2-13) 计算温度计液柱露出部分的补正数 Δt，才能准确地测量出液体的温度。

$$\Delta t = K \cdot h (t_1 - t_2) \tag{2-13}$$

式中　K——常数，水银温度计采用 0.00016，酒精温度计采用 0.001；
　　　h——露出在浴面以上的水银柱或酒精柱高度，用温度计的度数表示；
　　　t_1——测定黏度时的规定温度，℃；
　　　t_2——接近温度计液柱露出部分的空气温度（用另一支温度计测出），℃。

实验时，t_1 减去 Δt 作为温度计上的温度读数。

(6) 将恒温浴调节到规定的温度，实验温度必须保持恒定，误差为 ±0.1℃。装好油的黏度计在规定温度的恒温浴内经过如表 2-9 所规定的预热时间，才可以开始测定。

表 2-9　黏度计在恒温浴中的恒温时间

实验温度/℃	恒温时间/min
80, 100	20
40, 50	15
20	10
-50~0	15

(7) 用洗耳球通过管身 4 所套着的橡皮管将试油吸入扩张部分 2，使油面稍高于标线 a，但不得高出恒温浴的液面，并且注意，不要让毛细管和扩张部分 2 中的液体产生气泡或裂隙。让试油在重力作用下自动流下，当液面正好达到标线 a 时，启动秒表，当液面下降到标线 b 时，停止秒表计时。记录试油流经的时间 (s)。

在测定中，恒温浴的温度要保持不变，记录测定时间的温度，准确至 0.1℃，并注意，自由流下的试油中不应有气泡。

(8) 每个试样至少重复测定 4 次，各次流动时间与其算术平均值的差数应符合如下要求：在温度 15~100℃ 测定黏度时，这个差数不应超过算术平均值的 ±0.5%；在 -30~15℃ 测定黏度时，这个差数不应超过算术平均值的 ±1.5%；在低于 -30℃ 测定黏度时，这个差数不应超过算术平均值的 ±2.5%。然后，取不少于 3 次的流动时间所得的算术平均值，作为试样的平均流动时间。

五、实验数据记录及处理

1. 实验数据记录

实验数据记录表见表 2-10。

表 2-10 实验数据记录表

样品名称			样品密度/(g/cm³)	
测定日期			测定温度/℃	
仪器编号			黏度计常数/(mm²/s²)	
实验序号		1		2
黏度计号				
毛细管内径/mm				
流动时间	1			
	2			
	3			
	4			
	5			
	平均/s			
计算黏度/(mm²/s)				
平均值/(mm²/s)				
测定人			审核人	

2. 实验数据处理

在温度 t 时，试样的运动黏度 $\gamma_t(\text{mm}^2/\text{s})$，按式(2-14) 计算：

$$\gamma_t = C \cdot \tau_t \tag{2-14}$$

式中 C——黏度计常数，mm^2/s^2；

τ_t——试样的平均流动时间，s。

例如，黏度计常数为 $0.4780\text{mm}^2/\text{s}^2$，试样在 50℃时的流动时间分别为 318.0s、322.4s、322.6s、321.0s。因此，流动时间的算术平均值为：

$$\tau_{50} = \frac{318.0+322.4+322.6+321.0}{4} = 321.0(\text{s})$$

各次流动时间与平均流动时间的允许差数等于：

$$\frac{321.0 \times 0.5}{100} = 1.6(\text{s})$$

因为 318.0s 与平均流动时间之差已超过 1.6s(0.5%)，所以这个读数应弃去，计算平均流动时间时，只采用 322.4s、322.6s 和 321.0s 的观测读数，它们与算术平均值之差，都没有超过 1.6s（0.5%）。

于是，平均流动时间为：

$$\tau_{50} = \frac{322.4+322.6+321.0}{3} = 322.0(\text{s})$$

试样运动黏度的测定结果为：

$$\gamma_{50} = C \cdot \tau_{50} = 0.4780 \times 322.0 = 154.00(\text{mm}^2/\text{s})$$

在温度为 t 时，试样的动力黏度 $\eta_t(\text{mPa} \cdot \text{s})$ 按式(2-15) 计算：

$$\eta_t = \gamma_t \cdot \rho_t \qquad (2-15)$$

式中　γ_t——在温度 t 时试样的运动黏度，mm^2/s；

　　　ρ_t——在温度 t 时试样的密度，g/cm^3。

3. 精密度

（1）重复性。同一操作者，用同一试样重复测定两个结果之差，不应超过表 2-11 所列数值。

表 2-11　石油产品运动黏度测定的重复性

测定黏度时的温度/℃	重复性/%
15~100	算术平均值的 1.0
-30~15	算术平均值的 3.0
低于-60~-30	算术平均值的 5.0

（2）再现性。由不同操作者，在两个实验室提出的两个结果之差，不应超过下列表 2-12 数值。

表 2-12　石油产品运动黏度测定的再现性

测定黏度时的温度/℃	再现性/%
15~100	算术平均值的 2.2

4. 实验结果

（1）黏度测定结果的数值，取 4 位有效数字。

（2）取重复测定两个结果的算术平均值，作为试样的运动黏度或动力黏度。

六、注意事项

（1）试样必须脱水和除去机械杂质，否则，会影响试样在黏度计中的正常流动。

（2）吸油及测定时黏度计中的试样里均不得有气泡，否则会形成"气阻"而增大试样的流动时间，从而使结果偏高。

（3）油品的黏度受温度影响极大，测定中温度的恒定是至关重要的因素。

（4）流动时间必须符合规定，即试样在毛细管内流动时间不能少于 200s。一方面若流动时间过快，液体在毛细管内流动时会变成湍流而不适用于泊氏（Poiseuitle）方程，造成计算公式有偏差。另一方面若流速过快，易造成视觉的偏差，而影响分析的精度。

测定时黏度计必须处于垂直状态，不然会改变液柱高度和流动阻力，影响测定结果。

七、思考题

（1）测定黏度时，为什么要严格规定恒温在±0.1℃？

（2）测定黏度时，黏度计为什么要处于垂直状态？

（3）油品黏度在生产和应用中有何意义？

实验五　深色石油产品运动黏度测定法（逆流法）和动力黏度计算法

一、实验目的

（1）熟悉并巩固油品流动性能的相关知识；
（2）学习并掌握用逆流黏度计测定深色石油产品运动黏度的方法；
（3）了解深色石油产品运动黏度测定的意义。

二、实验原理

本方法规定了用逆流黏度计测定深色石油产品运动黏度及通过测得的运动黏度计算动力黏度的方法。本方法适用于测定深色石油产品、使用后的润滑油、原油等0℃以上的运动黏度，不适于测定沥青的黏度。

本方法通过测定一定体积的液体在重力作用下流过一个经校准的玻璃毛细管黏度计（逆流黏度计）的时间来确定深色石油产品的运动黏度。由测得的运动黏度与其密度的乘积，可得到液体的动力黏度。

运动黏度是液体在重力作用下流动时内摩擦力的量度。其值为相同温度下液体的动力黏度与其密度之比。在国际单位制（SI）中，运动黏度的单位以米^2/秒（m^2/s）来表示。通常使用的单位为毫米^2/秒（mm^2/s）。

动力黏度是液体在剪切应力作用下流动时内摩擦力的量度。其值为所加于流动液体的剪切应力和剪切速率之比。在国际单位制（SI）中，动力黏度的单位以帕·秒（Pa·s）表示。通常使用的单位为毫帕·秒（mPa·s）。

黏度是评价油品流动性能的指标。在油品的流动和输送过程中，黏度对流量和压力降的影响很大，因此在工艺设计计算中，黏度是不可缺少的物理参数之一。

三、实验仪器与试剂

深色石油产品运动黏度测定器如图2-13所示。

（1）坎农—芬斯克黏度计，如图2-14所示。在扩张部分D球下端，A、C、J球之间与J球上端均刻有环形标线a、b、c、d，借此观测试油流动情况。一组坎农—芬斯克黏度计共12支，毛细管直径分别为0.31mm、0.42mm、0.54mm、0.63mm、0.78mm、1.02mm、1.26mm、1.48mm、1.88mm、2.20mm、3.10mm和4.00mm。

（2）恒温浴：同GB/T 265—1988，并具有足够深度，使恒温浴液面高于试样液面20mm以上，黏度计底部高于恒温浴底部20mm以上，温度误差控制在±0.1℃。恒温浴液体可以使用蒸馏水、丙三醇（甘油）或透明的矿物油等。

（3）水银温度计：符合GB/T 514—2005的要求，分度值为0.1℃。

（4）秒表：分度值为0.1s。

黏度计、秒表均应定期检定，黏度计的校正法同GB/T 265—1988。

（5）铬酸洗液。

（6）洗涤汽油、轻汽油或石油醚。

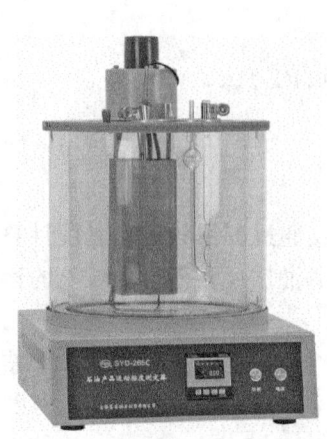

图2-13 深色石油产品运动
黏度测定器

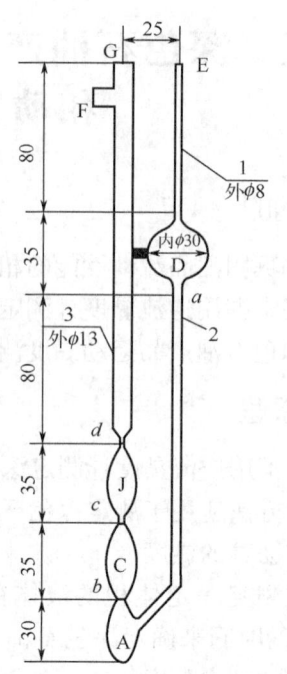

图2-14 坎农—芬斯克黏度计
1,3—管身；2—毛细管；a,b,c,d—标线；A,C,D,J—球体

四、准备工作

(1) 残渣燃料和类似蜡状的产品，其黏度会受预热过程的影响，应按下述步骤进行处理。

① 将容器中的试样置于烘箱中，在(60±2)℃下加热1h。

注：对高黏度的油品，可以提高加热温度，使试样完全混合，但不要超过实验温度。

② 用一根长玻璃棒充分搅拌试样，直到没有沉淀物或蜡状物黏在棒上。

③ 将容器盖重新紧紧盖上，并剧烈摇动，使其完全混合，并将试样倒入100mL烧杯中。

(2) 如果试样中含有固体颗粒，应通过一个200目（75μm）的滤网进行过滤，以除去机械杂质。

(3) 试油如果含水，实验前必须先脱水。

(4) 在测定黏度之前，必须将黏度计用溶剂油或石油醚洗涤干净。如果黏度计沾有污垢，则用铬酸洗液、水、蒸馏水或95%乙醇依次洗涤，然后放入烘箱中或用通过棉花滤过的热空气吹干。

五、实验步骤

(1) 测定黏度前，需根据试油的估计黏度与温度选用合适的清洁干燥的黏度计，务必使流动时间大于200s。选出黏度计后，将黏度计常数C与试油估计的黏度γ，代入公式$\gamma = C \cdot t$，核算时间t是否大于200s。

(2) 调节恒温浴温度，使之达到测定温度，并控制温度精确到±0.1℃。

（3）准备一根一端用螺旋夹夹紧的短橡皮管，或一端带一玻璃开关的短橡皮管。

（4）将洁净并干燥的黏度计垂直倒立，使 E 端（毛细管的一端）浸入试油中，用大拇指堵住 G 端，从套在支管 F 上的橡皮管的一端用洗耳球或水流泵抽取，使试油充满 D 球，并流到标线 a 处为止。注意不要有气泡。

取出黏度计，擦净毛细管外壁上所沾试油，并把黏度计返回到正常位置，立即用一端已夹紧的短橡皮管套在 D 球上端的管口 E 上。然后将黏度计垂直安装在恒温浴中，使恒温浴液面高于 D 球。

黏度计在恒温浴中的恒温时间见表 2-13。

表 2-13 黏度计在恒温浴中的恒温时间

测定温度/℃	恒温时间/min
50	大于 20
80 或 100	大于 25

达到规定恒温时间后，放开短橡皮管上的夹子，使试油自动流入 A 球，再从 A 球流入 C 球、J 球，测定试样通过 C 球（由标线 b 到 c）、J 球（由标线 c 到 d）所需的时间。

（5）对于按四、（1）条处理过的试样，其黏度应在加热后 1h 内测定完成。

（6）用上述方法测定某试油样的黏度时，每一实验温度应作平行实验。

（7）在与测定黏度相同温度下，按 GB/T 1884—2000 和 GB/T 1885—1998 测定试样密度，精确至 $0.001 g/cm^3$。

六、实验数据记录及处理

（1）按式(2-16)计算试样的运动黏度 γ_t（mm^2/s）：

$$\gamma_t = \frac{C_1 \cdot t_1 + C_2 \cdot t_2}{2} \tag{2-16}$$

式中　C_1——C 球的黏度计常数，$(mm^2 \cdot s^{-1})/s$；

　　　C_2——J 球的黏度计常数，$(mm^2 \cdot s^{-1})/s$；

　　　t_1——试样经 C 球的流动时间，s；

　　　t_2——试样经 J 球的流动时间，s。

（2）试样的动力黏度 $\eta_t(mPa \cdot s)$ 按式(2-17)计算：

$$\eta_t = \rho_t \cdot \gamma_t \tag{2-17}$$

式中　ρ_t——试油在 t℃时的密度，g/cm^3；

　　　γ_t——试油在 t℃时的运动黏度，mm^2/s。

（3）取重复测定的两个结果的算术平均值，作为试样的运动黏度，取 4 位有效数字。

（4）精密度。按表 2-14 规定判断结果的可靠性（95%置信水平）。

表 2-14 精密度数值对照表

温度/℃	重复性/(mm^2/s)	再现性/(mm^2/s)
50	$1.5\%X_1$	$7.4\%X_2$
80 和 100	$1.3\%(X_1+8)$	$4.0\%(X_2+8)$

X_1 为同一操作者重复测定两个结果的算术平均值;X_2 为不同实验室提出的两个结果的算术平均值。

七、注意事项

(1) 试样必须严格进行脱水和除机械杂质。

(2) 黏度计安装时,必须用铅垂线调整成垂直状态,因为若黏度计倾斜,就会改变液柱高度,使静压力减少及内摩擦力增大,影响测定结果的准确性。

(3) 必须控制恒温浴温度,温度是黏度测定的重要影响因素之一。黏度随温度的增高而减小,哪怕是微小的温度的变化,也能导致黏度有较大的变化。

(4) 流动时间必须符合规定:流动时间太短,流动速度过快,液体在毛细管中无法保持层液状态。

(5) 黏度计装入试样时不允许有气泡存在,否则会形成"气阻"而增大试样的流动时间,从而使测定结果偏高。

实验六 深色石油产品硫含量测定法(管式炉法)

一、实验目的

富媒体5 深色石油产品硫含量测定法(管式炉法)

(1) 了解硫在石油中的存在状态及分布规律;

(2) 熟悉并了解石油产品硫含量测定的意义;

(3) 学习并掌握管式炉法测定深色石油产品硫含量的方法。

二、实验原理

本方法适用于测定硫含量不小于 0.1%(质量分数)的深色石油产品,如润滑油、重质石油产品、原油、石油焦、残渣油、石蜡和含硫添加剂等。本方法不适于含有金属、磷和氯等添加剂以及含有这类添加剂的润滑油。

原油、石油产品和石油焦中含有数量不一的各种硫化物,对于石油加工和石油产品使用均有很大的不良影响,因此硫含量是油品的重要质量指标之一。

管式炉法测定硫,是将试样置于 900~950℃ 高温及 500mL/min 的弱空气流中让硫燃烧生成 SO_2 及微量 SO_3,再用 H_2O_2 水溶液(内加 7mL H_2SO_4 溶液)吸收、氧化成为 H_2SO_4,然后用 NaOH 标准溶液滴定,测定硫含量(同时做空白实验),以质量分数表示。

测定过程的主要反应为:

$$硫化物 + O_2 \xrightarrow[\text{空气流中燃烧}]{900\sim950℃} SO_2 + SO_3$$

SO_2 和 SO_3 都极易溶于水:

$$SO_2 + H_2O \rightleftharpoons H_2SO_3$$
$$SO_3 + H_2O \longrightarrow H_2SO_4$$

在水溶液中生成的 H_2SO_3 是极不稳定的,受热时反应向左移动,SO_2 将会重新逸出,

因此用氧化剂 H_2O_2 将 H_2SO_3 进一步氧化为 H_2SO_4：

$$H_2SO_3 + H_2O_2 \longrightarrow H_2SO_4 + H_2O$$

然后用 0.02mol/L 的 NaOH 标准溶液滴定生成的硫酸：

$$H_2SO_4 + 2NaOH \longrightarrow 2H_2O + Na_2SO_4$$

为防止空气中含硫气体对测定结果的影响，空气进入石英管参与燃烧以前，须先通过高锰酸钾（$KMnO_4$）水溶液和氢氧化钠（NaOH）水溶液加以净化。$KMnO_4$ 可以脱除空气中的 H_2S、SO_2 等含硫气体，将其氧化为游离硫或硫酸盐，使其不能进入到石英管中。$KMnO_4$ 水溶液与 SO_2 的反应为：

$$5SO_3^{2-} + 2MnO_4^- + 6H^+ \Longrightarrow 2Mn^{2+} + 5SO_4^{2-} + 3H_2O$$

含硫气体通过 NaOH 溶液，H_2S 可以生成可溶性硫化物而被脱除，反应为：

$$2NaOH + H_2S \Longrightarrow Na_2S + 2H_2O$$

三、实验仪器与试剂

1. 实验仪器

管式炉测定硫的设备流程如图 2-15 所示。

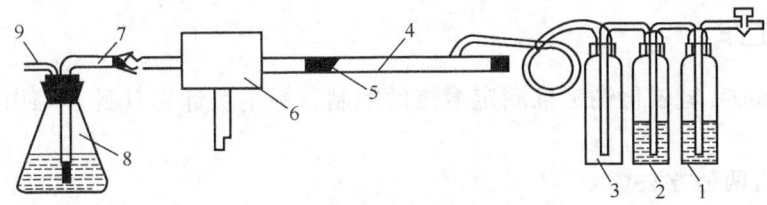

图 2-15 管式炉测定硫的设备流程

1，2，3—洗气瓶；4—磨砂口石英管；5—瓷舟；6—管式电阻炉；7—石英弯管；8—接收器；9—连接泵的出口管

（1）管式电阻炉：水平型，其长度不小于 130mm，炉膛直径约为 22mm，附温度控制器，能保证加热到 900~950℃，并包括镍铬—镍硅（镍铬—镍铝）热电偶测温装置。

（2）瓷舟：符合 SH/T 0317—1992 中规定的定硫用瓷舟的要求，供装试样燃烧用。新瓷舟在使用前须在 900~950℃下煅烧 30min，取出后，在室温中冷却、备用。

（3）磨砂口石英管：带石英弯管（图 2-15），也可以用瓷制管。

（4）流量计：测量送入空气的流速，其测量范围为 0~800mL/min。

（5）洗气瓶：3 个（图 2-15 中的 1、2、3），净化空气用，每个容量不小于 250mL。

（6）水流泵，真空泵或实验室用空气压缩机，或用实验室装备的压缩空气管线。

（7）量筒：量程 250mL。

（8）微量滴定管：量程 10mL，最小分度为 0.05mL，备有瓶子、压液用橡胶囊和充满碱石灰的氯化钙管。

（9）滴定管：量程 25mL，分度为 0.1mL。

（10）吸管：量程 5mL，分度为 0.05mL；量程 10mL，分度为 0.1mL。

2. 实验试剂

（1）细砂（或耐火黏土或石英砂）：经 900~950℃煅烧脱硫，并在研钵中磨细，经孔径为 0.25mm 的金属过滤器筛选，选取微粒尺寸小于 0.25mm 的部分。

(2) 白油：硫含量小于 5mg/kg。

(3) 医用脱脂棉。

(4) 硫酸：分析纯，配成 $C(1/2H_2SO_4)=0.02mol/L$ 的硫酸溶液。

(5) 氢氧化钠：分析纯，配成 40%（质量分数）和 0.02mol/L 的氢氧化钠溶液，不得含碳酸盐。

(6) 30% 过氧化氢：分析纯。

(7) 高锰酸钾：化学纯，配成 $C(1/5KMnO_4)=0.1mol/L$ 的高锰酸钾溶液。

(8) 邻苯二甲酸氢钾：基准试剂。

(9) 95% 乙醇：分析纯。

(10) 甲基红指示剂：配成 0.2% 甲基红乙醇溶液。

(11) 次甲基蓝指示剂：配成 0.1% 次甲基蓝乙醇溶液。

(12) 混合指示剂：将第（10）条与第（11）条所配指示剂溶液按体积比 1∶1 混合制成。

(13) 酚酞指示剂：配成 1% 的乙醇溶液。

(14) 蒸馏水：符合《分析实验室用水规格和试验方法》（GB/T 6682—2008）中的三级水规格。

四、准备工作

(1) 0.02mol/L 氢氧化钠标准滴定溶液的配制、标定及计算（此步骤由实验教师提前准备）。

① 配制（有两种方法）。

a. 称取 3g 氢氧化钠（称准至 0.01g），将其溶解在 3L 蒸馏水中。将得到的溶液仔细地混合，并在暗处存放一昼夜，然后，倾出上层清晰层待标定和供分析用。

b. 也可以在临用前，将浓度高的氢氧化钠标准滴定溶液，用煮沸并冷却后的蒸馏水稀释，必要时重新标定后供分析用。

② 标定。称取于 110~115℃ 条件下干燥至质量恒定的邻苯二甲酸氢钾 0.08g（精确至 0.0002g），将其溶于 35mL 新鲜的、重新充分煮沸的蒸馏水中，加入 3~4 滴酚酞乙醇溶液。尽快地用待标定的氢氧化钠标准滴定溶液进行滴定（滴定时，在滴定管上部末端用装满碱石棉或碱石灰的氯化钙管保护），直至溶液呈淡粉红色，稳定 30s。

③ 计算。氢氧化钠标准滴定溶液的实际浓度 $C(NaOH)(mol/L)$ 按下式计算：

$$C(NaOH)=\frac{1000m_1}{204.2V_1}=\frac{m_1}{0.2042V_1} \tag{2-18}$$

式中 m_1——邻苯二甲酸氢钾的质量，g；

V_1——滴定时消耗的氢氧化钠标准滴定溶液的体积，mL；

0.2042——与 1.00mL 氢氧化钠标准滴定溶液 $[C(NaOH)=1.000mol/L]$ 相当的以 g 表示的邻苯二甲酸氢钾的质量。

(2) 在实验前，将接收器、洗气瓶、石英弯管等用蒸馏水洗净，并干燥。

(3) 在空气净化装置（图 2-15）装配之前，将高锰酸钾溶液注入洗气瓶 1 内，达其容量的一半；将 40%（质量分数）的氢氧化钠溶液注入洗气瓶 2 中，达其容量的一半；将医用脱脂棉装入洗气瓶 3 中。然后用橡胶管依次将它们连接起来（此步骤由实验教师提前准备）。

五、实验步骤

（1）用量筒量取 120mL 蒸馏水，用两支吸管分别量取 5mL 30%过氧化氢和 7mL 硫酸溶液，并注入接收器 8 中，然后用塞子将接收器塞住，该塞子带有石英弯管 7 和一支连接泵的出口管 9。将石英弯管与磨砂口石英管 4 连接。将磨砂口石英管水平地安装在管式电阻炉中，磨砂口石英管的另一端用塞子塞住，并将侧支管与净化系统连接起来。

（2）在进行实验前须检查安装好的设备的密闭性。检查的方法是将接收器的支管连接到泵上，整个系统通入空气，然后将净化系统支管上的活塞关闭。此时在接收器和空气净化系统中都不应该有空气泡出现。如果漏气，则表明整个系统不密闭，可以将所有连接处涂上肥皂水试漏，并排除漏气现象。

（3）整个装置检查合格后，打开管式电阻炉电源开关，调节温度控制器，慢慢地把磨砂口石英管加热到 900~950℃。为了测量和调节管式电阻炉加热的温度，将热电偶插入管式电阻炉内，使热电偶的接合点位于管式电阻炉的中央，它的两端连接在温度控制器上。

如果实验室中空气的硫含量经常有变化，则可以在洗气瓶前连接一支装有活性炭的 U 形管。

（4）在瓷舟中装入被分析的试样，精确称量至 0.0002g。试样应均匀地分布在瓷舟的底部。按表 2-15 称取试样量。

表 2-15　深色石油产品硫含量测定试样称取量

试样中预计硫含量/%（质量分数）	试样量/g
<2	0.2~0.1
2~5	0.1~0.05

如果试样的硫含量大于 5%（质量分数），则用白油（医用凡士林）预先进行稀释，以使其中硫含量不大于 5%（质量分数）。

注：分析高含硫样品［硫含量大于 5%（质量分数）］时，准许在微量天平上称取少于 0.03g 试样，精确至 0.00003g。分析石油焦时，按 SH/T 0229—1992 和 SH/T 0313—1992 中有关石油焦取样的规定进行取样。准备好试样，并在研钵中将其捣碎。

（5）瓷舟中的试样须用已预先筛选或煅烧过的细砂（或耐火黏土或石英砂）覆盖（石油焦试样可以不必撒细砂）。将装有试样的瓷舟放入磨砂口石英管（放在管式电阻炉进口的前部）。然后快速用塞子塞住磨砂口石英管，连接真空泵（或水流泵）将空气通入系统，并将空气送入整个系统。空气流速用流量计来测量，其流速约为 500mL/min。

（6）试样的燃烧在 900~950℃下进行，燃烧时间为 30~40min；对芳烃含量大于等于 50%（体积分数）石油产品，燃烧时间为 50~60min。管式电阻炉要逐渐地移到瓷舟的位置上去（或将石英管慢慢地移动，使瓷舟逐渐地置于管式电阻炉的加热部分）。试样不准着火。在燃烧完毕后，将装有瓷舟的石英管放在管式电阻炉中部最红的部分再焙烧 15min。

（7）实验结束时，将管式电阻炉（或石英管）逐渐地移回原来的位置，关闭真空泵（或水流泵）。取下接收器，用 25mL 蒸馏水洗涤石英弯管，使洗涤液流入接收器中。向接收器的溶液中加入 8 滴混合指示剂溶液，用氢氧化钠标准滴定溶液进行滴定，直至红紫色变成亮绿色为止。如果试样中硫含量大于 2%（质量分数），则滴定时用容量为 25mL 的滴定管。

（8）实验前，按同样条件进行空白实验。

六、实验数据记录及处理

1. 计算

(1) 试样的硫含量 X_1(质量分数)按下式计算:

$$X_1 = \frac{16C(V_2-V_0) \times 100}{1000 m_2} = \frac{0.016 C(V_2-V_0)}{m_2} \qquad (2-19)$$

式中　C——氢氧化钠标准滴定溶液的实际浓度,mol/L;
　　　V_2——滴定试样燃烧后生成物时,消耗氢氧化钠标准滴定溶液的体积,mL;
　　　V_0——滴定空白实验时,消耗氢氧化钠标准滴定溶液的体积,mL;
　　　m_2——试样的质量,g;
　　　0.016——与1.00mL氢氧化钠标准滴定溶液[C(NaOH)=1.000mol/L]相当的以g表示的硫的质量。

(2) 稀释试样的硫含量 X_2(质量分数)按式(2-20)计算:

$$X_2 = \frac{16C(V_3-V_0) \times 100 m_3}{1000 m_4 \cdot m_5} = \frac{0.016 C(V_3-V_0) \times 100 m_3}{m_4 \cdot m_5} \qquad (2-20)$$

式中　C——氢氧化钠标准滴定溶液的实际浓度,mol/L;
　　　V_3——滴定试样燃烧后生成物时,消耗氢氧化钠标准滴定溶液的体积,mL;
　　　V_0——滴定空白实验时,消耗氢氧化钠标准滴定溶液的体积,mL;
　　　m_3——稀释时所取白油(或医用凡士林)和被测试样的总质量,g;
　　　m_4——稀释时所取高硫含量被测试样的质量,g;
　　　m_5——实验时所取混合物的质量,g;
　　　0.016——与1.00mL氢氧化钠标准滴定溶液[C(NaOH)=1.000mol/L]相当的以g表示的硫的质量。

2. 实验结果与讨论

(1) 精密度。按下列规定判断实验结果的可靠性(95%置信水平)。
重复性:同一操作者重复测定的两个结果之差不应大于表2-16中规定的数值。
再现性:不同实验室各自提出的两个测定结果之差不应大于表2-16中规定的数值。

表2-16　可靠性评判标准　　　　单位:%(质量分数)

硫含量	重复性	再现性
≤1.0	0.05	0.20
>1.0~2.0	0.05	0.25
>2.0~3.0	0.10	0.30
>3.0~5.0	0.10	0.45

(2) 实验结果。
① 取重复测定的两个结果的算术平均值作为试样的硫含量测定的结果。
② 实验结果修整至0.01%(质量分数)。

七、注意事项

试样燃烧是否完全,燃烧产物是否被充分吸收,是实验的关键,在实验过程中需注意以下几点:

（1）加热温度应达到规定的温度；
（2）输入空气流速度应符合规程；
（3）装置的连接：净化、接收系统的连接顺序以及接口的位置切勿颠倒，检查气密性；
（4）试样的燃烧：一定要缓慢推石英管，推至管式电阻炉中部，谨防着火冒烟。

实验七　石油产品硫含量测定法（燃灯法）

一、实验目的

（1）熟悉并了解石油产品硫含量测定的意义；
（2）学习并掌握燃灯法测定石油产品硫含量的方法。

二、实验原理

本方法适用于测定雷德蒸气压不高于 600mmHg 的轻质石油产品（汽油、煤油、柴油等）的硫含量。将石油产品在灯焰上燃烧，用碳酸钠水溶液吸收生成的二氧化硫，并用滴定分析法测定。其基本反应为：

$$硫化物 + O_2 \xrightarrow{燃烧} SO_2$$

二氧化硫由过量的碳酸钠水溶液吸收而发生反应：

$$SO_2 + Na_2CO_3 \longrightarrow Na_2SO_3 + CO_2$$

反应后，剩余的 Na_2CO_3 用已知浓度的盐酸溶液回滴：

$$Na_2CO_3 + 2HCl \longrightarrow 2NaCl + H_2O + CO_2$$

通过用盐酸滴定剩余的 Na_2CO_3，间接测定硫含量。

三、实验仪器与试剂

（1）燃灯法定硫器如图 2-16 所示。
（2）玻璃珠：直径 5~6mm（或短玻璃棒，长 8~10mm，直径 5~6mm）。
（3）吸滤瓶：500~1000mL。
（4）滴定管：25mL。
（5）吸量管：量程 2mL、5mL 和 10mL。
（6）洗瓶。
（7）水流泵或真空泵。
（8）棉纱灯芯：带有灯芯管。
（9）碳酸钠：分析纯，配成 0.3%（质量分数）的水溶液。
（10）盐酸：分析纯，配成 0.05mol/L 的标准溶液。
（11）95%乙醇：分析纯。

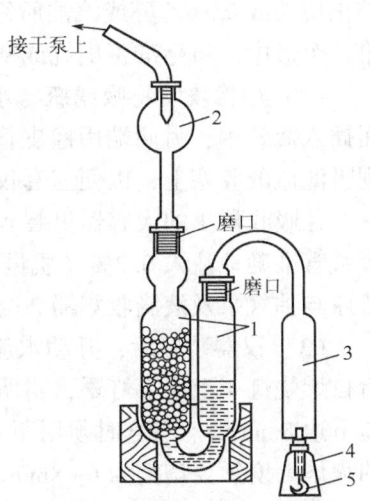

图 2-16　燃灯法定硫器
1—吸收器；2—液滴收集器；3—烟道；
4—带有灯芯的燃烧灯；5—灯芯

（12）标准正庚烷。

（13）汽油：沸点范围为80~120℃，硫含量不超过0.005%（质量分数）。

（14）石油醚：60~90℃，化学纯。

（15）指示剂：预先配制0.2%（体积分数）的溴甲酚绿乙醇溶液和0.2%（体积分数）的甲基红乙醇溶液。使用时，用5份体积的溴甲酚绿乙醇溶液和1份体积的甲基红乙醇溶液混合而成（酸性显红色，碱性显绿色）。

四、实验步骤

硫含量的测定必须在空气流动的室内进行，但要避免剧烈的通风。仪器安装之前，先将吸收器、液滴收集器及烟道仔细用蒸馏水洗净。燃烧灯及灯芯用石油醚洗涤并干燥。

（1）按下述过程，将试样装入灯中：

① 在灯上燃烧无烟的石油产品，按下列数量注入清洁、干燥的灯（无须预先称量）中：含微量硫（硫的质量分数在0.05%以下）的低沸点的产品（如航空汽油），注入量为4~5mL；硫含量在0.05%（质量分数）以上及高沸点的产品（如汽油、煤油等），注入量为1.5~3mL（具体数量视硫含量而定）。

将灯用穿着灯芯的灯芯管塞上。灯芯的下端沿着灯的底部周围放置。当石油产品把灯芯浸润后，即将灯芯管外的灯芯剪断，使之与灯芯管的上边缘齐平。然后将灯点燃，调整火焰，使其高度为5~6mm。把灯火熄灭，用灯罩将灯盖上，在分析天平上称量，称准至0.0004g。依照同样方法将试样装入第二个灯中。将标准正庚烷或95%乙醇或汽油（不必称量）装入做空白实验的第三个灯中。

② 单独在灯中燃烧而发生浓烟的石油产品（含较多量芳烃或不饱和烃的高温裂解产品、催化裂化产品等）以及高沸点的石油产品（如柴油），取1~2mL注入预先连同灯芯及灯罩一起称量（称准至0.0004g）过的洁净、干燥的灯中。

往灯内注入标准正庚烷或95%乙醇或汽油，使之成1:1或2:1的比例，在必要时可使之成3:1（体积比）的比例，使所组成的混合液在灯中燃烧的火焰不带烟。试样和注入标准正庚烷或95%乙醇或汽油所组成的混合液的总体积为4~5mL。依照同样方法将试样装入第二个灯中。将标准正庚烷或95%乙醇或汽油（不必称量）装入做空白实验的第三个灯中。

（2）用橡皮管将吸滤瓶与水流泵或真空泵连接起来，并将玻璃三通栓的一端穿过胶塞而插入瓶颈中，另两端用橡皮管和吸收器相连接。第三套吸收器也用橡皮管及玻璃弯管连接到吸滤瓶的胶塞上，以便三套仪器同时进行实验。

往吸收器1的大容器里装入用蒸馏水小心洗涤过的玻璃球或玻璃棒约达2/3高度。并用吸量管准确地注入0.3%（质量分数）的碳酸钠溶液10mL，用量筒注入蒸馏水10mL。在吸滤瓶与抽气泵及液滴收集器2与三通栓之间的橡皮管套上螺旋夹子。

（3）仪器装好后，开动水流泵或真空泵，使空气从全部吸收器均匀而和缓地通过。然后自燃烧灯4上取下灯罩，将所有灯点燃，放在各烟道3的下面，使灯芯管的边缘不高过烟道下边8mm处。点灯时须用不含硫的火苗，例如酒精灯火苗（不许用火柴点灯）。每个灯的火焰高度须要调整为6~8mm。调整火焰高度时，用针挑拨里面的灯芯。在所有的吸收器中，吸空气的速度要保持均匀，并用螺旋夹调整，使火焰不带黑烟。

（4）使每个灯的试样完全燃烧尽。如果是用标准正庚烷或95%乙醇或汽油稀释过的试样，当燃尽后，再向灯中注入1~2mL标准正庚烷或95%乙醇或汽油，使其全部燃烧尽。

(5) 试样燃尽后将灯熄灭，盖上灯罩，经过 3~5min 后，关闭水流泵或真空泵。

(6) 拆开仪器并以洗瓶中的蒸馏水喷射洗涤液滴收集器、烟道及吸收器上部。将洗涤的蒸馏水收集于曾在其中用 0.3%（质量分数）碳酸钠溶液吸收二氧化硫的吸收器中。在吸收器中加入 1~2 滴指示剂，如果此时吸收器中的溶液呈红色，则认为此次实验无效，应重做实验。重做时应减少燃烧的试样量。

(7) 加入指示剂后，以 0.05mol/L 的盐酸溶液滴定。为了在滴定时搅拌溶液，在吸收器的玻璃管处接上橡皮管，并用橡皮球或泵对溶液进行打气或抽气而搅拌。

先将空白试液（标准正庚烷或 95%乙醇或汽油燃烧后所生成物质的吸收液）滴定至呈现红色为止，作为空白实验。

然后滴定含有试样燃烧生成物的各溶液。当溶液呈现出与已滴定的空白实验所呈现同样的红色时，说明滴定已到终点。

注：另用 0.3%（质量分数）的碳酸钠溶液进行滴定，与空白实验进行比较。这两次所消耗 0.05mol/L 盐酸溶液体积之差，如果超过 0.05mL，即证明空气中含有硫。在此种情况下，该实验作废，待实验室通风后另行测定。

(8) 试样的燃烧量依下法测定：

① 燃烧未稀释的试样时，当燃烧完毕后，将灯放在分析天平上称量（称准至 0.0004g），并计算盛有试样的灯在实验前的质量与该灯在燃烧后的质量差数，作为试样的燃烧量。

② 燃烧稀释过的试样时，计算盛有试样的灯的质量与未装试样的清洁、干燥灯的质量的差数，作为试样的燃烧量。

五、实验数据记录及处理

1. 实验数据计算

试样的硫含量 $X\%$（质量分数）按式(2-21)计算。

$$X=\frac{(V-V_1) \cdot K \times 0.0008}{G} \times 100 \tag{2-21}$$

式中 V——滴定空白试液所消耗盐酸溶液的体积，mL；

V_1——滴定吸收试样燃烧生成物的溶液所消耗盐酸溶液的体积，mL；

K——换算为 0.05mol/L 盐酸溶液的修正系数（盐酸的实际浓度与 0.05mol/L 之比值）；

G——试样的燃烧量，g；

0.0008——与 1mL 0.05mol/L 盐酸溶液所相当的硫的质量，g/mL。

2. 实验结果与讨论

(1) 精密度：重复测定两个结果间的差数，不应超过表 2-17 所规定数值。

表 2-17 硫含量重复测定误差允许范围

硫含量/%	允许差数
≤0.1	0.006%
>0.1	最小测定值的 6%

(2) 实验结果：取重复测定两个结果的算术平均值作为试样的硫含量。

六、注意事项

（1）试油在测定器内能否燃烧安全，对测定结果影响很大。例如冒烟及未经燃烧而造成挥发损失，则所得结果偏低。方法中调整抽风速度，调节灯芯及火焰的适宜高度，用无硫乙醇、正庚烷稀释等都是为了使试油完全燃烧。

（2）加入每个测定器内的碳酸钠量是否准确一致、中间有无损失，对测定结果也有影响。例如点燃试油的吸收器内的碳酸钠少于空白实验，则测定结果偏大。方法规定用吸量管计量碳酸钠溶液，及试油燃尽后拆开仪器用蒸馏水洗涤液滴收集器、烟道及吸收器上部，并全部收集于吸收器中，都是为了使每个测定器内的碳酸钠注入量准确及减少损失。

（3）实验环境中不得存在含硫气体，以免影响测定结果，因而规定不许使用火柴等含硫火源点燃灯芯。

实验八　轻质烃及发动机燃料和其他油品的总硫含量测定法（紫外荧光法）

一、实验目的

（1）了解并熟悉轻质石油产品硫含量测定的意义；
（2）学习并掌握紫外荧光法测定石油产品总硫含量的方法。

二、实验原理

将烃类试样直接注入裂解管或进样舟中，由进样器将试样送至高温燃烧管，在富氧条件下，硫被氧化成二氧化硫（SO_2）；试样燃烧生成的气体在除去水后被紫外光照射，二氧化硫吸收紫外光的能量转变为激发态的二氧化硫（SO_2^*），当激发态的二氧化硫返回到稳定态的二氧化硫时发射荧光，并由光电倍增管检测，由所得信号值计算出试样的硫含量。

本标准适用于测定沸点范围 25~400℃，室温下黏度范围 0.2~10 mm^2/s 的液态烃中的总硫含量。本标准适用于总硫含量在 1.0~8000 mg/kg 的石脑油、馏分油、发动机燃料和其他油品。

三、实验仪器与试剂

1. 实验仪器

（1）燃烧炉：电加热，温度能达到 1100℃，此温度足以使试样受热裂解，并将其中的硫氧化成二氧化硫。

（2）燃烧管：由石英制成，有两种类型。用于直接进样系统的可使试样直接进入高温氧化区。用于舟进样系统的入口端应能使进样舟进入。燃烧管必须有引入氧气和载气的支管，氧化区应足够大以确保试样的完全燃烧。图 2-17、图 2-18 给出常用的燃烧管图，如使用其他结构，精密度必须达到要求。

（3）流量器：仪器必须配备流量控制器，以确保氧气和载气的稳定供应。

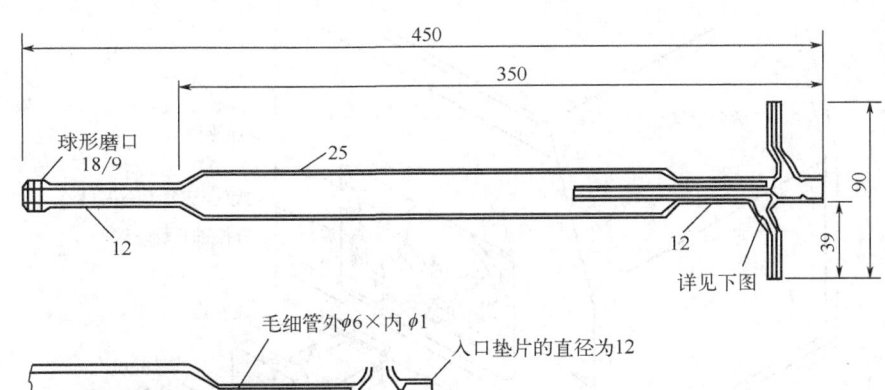
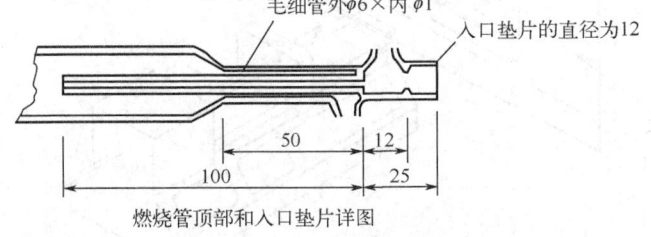

图 2-17 直接进样燃烧管（单位：mm）

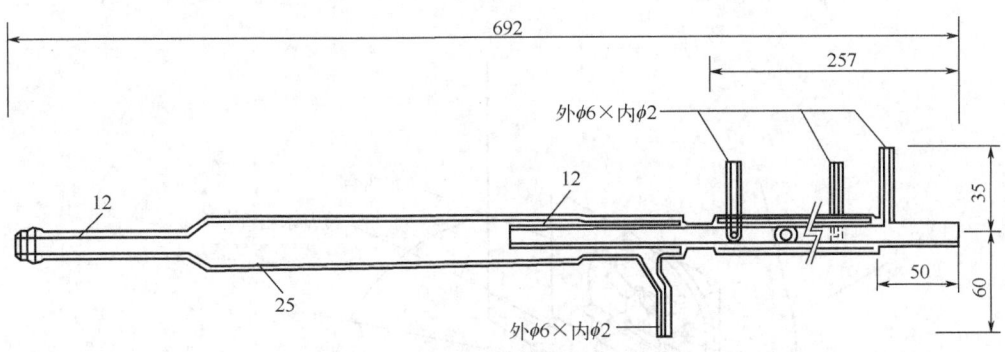

图 2-18 舟样进样燃烧管（单位：mm）

（4）干燥管：仪器必须配备除去水蒸气的设备，以除去进入检测器前反应产物中的水蒸气。可采用膜式干燥器，它是利用选择性毛细管作用除去水。

（5）紫外荧光（UV）检测器：定性定量检测器，能测量由紫外光源照射二氧化硫激发所发射的荧光。

（6）微量注射器：微量注射器能够准确地注入 5~20μL 的样品量，注射器针头长为 (50±5) mm。

（7）进样系统：可使用以下两种进样系统中任一种。

① 直接进样系统：必须能使定量注射的试样在可控制、可重复的速度下进入进口载气流中，进口载气的作用是携带试样进入氧化区域。进样器能以约 1μL/s 的速度从微量注射器中注射出试样。直接进样系统如图 2-19 所示。

② 舟进样系统：进样舟、燃烧管均由石英制成。加长的燃烧管与氧化区入口连接，并由载气吹扫。燃烧管应能使进样舟退回到原位置，并在此位置有冷却外套，使进样舟停留冷却，等待进样。进样器的速度必须是可控和可重复的。舟进样系统如图 2-20 所示。

（8）容量瓶：100mL。

（9）其他可选仪器：循环制冷器，天平，记录仪。

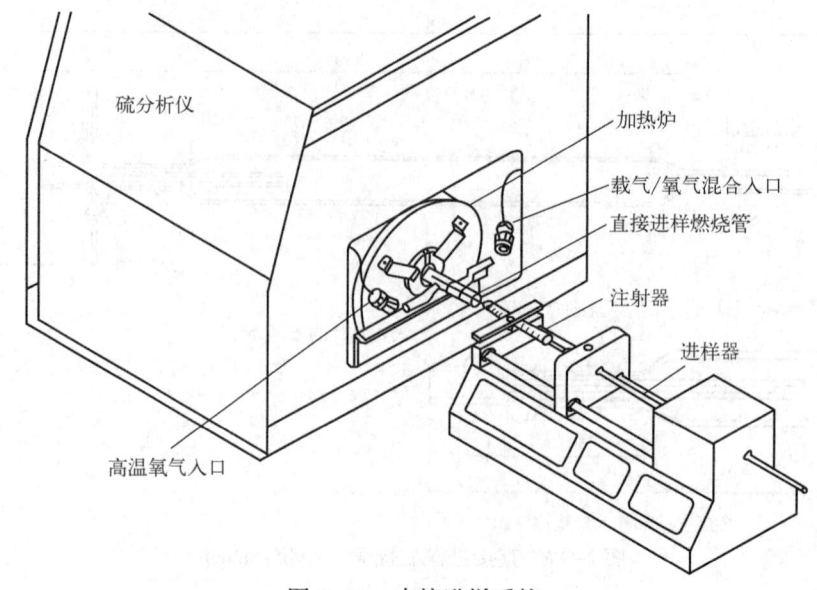

图 2-19 直接进样系统

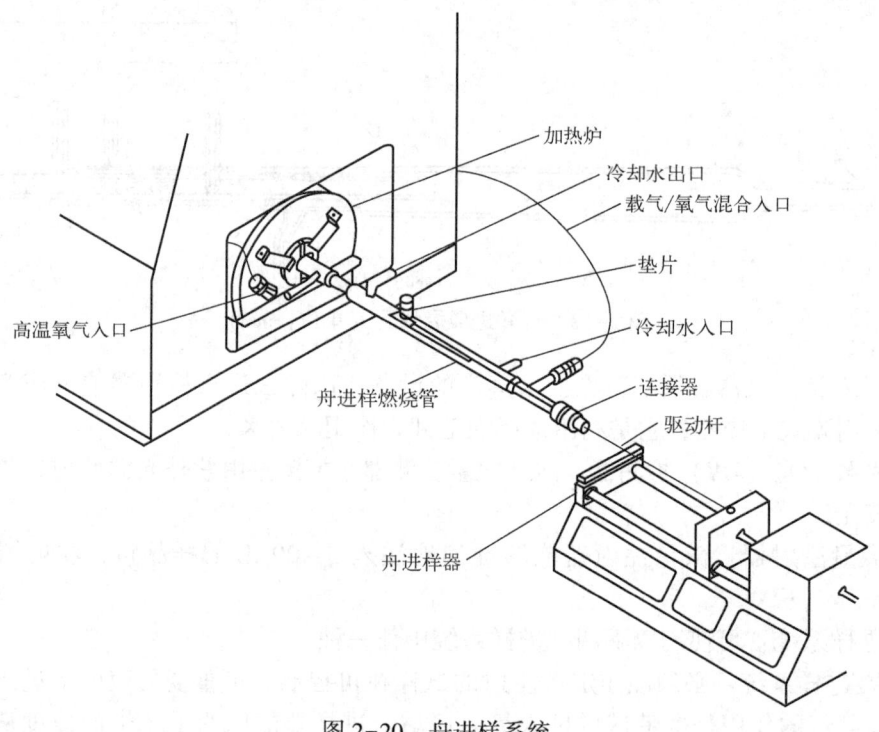

图 2-20 舟进样系统

2. 试剂与材料

本实验所使用的试剂均为分析纯。如果使用其他纯度的试剂，应保证测定的精确度。

(1) 惰性气体：氢气或氦气，纯度不小于 99.998%，水含量不大于 5mg/kg。

(2) 氧气：纯度不小于 99.75%，水含量不大于 5mg/kg。

(3) 溶剂：甲苯、二甲苯、异辛烷，或与待分析试样中组分相似的其他溶剂。需对配制标准溶液和稀释试样所用溶剂的硫含量进行空白校正。当所使用的溶剂相对未知试样检测不到硫存在时，无须对其进行空白校正。

（4）硫芴：分子量为184.26，硫含量为17.399%（质量分数）。需校正化学杂质。

（5）丁基硫醚：分子量为146.29，硫含量为21.92%（质量分数）。需校正化学杂质。

（6）硫茚（苯并噻吩）：分子量为134.20，硫含量为23.90%（质量分数）。需校正化学杂质。

（7）硫标准溶液（母液），1000μg/mL：准确称取0.5748g硫芴（或0.4652g丁基硫醚，或0.4184g硫茚）放入100mL容量瓶中，再用所选溶剂稀释至刻线，该标准溶液可稀释至所需要的硫浓度。

注：标准溶液的配制量应以使用的次数和时间为基础，一般标准溶液有效期为3个月。

（8）石英毛。

四、实验步骤

（1）安装仪器并进行检漏，根据进样方式，按表2-18所列条件调节仪器的灵敏度、基线稳定性，并进行仪器的空白校正。

表2-18 荧光法测定轻质油品硫含量测定条件

项目	数值
进样器进样速度（直接进样）/(μL/s)	1
舟进样器进样速度（舟进样）/(mL/min)	140~160
炉温/℃	1100±25
裂解氧气流量/(mL/min)	450~500
入口氧气流量/(mL/min)	10~30
入口载气流量/(mL/min)	130~160

（2）选择表2-19所推荐的曲线之一。用所选溶剂稀释硫标准溶液（母液）以配制一系列校准标准溶液，其浓度范围应能包括待测试样的浓度，并且所含硫的类型和基体都要与待测试样相似。

表2-19 硫标准溶液

项目		曲线1	曲线2	曲线3
硫含量/(ng/μL)		0.50	5.00	100.00
		2.50	25.00	500.00
		5.00	50.00	1000.00
		—	100.00	—
进样量/μL		10~20	5~10	5

（3）分析前，用标准溶液冲洗注射器几次。如果液柱中存有气泡，要冲洗注射器并重新抽取标准溶液。

（4）从表2-19所选定的曲线确定标准溶液进样量，将定量的标准溶液注入燃烧管或样品舟，有两种可选择的进样方法。

① 为了确定进样量，将注射器充至所需刻度，回拉，使最低液面落至10%刻度，记录注射器中液体的体积，进样后，再回拉注射器，使最低液面落至10%刻度，记录注射器中液体的体积，两次体积读数之差即注射进样量。

注：可使用自动进样、注射设备来代替手动进样步骤。

② 按上述方法用注射器抽取标准溶液，也可采用进样前后注射器称重的方法，确定进样量。该方法如果用感量±0.01mg的精密天平，可得到比体积法更好的精确度。

（5）当微量注射器中合适的标准溶液量确定后，应立即将标准溶液迅速、定量地注入仪器中，有两种进样技术可供选用。

① 直接进样技术：将注射器小心地插入燃烧管的入口处，并位于进样器上。允许有一定时间让针头内残留标准溶液先行挥发燃烧（针头空白），当基线重新稳定后，立即开始分析。当仪器恢复到稳定的基线后取出注射器。

② 舟进样技术：以缓慢的速度将标准溶液定量注入样品舟中的石英毛内，小心不要遗漏针头上最后一滴标准溶液，移去注射器开始分析。在进样舟进入炉中样品汽化前，仪器的基线应保持稳定。进样舟从炉中退回之前，仪器的基线将重新稳定（减慢舟进样速度或使舟在炉中短暂地停留，对确保样品的完全燃烧是必要的）。当进样舟完全退回到原位置，等待下次进样前应至少停留1min冷却（进样舟所需的冷却程度和下次进样的开始时间，与被测样品的挥发度有关。在进样舟进入炉内前，需要使用循环制冷器以使样品的挥发降至最低）。

（6）选用以下两种技术之一校准仪器。

① 使用步骤（3）到步骤（5）中所述方法之一，对每个校准标准溶液和空白溶液进行测量，并分别重复测量三次。在确定平均积分响应值之前，要从每一个校准标准溶液的测量值中减去平均空白［见2.试剂与材料（3）］响应值。建立以平均响应值为Y轴，校准标准溶液硫含量（μg）为X轴的曲线。此曲线应是线性的。每天须用校准标准溶液检查系统性能至少一次。

② 若系统具有校正功能，使用步骤（3）到步骤（5）中所述方法之一，对每个校准标准溶液和空白溶液重复测量三次，取三次结果的平均值校正仪器。如果需要空白校正而又无法进行［见2.试剂与材料（3）］，可按照制造商的说明书，用每个校准标准溶液硫含量（ng）值与其相应的平均响应值建立曲线，此曲线应是线性的。每天须用校准标准溶液检查系统性能至少一次。

（7）如果使用了与表2-19不同的曲线来校正仪器，选择基于所用曲线并接近所测溶液浓度的试样进样量。

注：注射浓度为100ng/μL的标准溶液100L，相当于建立了一个1000ng或1.0μg硫的校正点。

（8）按《石油液体手工取样法》（GB/T 4756—2015）规定的要求采取样品。因某些样品中含易挥发性组分，开启样品容器的时间尽可能短，取出样品后应尽快分析，以避免硫损失和与样品容器接触而被污染。试样的硫浓度必须介于校正所用标准溶液的硫浓度范围内，即大于低浓度的标准溶液，小于高浓度的标准溶液。如有必要，可对试样用重量法或体积法进行稀释。

（9）按步骤（3）到步骤（5）所述方法之一，测定试样溶液的响应值。

（10）检查燃烧管和流路中的其他部件，以确定试样是否完全燃烧。

① 直接进样系统：如果发现有积炭或烟灰，应减少试样进样量或降低进样速度，或同

时采取这两种措施。

② 舟进样系统：如果发现样品舟上有积炭或烟灰，应延长进样舟在炉内的停留时间；如果在燃烧管的出口端发现积炭或烟灰，应降低进样舟的进样速度或减少试样进样量，或同时采取这两种措施。

③ 清除和再校正：按照制造商的说明书，清除有积炭或烟灰的部件。在清除、调节后，重新安装仪器和检漏。在再次分析试样前，需重新校正仪器。

（11）每个样品重复测定三次，并计算平均响应值。

五、实验数据记录及处理

（1）使用标准工作曲线进行校正的仪器，试样中的硫含量 $X(\mu g/g)$ 按式（2-22）或式（2-23）计算：

$$X = (I-Y)/(SMK_g) \tag{2-22}$$

或

$$X = (I-Y)/(SVK_V) \tag{2-23}$$

其中

$$M = V \cdot D$$

式中　D——试样溶液的密度，g/mL；

I——试样溶液的平均响应值；

K_g——质量稀释系数，即试样质量/试样加溶剂的总质量，g/g；

K_v——体积稀释系数，即试样质量/试样加溶剂的总体积，g/mL；

M——所注射的试样溶液质量，直接测量或利用进样体积和密度计算，$V \cdot D$，g；

S——标准曲线斜率，响应值/μg；

V——所注射的试样溶液体积，直接测量或利用进样质量和密度计算，M/D，mL；

Y——空白的平均响应值。

（2）配有校正功能的分析仪，且无空白校正时，试样中的硫含量 $X(\mu g/g)$ 按式（2-24）或式（2-25）计算：

$$X = 1000G/(MK_g) \tag{2-24}$$

或

$$X = 1000G/(VD) \tag{2-25}$$

式中　D——试样的密度（不稀释进样），或试样溶液的浓度（体积稀释进样），g/mL；

G——仪器显示试样中硫的质量，μg。

（3）精密度和偏差。

① 重复性：同一操作者，同一台仪器，在同样的操作条件下，对同一试样进行实验，所得两个实验结果的差值，在正确操作下，20次中只有1次超过下列值：

$$r = 0.1867 \cdot X^{0.63}$$

式中　r——重复性；

X——两次实验结果的平均值。

② 再现性：在不同的实验室，由不同的操作者，对同一试样进行的两次独立的实验结果的差值，在正确操作下，20次中只有1次超过下列值：

$$R = 0.2217 \cdot X^{0.92}$$

式中　R——再现性；

X——两次实验结果的平均值。

③ 偏差：本标准偏差由分析已知硫含量的烃类标准参考物质（SRM_s）确定，对标准参考物质进行分析所得测试结果在本标准的重复性内。

④ 上述精密度估算实例见表 2-20。

表 2-20　重复性 r 和再现性 R

硫含量/（mg/kg）	重复性 r	再现性 R
1	0.187	0.222
2	0.515	0.975
10	0.796	1.844
50	2.195	8.106
100	3.397	15.338
500	9.364	67.425
1000	14.492	127.575
5000	39.948	560.813

实验九　原油和液体石油产品密度实验室测定法（密度计法）

一、实验目的

富媒体 6　石油产品密度测定

（1）掌握密度的定义以及测定密度的意义；
（2）掌握用密度计法测定石油和液体石油产品的方法；
（3）熟练使用密度计法测定石油和液体石油产品的密度。

二、实验原理

使试样处于规定温度，将其倒入温度大致相同的密度计量筒中，将合适的密度计放入已调好温度的试样中，让它静止。当达到平衡后，读取密度计的刻度读数和试样温度。用《石油计量表》（GB/T 1885—1998）把观察到的密度计读数换算成标准密度。如果需要，将密度计量筒及内装的试样一起放在恒温浴中，以避免在测定期间温度变化太大。

密度为单位体积内所含物质的质量，其单位为千克/立方米（kg/m^3）或克/立方厘米（g/cm^3），千克/升（kg/L）。原油及石油产品的体积随温度变化变化，密度也随之发生变化。因此，油品密度的测定结果必须注明测定温度，用 ρ_t 表示。其中，t 为测定该值时的温度。

我国统一把 20℃时的密度规定为石油和液体石油产品的标准密度。以 ρ_{20} 表示。因此，石油密度计在 20℃时进行分度，即使用时只有在 20℃时密度计的示值才是正确的。在其他温度如 t（℃）时所测定的密度称为视密度 ρ_t，需按本方法中《石油计量表》（GB/T 1885—1998）换算为 20℃时的密度 ρ_{20}。

密度计法测定油品密度是以阿基米德原理为基础的。当被石油密度计所排开的液体重量等于密度计本身重量时，密度计处于平衡状态，即稳定地漂浮于液体石油产品中。

试油密度不同，同一密度计在试油中下沉程度不同，试油密度越大，密度计下沉得越少。

三、实验仪器

（1）石油密度计一盒：符合 SH/T 0316—1998 的 SY-Ⅰ型（最小分度值为 0.0005g/cm^3）或 SY-Ⅱ型（最小分度值为 0.001g/cm^3）。作石油计量用时，必须使用 SY-Ⅰ型的石油密度计。

（2）玻璃量筒：内径比密度计外径至少大 25mm，高度能使密度计下端距量筒底部至少高 25mm。

（3）温度计：经检定合格，分度值为 0.1~0.2℃ 的全浸式水银温度计。

（4）恒温浴：恒温准确到 ±0.5℃。

四、实验步骤

（1）将清洁干燥的量筒、合适的温度计和密度计置于与所测试样温度接近的环境中。

（2）将调好温度的试样，小心地沿壁倾入量筒中。量筒应放置在没有空气流动的地方，并保持平稳，注意不要溅泼，以免生成气泡。当试样表面有气泡聚集时，可用一片清洁滤纸除去气泡。

（3）将选好的清洁、干燥的密度计小心地放入搅拌均匀的试样中，注意液面以上的密度计杆体浸湿不得超过两个最小分度值，因为杆体上附着过多的液体会影响所得读数。待其稳定后，按弯月面上缘读数，并估计密度计读数，读准至 0.0001g/cm^3。读数时必须注意，密度计不应与量筒壁接触，眼睛要与弯月面的上缘 a—b 呈同一水平，如图 2-21 所示。同时测量试样的温度，注意温度计要保持全浸（水银线），温度读准至 0.2℃。

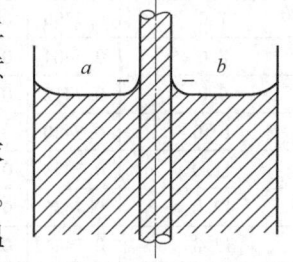

图 2-21 密度计读数方法

将密度计在量筒中轻轻转动一下，再放开，按步骤（3）要求再测定一次。立即再用温度计小心搅拌试样，温度读准至 0.2℃。若这个温度读数和前次读数相差超过 0.5℃，应重新读取密度和温度，直到温度变化稳定在 0.5℃ 以内。记录连续两次测定温度和视密度的结果。

五、实验数据记录及处理

1. 实验数据记录

按照要求记录温度和视密度，实验记录表见表 2-21。

表 2-21 密度测定原始记录表

样品名称			
测定日期			
实验序号	1	2	3
温度/℃			

视密度 ρ/(g/cm³)			
实验人			
审核人			
备注			

2. 实验数据处理

根据测定温度及视密度，由《石油计量表》查得试样在20℃时的密度。

《石油计量表》中共有各种换算表8个、附表5个。其中，表Ⅰ-1是石油视密度换算表，ρ_{20} 的范围为 0.6000~1.0090、温度的范围为 -25~100℃，共107页。表2-22为样表。

表2-22 石油视密度换算表示例样表

20℃密度/(g/cm³) 温度/℃	视密度/(g/cm³)								
	0.7500	0.7510	0.7520	0.7530	0.7540	0.7550	0.7560	0.7570	0.7580	0.7590
3.0	0.7363	0.7373	0.7383	0.7383	0.7404	0.7414	0.7424	0.7435	0.7445	0.7455
4.0	0.7371	0.7381	0.7391	0.7402	0.7412	0.7422	0.7432	0.7443	0.7453	0.7463
5.0	0.7379	0.7389	0.7400	0.7410	0.7420	0.7430	0.7441	0.7451	0.7461	0.7471
6.0	0.7387	0.7398	0.7408	0.7419	0.7428	0.7439	0.7449	0.7459	0.7469	0.7479
7.0	0.7396	0.7406	0.7416	0.7426	0.7436	0.7447	0.7457	0.7467	0.7477	0.7488
8.0	0.7404	0.7414	0.7424	0.7434	0.7445	0.7455	0.7465	0.7475	0.7485	0.7496
9.0	0.7412	0.7422	0.7432	0.7442	0.7453	0.7463	0.7473	0.7483	0.7493	0.7504
10.0	0.7420	0.7430	0.7440	0.7451	0.7461	0.7481	0.7481	0.7491	0.7501	0.7514
11.0	0.7428	0.7438	0.7448	0.7459	0.7469	0.7479	0.7489	0.7499	0.7509	0.7519
12.0	0.7436	0.7446	0.7457	0.7467	0.7477	0.7487	0.7497	0.7507	0.7517	0.7527
13.0	0.7444	0.7454	0.7465	0.7475	0.7485	0.7495	0.7505	0.7515	0.7525	0.7535
14.0	0.7452	0.7462	0.7473	0.7483	0.7493	0.7503	0.7513	0.7523	0.7533	0.7543
15.0	0.7460	0.7470	0.7481	0.7491	0.7501	0.7511	0.7521	0.7531	0.7541	0.7551
16.0	0.7468	0.7478	0.7488	0.7499	0.7509	0.7519	0.7529	0.7539	0.7549	0.7559
17.0	0.7476	0.7486	0.7496	0.7506	0.7516	0.7527	0.7537	0.7547	0.7557	0.7567
18.0	0.7484	0.7494	0.7504	0.7514	0.7524	0.7534	0.7544	0.7554	0.7564	0.7574
19.0	0.7492	0.7502	0.7512	0.7522	0.7532	0.7542	0.7552	0.7562	0.7572	0.7582
20.0	0.7500	0.7510	0.7520	0.7530	0.7540	0.7550	0.7560	0.7570	0.7580	0.7590
21.0	0.7508	0.7518	0.7528	0.7538	0.7548	0.7558	0.7568	0.7578	0.7588	0.7598
22.0	0.7516	0.7526	0.7536	0.7546	0.7556	0.7566	0.7579	0.7585	0.7595	0.7605
23.0	0.7523	0.7533	0.7543	0.7553	0.7563	0.7573	0.7583	0.7593	0.7603	0.7613
24.0	0.7531	0.7541	0.7551	0.7561	0.7571	0.7581	0.7591	0.7601	0.7611	0.7621
25.0	0.7539	0.7549	0.7559	0.7569	0.7579	0.7589	0.7599	0.7609	0.7618	0.7628
26.0	0.7547	0.7557	0.7567	0.7576	0.7586	0.7596	0.7606	0.7616	0.7626	0.7636

续表

20℃密度/(g/cm³) 视密度/(g/cm³) 温度/℃	0.7500	0.7510	0.7520	0.7530	0.7540	0.7550	0.7560	0.7570	0.7580	0.7590
27.0	0.7554	0.7564	0.7574	0.7584	0.7594	0.7604	0.7614	0.7626	0.7634	0.7644
28.0	0.7562	0.7572	0.7582	0.7592	0.7602	0.7612	0.7621	0.7631	0.7641	0.7651
29.0	0.7570	0.7580	0.7590	0.7599	0.7610	0.7619	0.7629	0.7639	0.7649	0.7659
30.0	0.7577	0.7587	0.7597	0.7607	0.7617	0.7627	0.7637	0.7646	0.7656	0.7666
31.0	0.7585	0.7595	0.7605	0.7615	0.7624	0.7634	0.74644	0.7654	0.7664	0.7674
32.0	0.7593	0.7603	0.7612	0.7622	0.7632	0.7642	0.7652	0.7661	0.7671	0.7681
33.0	0.7600	0.7610	0.7620	0.7630	0.7640	0.7649	0.7659	0.7669	0.7679	0.7689
34.0	0.7608	0.7618	0.7627	0.7637	0.7647	0.7657	0.7667	0.7676	0.7686	0.7696
35.0	0.7615	0.7625	0.7635	0.7645	0.7654	0.7664	0.7674	0.7684	0.7694	0.7703
36.0	0.7623	0.7633	0.7642	0.7652	0.7662	0.7672	0.7681	0.7691	0.7701	0.7711
37.0	0.7630	0.7640	0.7650	0.7660	0.7669	0.7679	0.7689	0.7699	0.7708	0.7718
38.0	0.7638	0.7648	0.7657	0.7667	0.7677	0.7687	0.7696	0.7706	0.7716	0.7725
39.0	0.7645	0.7655	0.7665	0.7674	0.7684	0.7694	0.7704	0.7713	0.7727	0.7733
40.0	0.7653	0.7662	0.7672	0.7682	0.7692	0.7701	0.7711	0.7721	0.7730	0.7740
41.0	0.7660	0.7670	0.7680	0.7689	0.7699	0.7709	0.7718	0.7728	0.7738	0.7747
42.0	0.7668	0.7677	0.7687	0.7697	0.7706	0.7716	0.7726	0.7735	0.7745	0.7755
43.0	0.7675	0.7685	0.7694	0.7704	0.7714	0.7723	0.7733	0.7743	0.7752	0.7762
44.0	0.7682	0.7692	0.7701	0.7711	0.7721	0.7730	0.7740	0.7750	0.7759	0.7769
45.0	0.7690	0.7699	0.7709	0.7718	0.7728	0.7738	0.7747	0.7757	0.7767	0.7776

3. 精密度

(1) 连续测定两个结果之差不应超过表 2-23 所规定的数值。

表 2-23 密度计法误差允许范围

密度计型号	允许差数/(g/cm³)
SY-Ⅰ	0.0005
SY-Ⅱ	0.001

(2) 取连续测定两个结果的算术平均值作为测定结果。

(3) 利用《石油计量表》换算标准密度示例。

如实验测得结果为温度 18.5℃,视密度 0.7535,则利用表 2-22 可查得 18.0℃对应的 0.7530g/cm³、0.7540g/cm³ 下的标准密度为 0.7514g/cm³ 和 0.7524g/cm³,19.0℃对应的 0.7530g/cm³、0.7540g/cm³ 下的标准密度为 0.7522g/cm³ 和 0.7532g/cm³。经过两次内插计算,可计算出温度为 18.5℃,视密度为 0.7535g/cm³ 时对应的标准密度为 0.7523g/cm³。

4. 实验结果与讨论

(1) 试解释密度计的工作原理。

(2) 试分析实验温度对密度测定结果的影响。
(3) 在密度测定实验过程中,产生实验误差的常见因素有哪些?

六、注意事项

(1) 根据试油类型确定测定温度(可在 $-18\sim90$℃选择),尽可能在室温下进行。雷德蒸气压在180kPa以上的高挥发性试样,应在原容器中冷却到2℃或更低温度下测定,对原油等中等挥发性黏稠试样,应加热到试样具有足够流动性的最低温度下测定。为计量而测定密度时,测定温度应尽量接近储油的实际温度。

(2) 在非室温温度下测定时,试油应置于恒温浴中,以保证温度变化不大于0.5℃。选用适当密度范围的石油密度计。取(放)密度计时,切忌悬臂拿取密度计的细端,以免折断密度计。

(3) 在密度测定过程中,量筒、试样、温度计、密度计应处于相同的温度下。

(4) 整个测定过程中,密度计不能与量筒的任何部位接触,尤其不能在未判定是否有接触的情况下读数。

七、相关测定方法简介

对于固体石油产品的密度,可以采用《固体和半固体石油沥青密度测定法》(GB/T 8928—2008)规定的方法,利用比重瓶,在规定的温度下,分别测定相同体积的石油沥青和水的质量,根据公式计算出石油沥青的相对密度和密度。

对于原油和液体或固体石油产品密度和相对密度的测定,可以采用《原油和液体或固体石油产品 密度或相对密度的测定 毛细管塞比重瓶和带刻度双毛细管比重瓶法》(GB/T 13377—2010)规定的方法进行测定。

实验十 石油和液体石油产品密度测定法(比重瓶法)

一、实验目的

(1) 通过实验了解油品密度的定义以及油品密度对油品组成和使用的影响;
(2) 掌握比重瓶法测定油品密度的方法和操作步骤。

二、实验原理

密度为单位体积内所含物质的质量,其单位为千克/立方米(kg/m^3)或克/立方厘米(g/cm^3)、千克/升(kg/L)。

比重瓶法测石油和液体石油产品的密度,操作较烦琐,但准确度较高,绝对误差最大为0.0004,是科学研究中常用的方法。

密度是一些油品(如喷气燃料)的重要质量指标,它在一定程度上反映了油品的化学组成,因而可用来确定原油的类别及与其他物性结合,确定润滑油的组成(如 $n-d-M$ 法、$n-d-v$ 法)。在石油储运中,密度是油料计量的重要根据。

本方法适用于测定液体或固体石油产品的密度，但不适宜测定高挥发性液体（如液化石油气等）的密度。

三、实验仪器与试剂

（1）比重瓶：瓶颈上带有标线或毛细管磨口塞子，体积为 25mL，如图 2-22 所示 3 种形式。

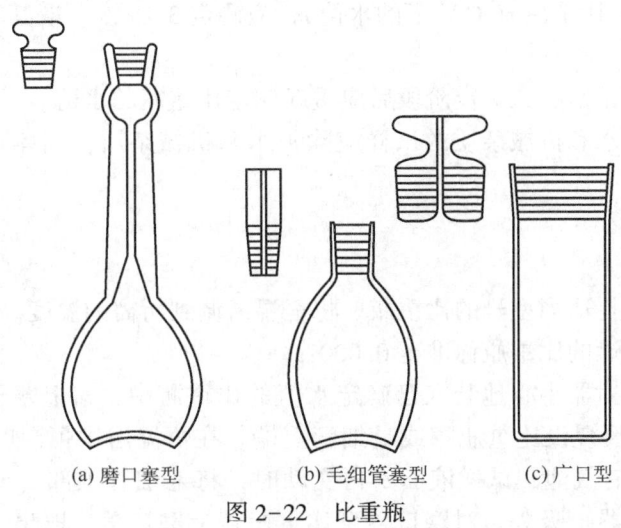

(a) 磨口塞型　　(b) 毛细管塞型　　(c) 广口型

图 2-22　比重瓶

磨口塞型：除黏性产品外，它对各种试样都适用，通常多用于较易挥发的产品（如汽油等），它能防止试样的挥发。有膨胀室，可用于室温高于测定温度的情况。

毛细管塞型：适用于不易挥发的液体，如润滑油，但不适用于黏度太高的试样。

广口型：上部为一带毛细管的磨口塞。它适用于高黏度液体（如重油等）或固体产品。

（2）恒温浴：深度大于比重瓶的高度，能保证温度控制在±0.1℃以内。

（3）温度计：0~50℃ 或 50~100℃，分度为 0.1℃。

（4）比重瓶支架：能支持比重瓶，使其垂直于恒温浴的正确位置，可由金属或其他材料制成。

四、准备工作

（1）比重瓶和塞子经铬酸洗液、水、蒸馏水洗净并干燥。比重瓶应清洗到瓶的内、外壁上不挂水珠，水能从比重瓶内壁或毛细管内完全流出。

（2）比重瓶 20℃水值的测定。

将仔细洗涤、干燥好并冷至室温的比重瓶称准至 0.0002g，得到空比重瓶的质量 m_1。用注射器将新煮沸并经冷却至 18~20℃ 的蒸馏水装至比重瓶顶端，加上塞子，然后放入（20±0.1）℃ 的恒温水浴中，但不要浸没比重瓶或毛细管上端。

将上述装有蒸馏水的比重瓶在恒温浴中至少保持 30min。待温度达到平衡、没有气泡、液面不再变动时，将过剩的水用滤纸吸去。对磨口盖比重瓶，擦去标线以上部分的试样后，盖上磨口盖。取出比重瓶，仔细用绸布将比重瓶外部擦干，称准至 0.0002g，得到装有水的比重瓶质量 m_2。比重瓶的 20℃水值 m_{20} 按式(2-26)计算：

$$m_{20} = m_2 - m_1 \tag{2-26}$$

式中 m_{20}——比重瓶20℃的水值，g；
　　　m_2——装有20℃水的比重瓶质量，g；
　　　m_1——空比重瓶质量，g。

比重瓶的水值应测定3~5次，取其算术平均值作为该比重瓶的水值。

（3）如果需要测定t(℃)下的密度，可在所需温度t(℃)下测定比重瓶的水值m_t，操作方法同第（2）条。比重瓶t(℃)下的水值m_t应测定3~5次，取其算术平均值作为该比重瓶的水值。

（4）根据使用频繁情况，一定阶段后应重新测定比重瓶的水值。

（5）对明显含有水和机械杂质的试样应除去水和机械杂质，固体石油产品需要粉碎成小块。

五、实验步骤

（1）根据试样选择适当型号的比重瓶。将恒温浴调到所需的温度。

（2）将清洁、干燥的比重瓶称准至0.0002g。

（3）将试样用注射器小心地装入已确定水值的比重瓶中，盖上塞子。比重瓶浸入恒温浴直到顶部，注意不要浸没比重瓶塞或毛细管上端。在恒温浴中恒温时间不得少于20min，待温度达到平衡、没有气泡、试样液面不再变动时，将毛细管顶部（或毛细管中）过剩的试样用滤纸（或注射器）吸去。对磨口盖型比重瓶盖上磨口盖，取出比重瓶，仔细擦干其外部并称准至0.0002g，得到装有试样的比重瓶质量m_3。

（4）对固体或半固体试样，最好采用广口型比重瓶，加入半瓶试样，勿使瓶壁污浊。如试样为脆性固体（如沥青），则粉碎或融熔后装入，然后用加热、抽空等方法除去气泡，冷却到接近20℃。将上述比重瓶称准至0.0002g，得到装有半瓶试样的比重瓶质量m_3。再用蒸馏水充满比重瓶，并放在20℃的恒温水浴中，恒温时间不少于20min。待温度达到平衡、没有气泡、液面不再变动后，将毛细管顶部过剩的水用滤纸吸去，取出比重瓶。仔细擦干其外部并称准至0.0002g，得装有半瓶试样和水的比重瓶质量m_4。

六、实验数据记录及处理

1. 实验数据记录

按照要求记录温度、水值、样品质量、比重瓶质量，以及其他相关实验数据等。

2. 实验数据处理

（1）液体试样20℃下的密度ρ_{20}按式（2-27）计算：

$$\rho_{20} = \frac{(m_3 - m_1)(0.99820 - 0.0012)}{m_{20}} + 0.0012 \tag{2-27}$$

式中 m_3——在20℃时装有试样的比重瓶质量，g；
　　　m_1——空比重瓶质量，g；
　　　m_{20}——在20℃时比重瓶的水值，g；
　　　0.99820——水在20℃时的密度，以g/cm^{3}表示的值；

0.0012——在20℃、大气压力为760mmHg时的空气密度,以 g/cm³ 表示的值。

(2) 固体或半固体试样在20℃下的密度 ρ_{20} 按式(2-28)计算:

$$\rho_{20} = \frac{(m_3 - m_1)(0.99820 - 0.0012)}{m_{20} - (m_4 - m_3)} + 0.0012 \quad (2-28)$$

式中 m_3——在20℃时装有半瓶试样的比重瓶质量,g;
m_1——空比重瓶质量,g;
m_{20}——在20℃时比重瓶的水值,g;
m_4——在20℃时装有半瓶试样和水的比重瓶质量,g。

(3) 液体试样在 t(℃)时的密度,按式(2-29)计算:

$$\rho_t = \frac{(m_3 - m_1)(\delta - 0.0012)}{m_t} + 0.0012 \quad (2-29)$$

式中 m_3——在 t(℃)时装有试样的比重瓶质量,g;
m_1——空比重瓶质量,g;
m_t——在 t(℃)时比重瓶的水值,在 t(℃)下装有水的比重瓶质量减去空比重瓶质量,g;
δ——水在 t(℃)时的密度,g/cm³,见表2-24。

表2-24 水的密度表

温度/℃	密度/(g/cm³)	温度/℃	密度/(g/cm³)	温度/℃	密度/(g/cm³)
0	0.99984	20	0.99820	39	0.99260
1	0.99990	21	0.99799	40	0.99222
2	0.99994	22	0.99777	45	0.99021
3	0.99996	23	0.99754	50	0.98804
4	0.99997	24	0.99730	55	0.98570
5	0.99996	25	0.99704	60	0.98321
6	0.99994	26	0.99678	65	0.98056
7	0.99990	27	0.99651	70	0.97778
8	0.99985	28	0.99623	75	0.97486
9	0.99978	29	0.99594	80	0.97180
10	0.99970	30	0.99565	85	0.96862
11	0.99960	31	0.99534	90	0.96531
12	0.99950	32	0.99503	95	0.96189
13	0.99938	33	0.99470	98.89	0.95914
14	0.99924	34	0.99437	100	0.95835
15	0.99910	35	0.99403		
16	0.99894	36	0.99368		
17	0.99877	37	0.99333		
18	0.99860	37.38	0.99305		
19	0.99840	38	0.99297		

某些试样（如原油、重油等）在20℃已凝固或很黏稠，而要求20℃密度测定结果。这种情况下，可按测定 $t(℃)$ 密度操作，不需测定 $t(℃)$ 水值，用20℃下水值，按式（2-30）计算 $t(℃)$ 下视密度：

$$\rho'_t = \frac{(m_3 - m_1)(0.99820 - 0.0012)}{m_{20}} + 0.0012 \quad (2-30)$$

式中　ρ'_t——$t(℃)$ 的视密度，g/cm^3；
　　　m_3——在 $t(℃)$ 时装有试样的比重瓶质量，g；
　　　m_1——空比重瓶质量，g；
　　　m_{20}——比重瓶20℃水值，g。

然后将计算所得 ρ'_t 的值，由 GB/T 1885—1998 的表Ⅰ查得20℃密度值。

3. 精密度

（1）平行测定两个结果之差不应超过表2-25所规定的数值。

表2-25　比重瓶法误差允许范围

试样	允许差值/(g/cm^3)
液体石油产品	0.0004
固体或半固体石油产品	0.0008

此精密度规定只适用于20℃，对于 $t(℃)$ 测定的精密度不作规定。
（2）取平行测定两个结果的算术平均值作为测定结果。

4. 实验结果与讨论

（1）试解释比重瓶法测量样品密度的实验原理。
（2）试讨论比重瓶法的适用范围。
（3）在利用比重瓶法测量密度的实验过程中，容易产生实验误差的常见因素有哪些？

七、注意事项

（1）本法适用于测定各种液体食品的相对密度，结果准确，但操作较烦琐。
（2）测定较黏稠样液时，宜使用具有毛细管的比重瓶。
（3）比重瓶使用前应恒重，检查瓶盖与瓶是否配套；水及样品必须装满密度瓶，瓶内不得有气泡。
（4）恒温时要注意及时用滤纸条吸去溢出的液体，不能让液体溢出到瓶壁上；拿取已达恒温的比重瓶时，不得用手直接接触比重瓶球部，以免液体受热流出，应戴隔热手套拿取瓶颈或用工具夹取。
（5）水浴用的水必须清洁无油污，防止瓶外壁被污染。
（6）天平室温度不得高于20℃，以免液体膨胀流出。

实验十一　石油产品闪点测定（闭口杯法）

一、实验目的

（1）了解闭口杯法闪点的定义；
（2）了解闭口杯法闪点的测定意义；
（3）熟练使用闭口杯法闪点测定器；
（4）学会测定油品的闭口杯闪点的方法及操作技能。

富媒体 7　石油产品闪点测定

二、实验原理

闪点（flash point）的定义：在规定实验条件下，实验火焰引起蒸气着火，并使火焰蔓延至液体表面的最低温度，修正到 101.3kPa 大气压下，单位为℃。

当可燃物蒸气在混合气体（石油气或石油产品蒸气与空气混合）中的体积分数处于爆炸范围内时，遇到明火能引起爆炸。石油产品液面上的可燃蒸气含量是由石油产品温度决定的，因此可将蒸气含量高于爆炸下限（高沸点石油产品，如柴油）或低于爆炸上限（低沸点石油产品，如汽油）时的最低温度定义为闪点。

需要注意的是，混合气体的化学组成和物理性质（温度、压力）会影响爆炸范围。在闪点温度下可燃混合气体的闪火是微区的燃烧，当微区燃烧产生的能量足以引起其周围区域的燃烧时就会引起连续燃烧。可燃混合气体的连续燃烧即爆炸。因此，石油产品的闪点与测定仪器及操作方法有密切关系，它是一个条件性很强的指标。

此外，外界压力对闪点测定的影响也很大，当外界压力超出一定范围时，需进行压力校正。

方法概要：将样品倒入实验杯中，在规定的速率下连续搅拌并以恒定速率加热样品。以规定的温度间隔，在中断搅拌的情况下，将火焰引入实验杯开口处，使样品蒸气发生瞬间闪火，且蔓延至液体表面的最低温度，此温度为环境大企业下的闪点，再用公式修正到标准大气压下的闪点。

测定闪点的意义：石油产品的闪点可以判断其在储存、运输和使用中的安全性；从闪点可鉴定油品发生火灾的危险性，闪点越低，燃料越易燃，火灾危险性愈大；对于某些润滑油，同时测定开口、闭口闪点可作为油品是否含有低沸点混入物的指标；从油品闪点可判断其馏分组成的轻重，油品蒸气压越高，馏分组成越轻，则油品的闪点越低；通过测定闪点，可以判断油品变质的情况。

测定闪点的仪器有两种，闭口闪点仪和开口闪点仪。它们的区别在于加热蒸发及引火条件的不同，所测闪点数值也不一样，适用于不同的油品。

石油产品的闭口杯法闪点：将特制的闭口杯中的石油产品，在规定的条件下加热到其蒸气与空气的混合气在接触火焰发生闪火时的最低温度。实验方法参考《闪点的测定　宾斯基—马丁闭口杯法》（GB/T 261—2021）。适用于测定煤油、柴油、润滑油的闪点。

三、实验仪器与试剂

1. 实验仪器

（1）宾斯基—马丁闭口闪点实验仪如图 2-23 所示，应符合《闪点的测定 宾斯基—马丁闭口杯法》（GB/T 261—2021）或《自动闭口闪点仪》（GB/T 25482—2010）的要求。

（2）气压计：精度 0.1kPa，不能使用气象台或机场所用的已预校准至海平面读数的气压计。

图 2-23　宾斯基—马丁闭口闪点实验仪

2. 实验试剂

本实验选用石油醚用于除去实验杯及实验杯盖上沾有的少量试样。

注：清洗溶剂的选择依据被测试样及其残渣的黏性。低挥发性芳烃（无苯）溶剂可用于除去油的痕迹，混合溶剂如甲苯—丙酮—甲醇可有效除去胶质类沉积物。

四、准备工作

（1）当试样中水分超过 0.05%（质量分数）时，必须先进行脱水处理。脱水处理是往试样中加入新煅烧并冷却的固体干燥剂（如 NaCl、Na_2SO_4 或无水 $CaCl_2$ 等）。

若试样的预估闪点不高于100℃，则脱水处理过程不需要加热；若预估闪点高于100℃，则可以将其加热至 50~80℃。

脱水后，取试样的上层澄清部分供实验使用。

（2）用车用汽油或石油醚洗涤实验杯，并用空气吹干。

（3）分样：在低于预期闪点至少 28℃下进行分样。如果等分样品是在实验前储存的，应确保样品充满至容器容积的 50%以上。

（4）观察气压计，记录实验期间仪器附件的环境大气压。

注：虽然某些气压计会自动修正，但本实验不要求修正到0℃下的大气压力。

（5）室温下为固体或半固体的样品：将装有样品的容器放入加热浴或烘箱中，在（30±5）℃或不超过预期闪点 28℃的温度下加热（两者选择较高温度）30min，如果样品未全部液化，再加热 30min。但要避免样品过热造成挥发性组分损失，轻轻摇动混匀样品。

五、实验步骤

1. 步骤 A

（1）将试样倒入实验杯至加料线，盖上实验杯盖，然后放入加热室，确保实验杯就位或锁定位置连接好后插入温度计。点燃实验火源，并将火焰直径调节为 3~4mm；或打开电子点火器，按仪器说明书的要求调节电子点火器的强度。在整个实验期间，试样以 5~6℃/min 的速率升温，且搅拌速率为 90~120r/min。

（2）当试样的预期闪点不高于 110℃时，从预期闪点以下（23±5）℃开始点火，试样每升高1℃点火一次，点火时停止搅拌。用实验杯盖上的滑板操作旋钮或点火装置点火，要求火焰在0.5s内下降至实验杯的蒸气空间内，并在此位置停留1s，然后迅速升高回至原位置。

（3）当试样的预期闪点高于110℃时，从预期闪点以下（23±5）℃开始点火，试样每升高2℃点火一次，点火时停止搅拌。用实验杯盖上的滑板操作旋钮或点火装置点火，要求火焰在0.5s内下降至实验杯的蒸气空间内，并在此位置停留1s，然后迅速升高回至原位置。

（4）当测定未知试样的闪点时，在适当起始温度下开始实验。高于起始温度5℃时进行第一次点火。然后按步骤（2）或（3）进行。

（5）记录火源引起实验杯内产生明显着火的温度，作为试样的观察闪点，但不要把在真实闪点到达之前，出现在实验火焰周围的淡蓝色光轮与真实闪点相混淆。

（6）如果所记录的观察闪点温度与最初点火温度的差值低于18℃或高于28℃，则认为此结果无效。应更换试样重新进行实验，调整最初点火温度，直到获得有效的测定结果，即观察闪点与最初点火温度的差值应该在18~28℃。

2. 步骤B

（1）将试样倒入实验杯至加料线，盖上实验杯盖，然后放入加热室，确保实验杯就位或锁定装置连接好后插入温度计。点燃实验火焰，并将火焰直径调节为3~4mm；或打开电子点火器，按仪器说明书的要求调节电子点火器的强度。在整个实验期间，试样以1.0~1.5℃/min的速率升温，且搅拌速率为（250±10）r/min。

（2）当试样的预期闪点不高于110℃时，从预期闪点以下（23±5）℃开始点火，试样每升高1℃点火一次，点火时停止搅拌。用实验杯盖上的滑板操作旋钮或点火装置点火，要求火焰在0.5s内下降至实验杯的蒸气空间内，并在此位置停留1s，然后迅速升高回至原位置。

（3）当试样的预期闪点高于110℃时，从预期闪点以下（23±5）℃开始点火，试样每升高2℃点火一次，点火时停止搅拌。用实验杯盖上的滑板操作旋钮或点火装置点火，要求火焰在0.5s内下降至实验杯的蒸气空间内，并在此位置停留1s，然后迅速升高回至原位置。

（4）当测定未知试样的闪点时，在适当起始温度下开始实验。高于起始温度5℃时进行第一次点火。然后按步骤（2）或（3）进行。

（5）记录火源引起实验杯内产生明显着火的温度，作为试样的观察闪点，但不要把在真实闪点到达之前，出现在实验火焰周围的淡蓝色光轮与真实闪点相混淆。

（6）如果所记录的观察闪点温度与最初点火温度的差值低于18℃或高于28℃，则认为此结果无效。应更换试样重新进行实验，调整最初点火温度，直到获得有效的测定结果，即观察闪点与最初点火温度的差值应该在18~28℃。

六、实验数据记录及处理

1. 观察闪点修正到标准大气压

用式(2-31)将观察闪点修正到标准大气压（101.3kPa）下的闪点，T_c。

$$T_c = T_0 + 0.25(101.3-p) \tag{2-31}$$

式中　　T_0——观察闪点，℃；

　　　　p——环境大气压，kPa。

注：本公式仅限在98.0~104.7kPa。

2. 精密度及结果报告

（1）精密度应符合表 2-26 要求。

表 2-26　闪点（闭口杯法）误差允许范围

闪点范围/℃	重复性允许差值/℃	再现性允许差值/℃
≤104	2	4
>104	6	8

（2）取重复测定两个结果的算术平均值，作为试样的闪点。

七、注意事项

（1）试油含水的影响：当含水试油加热时，油中少量水分汽化，使油面上方混合气中油蒸气浓度变小，导致闪点增高。

（2）试油加入量必须严格遵照规定。如果加入量过多，油面上方空间容积相对减少，升温时，油气与空气混合物的浓度更易达到爆炸范围，导致闪点偏低；如果装油量过少，闪点偏高。加油时，实验杯必须放在实验台上，慢慢注入试油，以防起泡而影响观察刻线。

（3）点火器火焰大小、火焰离油面高度、停留时间长短均会影响结果。

（4）升温速度影响甚大，升温速度过快，单位时间内给予试油的热量多，试油蒸发量大，与空气组成的混合气浓度容易达到爆炸范围，影响结果。

八、思考题

（1）当试样中的水分含量超过 0.05% 时，为什么必须进行脱水处理？
（2）测定油品闭口杯法闪点过程中的影响因素有哪些？

实验十二　石油产品闪点与燃点测定法（开口杯法）

一、实验目的

（1）了解油品开口杯闪点和燃点的定义；
（2）了解油品闪点和燃点对油品生产及使用过程的重要性；
（3）掌握油品开口杯闪点和燃点的测定方法及操作步骤；
（4）熟练掌握油品开口杯闪点和燃点测定仪器的使用方法。

二、实验原理

在开口杯闪点测定时由于一部分油蒸气自由地扩散到空气中去，所以同一油品的闭口杯闪点与开口杯闪点有很大差别。对于同一油品，开口杯法测定的结果通常比闭口杯法高 10~30℃。油品闪点越高，差别越大。

开口杯闪点：将试样倒入实验杯中至规定的刻度线，迅速升高试样的温度，当接近预期闪点时再缓慢地以恒定的速度升温，在规定的温度间隔内，用一个小的实验火焰扫过实验杯，使实验火焰引起试样液面上部蒸气闪火的最低温度。

燃点（fire point）：石油产品在规定的条件下，加热到能被接触火焰点着，并燃烧5s以上的最低温度，单位为℃。

实验方法参考《石油产品闪点和燃点的测定　克利夫兰开口杯法》（GB/T 3536—2008），适用于除燃料油（燃料油通常按照 GB/T 261—2021 进行测定）以外的，开口杯闪点高于 79℃ 的石油产品。

三、实验仪器与试剂

1. 实验仪器

（1）开口闪点与燃点测定器如图 2-24 所示，符合《开口闪点测定器技术条件》（SH/T 0318—1992）的要求。

（2）温度计：符合《石油产品试验用玻璃液体温度计技术条件》（GB/T 514—2005）的要求。

（3）防护屏：约 460mm×460mm，高 610mm，有一个开口面。

（4）加热浴或烘箱：用于加热样品。

（5）大气压力计：精度 0.1kPa。

2. 实验试剂

（1）车用汽油或石油醚（60~90℃）。

（2）试样。

图 2-24　开口闪点与燃点测定器

四、准备工作

（1）当试样中水分超过 0.1%（质量分数）时，必须先进行脱水处理。脱水处理是向试样中加入新煅烧并冷却的 NaCl、Na_2SO_4 或无水 $CaCl_2$ 等。

预估闪点低于 100℃ 的试样不必加热，其他试样允许加热至 50~80℃ 时用脱水剂脱水。脱水后，取试样的上层澄清部分供实验使用。

（2）用车用汽油或石油醚洗涤实验杯，以除去前次实验留下的所有油迹、微量胶质或残渣。如果有炭渣存在，应该用钢丝刷除去，用冷水冲洗实验杯，并加热干燥，以除去残存的微量溶剂和水。使用前应将实验杯冷却到预期闪点前至少 56℃。

（3）测定装置应放在避风和较暗的地方并用防护屏围护，使闪点现象能够被看得清楚。

（4）分样：在低于预期闪点至少 56℃ 下进行分样。如果在实验前要将一部分原样品分装储存，应确保每份样品充满其容器容积的 50% 以上。

（5）室温下为固体或半固体的样品，将装有样品的容器放入加热浴或烘箱中。在低于预期闪点 56℃ 以下加热，要避免加热过度，因为这会导致挥发性组分的损失，轻轻混匀样品后，按实验步骤进行操作。

五、实验步骤

1. 开口杯闪点的测定

（1）将室温或已升过温的试样装入实验杯，使试样的弯月牙顶部恰好位于实验杯的装样刻度线。如果注入实验杯的试样过多，可用移液管或其他适当的工具取出；如果试样沾到仪器的外边，应倒出试样，清洗后再重新装样。弄破或除去试样表面的气泡或样品泡沫，并确保试样液面处于正确位置，如果在实验最后阶段试样表面仍有泡沫存在，则此结果作废。

黏稠的试样应在注入烧杯前加热到能流动，但加热时的温度不应超过试样预期闪点前56℃。

（2）开始加热时，试样的升温速率为14~17℃/min。当试样温度达到预期闪点前约56℃时，减慢加热速度，使试样在达到闪点前的最后（23±5）℃时升温速度为5~6℃/min。实验过程中，应避免在实验杯附近随意走动，以免搅动实验蒸气。

（3）点燃实验火焰，并调节火焰直径为3.2~4.8mm。如果安装了金属比较小球，火焰直径应与金属比较小球直径相同。

（4）在预期闪点前至少（23±5）℃时，开始用实验火焰扫划，温度每升高2℃扫划一次，用平滑、连续的动作扫划，实验火焰每次通过实验杯所需时间约为1s，实验火焰应在与通过温度计的实验杯的直径成直角的位置上划过实验杯的中心，扫划时以直线或沿着半径至少为150mm圆来进行。实验火焰的中心必须在实验杯上边缘面上2mm以内的平面上移动。先向一个方向扫划，下次再向相反方向扫划。如果试样表面形成一层膜，应把油膜拨到一边，继续进行实验。

（5）当在试样液面上的任何一点出现闪火时，立即记录温度计的温度读数，作为观察闪点，但不要把有时在实验火焰周围产生的淡蓝色光环与真正的闪火相混淆。

（6）如果观察闪点温度与最初点火温度相差少于18℃，则此结果无效。应更换新试样重新进行测定，调整最初点火温度，直到得到有效结果，即此结果应比最初点火温度高18℃以上。

2. 燃点的测定

测定试样的闪点后，以5~6℃/min的速度继续升温。试样每升高2℃，就扫划一次，直至试样着火，并能连续燃烧不少于5s时。记录此时温度作为试样的观察燃点。如果燃烧超过5s，用带手柄的金属盖或其他阻燃材料做的盖子熄灭火焰。

六、实验数据记录与处理

1. 观察闪点或燃点修正到标准大气压

用式(2-32)将观察闪点或燃点修正到标准大气压。

$$T_p = T_0 + 0.25(101.3-p) \tag{2-32}$$

式中 T_0——环境大气压下的观察闪点或燃点，℃；

p——环境大气压，kPa。

注：本公式精确地修正，仅限在98.0~104.7kPa。

2. 精密度与结果报告

（1）平行测定的两个闪点结果的允许差值不应超过表2-27中所规定的数值。

表 2-27　闪点（开口杯法）误差允许范围

闪点/℃	允许差数/℃
≤150	4
>150	6

取平行测定的两个闪点结果的算术平均值，作为试样的闪点。

（2）平行测定的两个燃点结果的允许差值不应超过 6℃。取平行测定两个燃点结果的算术平均值作为试样的燃点。

七、注意事项

（1）如果试样中水分含量大于 0.1%（质量分数），则加热时试样易起泡而溢出杯外，使实验无法进行。即使试样不外溢，水分也要汽化，从而降低了混合气体的油蒸气分压，导致测得的闪点升高。

（2）点火器火焰离试样液面的远近及停留时间长短都对闪点有影响。火焰离试样的液面越近，停留时间越长，测得的闪点越低。

八、思考题

（1）开口杯法和闭口杯法在应用方面的主要区别有哪些？
（2）为什么同一石油产品的开口杯闪点一般比闭口杯闪点高 10~30℃？

实验十三　石油产品凝点测定法

一、实验目的

（1）通过实验了解凝点定义和测定意义；
（2）掌握石油及石油产品凝点的测定方法和操作技能；
（3）了解凝点对油品生产及使用的重要性。

富媒体 8　石油产品凝点测定

二、实验原理

低温下油品失去流动性有两种不同情况：一是结构凝固，即对于含蜡多的油品，随着温度的下降，其中所含正构烷烃等高熔点的烃类的结晶不断析出，进而连接形成结晶骨架，并把此时尚处于液态的油品包在骨架中，从而使整个油品失去流动性；二是黏温凝固，即对于含蜡较少的油品，当温度降低时，虽然还没有结晶析出，但因其分子中环状结构较多，在低温下黏度很大，由于过于黏稠而丧失流动性（此时油品仍然是透明的）。

将试样装在规定的试管中，加热熔化，再冷却到预期温度后，将试管倾斜 45℃，经过 1min，观察液面是否移动，液面不移动时的最高温度即凝点。

油品是由多种烃类组成的复杂混合物，其在低温下失去流动性与纯混合物的凝固不同。纯化合物冷却至其结晶点后即开始出现结晶，并在该恒定的温度下结晶逐渐增多，直至完全凝固，而油品在冷却过程中，其温度是不断下降的，并无温度恒定的现象，只能按照人为规定的条件来确认其失去流动性时的温度。

对含蜡油品来说，凝点可以作为估计石蜡含量的间接指标。油品中含蜡越多，凝点越高。在生产上，凝点表示油品的脱蜡程度。原油的凝点除与油中含蜡量有关外，还与油中所含胶质、沥青质的数量有关，由于胶质、沥青质能阻碍蜡结晶网的形成，从而使原油凝点降低。

另外，凝点还可用于表示一些油品如冷冻机油、变压器油、轻柴油的牌号。在不同气温地区和机器使用条件下，凝点可以作为低温选用油品的依据，保证油品正常运输、机器正常运转。

三、实验仪器与试剂

1. 实验仪器

（1）石油产品凝点实验器如图2-25所示。

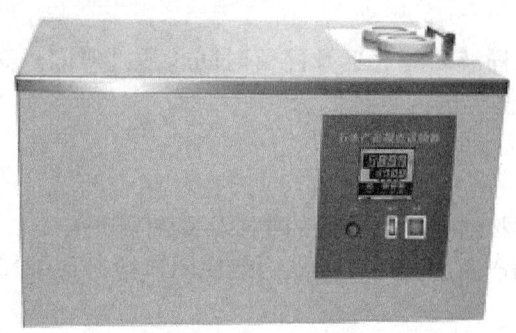

图2-25　石油产品凝点实验器

（2）圆底试管：高度（160±10）mm，内径（20±1）mm，在距管底30mm的外壁处有一环形标线。

（3）圆底玻璃套管（图2-26）：高度（130±10）mm，内径（40±2）mm。

（4）水银温度计：符合《石油产品试验用玻璃液体温度计技术条件》（GB/T 514—2005）的要求，用于测定凝点高于-35℃的石油产品。

（5）液体温度计：符合《石油产品试验用玻璃液体温度计技术条件》（GB/T 514—2005）的规定，供测定凝点低于或等于-35℃的石油产品的凝点使用。

（6）装冷却剂用的广口保温瓶或筒形容器：高度不少于160mm，内径不少于120mm，可以用陶瓷、玻璃、木材或带有绝缘层的铁片制成。

注：如果使用石油产品凝点实验器进行实验，则不需要此仪器。

（7）支架：用于固定套管、冷却剂容器和温度计。

（8）凝点恒温水浴（图2-27）。

2. 试剂

（1）冷却剂：实验温度在0℃以上时用水和冰；在0～-20℃时用盐和碎冰或雪；在-20℃以下时用工业乙醇（或低凝点溶剂油）和干冰（固体CO_2）。

当缺乏干冰时，可以使用液体氮气或液态空气或其他适当的冷却剂，也可以使用半导体制冷器（当用液态空气时，应使其通入旋管金属冷却器中并注意安全）。

注：如果使用石油产品凝点实验器进行实验，则不需要冷却剂。

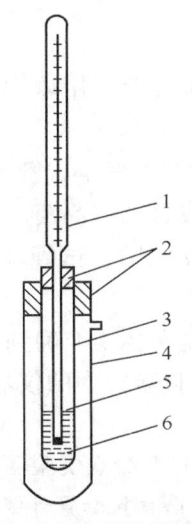

图 2-26 凝点测定器安装图 　　　　图 2-27 凝点恒温水浴
1—温度计；2—固定用软木塞（或磨砂口）；3—圆底试管；
4—圆底玻璃套管；5—环形标线；6—试油

（2）无水乙醇：化学纯。

四、准备工作

（1）制备含有干冰的冷却剂时，先在一个装冷却剂用的容器中注入工业乙醇至容器内部深度的 2/3 处，然后将细块状的干冰放进搅拌着的工业乙醇中，再根据温度要求下降的程度，逐渐增加干冰的用量。每次加入干冰时，应注意搅拌速度，不使工业乙醇外溅或溢出。冷却剂不再剧烈冒出气体之后，添加工业乙醇至液体最低 70mm 深且插入圆底玻璃套管 70mm 深时液体不溢出。

石油产品凝点实验器带有制冷压缩机，使用时打开电源开关及制冷开关，在控温仪上设定好所需的实验温度即可。

（2）对于无水的试样，直接按"五、实验步骤"开始实验。对于含水的试样，实验前需要先经脱水处理，但在产品质量验收实验及仲裁实验时，只要试样的水分在产品标准允许范围内，应直接按"五、实验步骤"开始实验。

（3）试样的脱水按下述方法进行：

① 对于含水多的试样，应先经静置，取其澄清部分来进行脱水。

② 对于容易流动的试样，在试样中加入新煅烧的粉状硫酸钠或小粒状氯化钙，在 10~15min 内定期摇荡、静置，用干燥的滤纸滤取澄清部分。

③ 对于黏度大的试样，将试样预热到不高于 50℃，经食盐层过滤。食盐层的制备是在漏斗中放入金属网或少许棉花，然后在漏斗上铺以新煅烧的粗食盐结晶。试样含水多时需要经过 2~3 个漏斗的食盐层过滤。

（4）在干燥、清洁的试管中注入试样，使其液面达到环形标线处。用软木塞将温度计固定在试管中央，使温度计感温泡底部距试管管底 8~10mm。

（5）将装有试样和温度计的试管，垂直地浸在（50±1）℃的水浴中，直至试样的温度达到（50±1）℃。

五、实验步骤

（1）从水浴中取出装有试样和温度计的试管，擦干外壁，用软木塞将试管牢固地装在套管中，试管外壁与套管内壁距离要处处相等。

将装好的仪器垂直地固定在支架上，并在室温下静置，直至试管中的试样冷却至（35±5）℃，然后将这套装置浸在已装好冷却剂的容器中（或石油产品凝点实验器）中。冷却剂（石油产品凝点实验器）的温度要比试样的预期凝点低7~8℃。试管（外套管）的浸入冷却剂（石油产品凝点实验器）的深度应不少于70mm。

冷却试样时，冷却剂（石油产品凝点实验器）的温度必须准确到±1℃。当试样的温度冷却到预期的凝点时，将浸在冷却剂（石油产品凝点实验器）中的仪器倾斜45°，并保持这样的倾斜状态1min。

注意：此时仪器的试样部分仍然要浸没在冷却剂（石油产品凝点实验器）内。之后，从冷却剂（石油产品凝点实验器）中小心地取出仪器，迅速地用工业乙醇擦拭套管外壁，垂直放置仪器并透过套管观察试管里面的液面位置是否有过移动的迹象。

注意：测定低于0℃的凝点时，实验前应在套管底部注入无水乙醇1~2mL。

（2）当试管中的液面位置有移动时，从套管中取出试管，并将试管重新预热至试样温度达（50±1）℃，然后用比上次实验温度低4℃或其他更低的温度重新进行测定，直至某实验温度时能使液面位置停止移动。

注：实验温度低于-20℃时，重新测定前应将装有试样和温度计的试管放在室温中，待试样温度升到-20℃后，才将试管浸在水浴中加热。

（3）当试管中的液面位置没有移动时，从套管中取出试管，并将试管重新预热至试样达（50±1）℃，然后用比上次实验温度高4℃或其他更高的温度重新进行测定，直至某实验温度能使试样的液面位置有所移动。

（4）找出凝点温度范围（试样的液面位置从移动到不移动或不移动到移动的温度范围）之后，采用比移动的温度低2℃，或采用比不移动的温度高2℃的温度重新进行实验。如此重复实验，直至确定某实验温度能使试样的液面停留不动而提高2℃又能使液面移动，取使液面保留不动的温度，作为试样的凝点。

（5）试样的凝点必须进行重复测定。第二次测定时的开始实验的温度，要比第一次所测出凝点高2℃。

六、实验数据记录与处理

1. 计算

取重复测定两个结果的算术平均值，作为试样的凝点。

2. 精密度

同一操作者重复测定两个结果之差不应超过2.0℃。
两个实验室提出的两个结果之差不应超过4.0℃。

七、注意事项

（1）实验所用的圆底试管和圆底玻璃套管应符合 GB/T 510—2018《石油产品凝点测定

法》方法规定，所使用温度计应定期检定。

(2) 必须除去水分和杂质。油品中含有水分和杂质对测定会有影响。试油含水小于1%影响不大，当含水5%以上时对凝点影响较大。如果试油含水多，对于凝点低于0℃的油品，水分在0℃结冰，影响试油流动，使测定的凝点偏高；对于凝点高于0℃的油品，使测定的凝点结果偏低。

(3) 仪器规格必须符合标准。实验中仪器安装必须严格按照方法规定的要求，温度计必须插在内试管中心，不许偏斜，否则因水银球受冷温差不均匀，影响测定结果。

(4) 试管中的试样一定要在水浴中预热至 (50±1)℃（处于垂直状态），再在室温中冷却至 (35±5)℃。每观察一次液面后，试样必须重新预热、冷却。目的是将试样的石蜡晶体完全溶解，破坏原有的石蜡结晶网络，使其重新结晶，以保证准确的测定结果。

(5) 温度计插入的位置要在试管中央，温度计底部距离瓶底 8~10mm，使温度计读数准确。如果温度计插歪或距离底部太近，会造成结果偏低。

(6) 石油产品凝点实验器与试油预计凝点的温差要符合规定，如果温差大，则冷却迅速太快，油品中石蜡来不及形成大的网状骨架，而形成很多小结晶，结果使凝点偏低。

(7) 最大的人为影响是未到预期凝点时任意取出试管观察和晃动，然后又放回冷浴中继续降温，或温度计安装不稳、产生摇摆等，均破坏正在结晶中的蜡结构。

(8) 原油经热处理后要经48h才能取样测定凝点。

八、思考题

(1) 油品凝点测定的影响因素有哪些？
(2) 凝点测定在生产和应用上有何意义？
(3) 石油产品在低温时为什么会产生凝固？

实验十四　馏分燃料冷滤点测定法

一、实验目的

(1) 通过实验进一步了解冷滤点的定义和测定意义；
(2) 掌握冷滤点的测定方法和操作技能；
(3) 了解冷滤点对柴油生产及使用的重要性；
(4) 熟练掌握冷滤点测定仪的使用方法。

二、实验原理

柴油的低温性能是保证输送和过滤性的重要指标，过去以凝点表示。但当柴油在高于其凝点5~10℃时，虽未失去流动性，但已有细微的蜡结晶析出，以致引起供油系统滤清器的堵塞，中断供油。特别是添加了低温流动性改进剂（十六烷值改进剂）的柴油，这个问题更为严重。我国现已采用国际通用的冷滤点指标，逐步代替柴油的凝点来表示其低温流动性。

柴油的冷滤点是指在规定的条件下冷却试油，当试样不能流过标准的过滤器，或20mL

试样流过过滤器的时间大于 60s，或试样不能完全流回试杯时的最高温度，以℃（按温度的整数）为单位表示。

三、实验仪器与试剂

（1）试杯：玻璃制，平底筒形，内径 31.0～32.0mm，壁厚 1.0～1.5mm，杯高 115～125mm，杯上 45mL 处有刻度线。

（2）套管：黄铜制，平底筒形，内径 45mm，壁厚 1.5mm，管高 115mm。

（3）温度计：符合《石油产品倾点测定法》（GB/T 3535—2006）中附录 A（补充件）的要求。冷滤点高于-30℃（含-30℃）时，使用-38～50℃温度计；冷滤点低于-30℃时，使用-80～20℃温度计。

（4）过滤器：各部件均为黄铜制，内有黄铜镶嵌的 4 号（363 目/in，1in＝2.54cm）不锈钢丝网，用带有外螺纹和支脚的圈环自下端旋入，上紧。

（5）吸量管：玻璃制，20mL 处有一刻度线。

（6）三通阀：玻璃制，分别与吸量管上部、抽空系统、大气连通。

（7）橡皮塞：用以堵塞试杯的上口，塞子上有 3 个孔，各用来装温度计、吸量管和通大气支管。稳压水槽上的塞子也有 3 个孔，分别用以连通水流泵、实验系统和大气。

（8）聚四氟乙烯隔环和垫圈：放入套管内，以支撑试杯。

（9）冷浴：如果冷浴中需放入一个以上套管，各套管之间的距离应至少为 50mm。冷却剂可用乙醇加干冰。

（10）抽空系统：由 U 形管差压计、稳压水槽和水流泵组成。

（11）秒表：分度为 0.1～0.2s。

（12）溶剂油：符合《油漆及清洗用溶剂油》（GB 1922—2006）中 90 号规定。

（13）无水乙醇：化学纯。

（14）苯：化学纯。

过滤系统组装图如图 2-28 所示。

四、实验步骤

（1）试油如果含水，必须经过脱水才能测定。如果试油浑浊、有杂质，应在 15℃以上用不起毛的滤纸过滤。

（2）把套管用支持环固定在冷浴盖板孔中，套管口用塞子塞紧。

（3）将冷浴温度降低至下述温度：

① 试油冷滤点高于-3℃时冷浴温度为（-17±1）℃。

② 试油冷滤点为-4～-19℃时，冷浴温度为（-34±1）℃。

③ 试油冷滤点为-20℃～-35℃时，两个冷浴温度分别为（-34±1）℃和（-51±1）℃。

④ 试油冷滤点低于-35℃时，三个冷浴温度分别为（-34±1）℃、（-51±1）℃和（-67±1）℃。在整个操作过程中冷浴要搅拌均匀。

（4）在室温下将装有温度计、吸量管（已预先与过滤器接好）的橡皮塞塞入盛有 45mL 试油的试杯中，使温度计垂直，温度计底部应离试杯底部 1.3～1.7mm。过滤器也应垂直恰好放于试杯底部，然后置于热水浴中，使油温达到（30±5）℃。打开套管口的塞子，将准备好的试杯垂直放入预先冷却至预定温度的冷浴中的套管内。

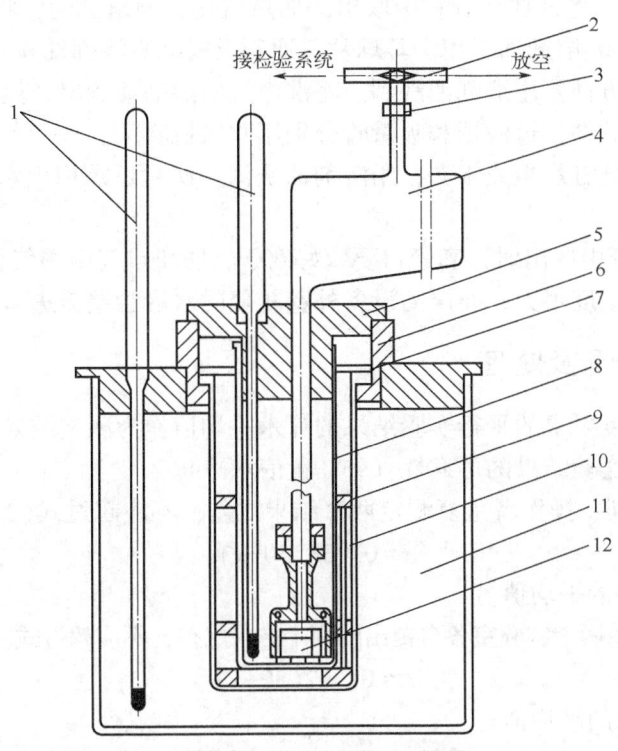

图 2-28 过滤系统组装图

1—温度计；2—三通阀；3—橡皮管；4—吸量管；5—橡皮塞；6—支持环；7—弹簧环；
8—试杯；9—固定架；10—铜套管；11—冷浴；12—过滤器

（5）将抽空系统与吸量管上的三通阀连接好。在进行测定前，不要使吸量管与抽空系统接通。开启水流泵进行抽空，U形管差压计应稳定指示压差为1961Pa（200mmH$_2$O）。

（6）当试油被冷却到预测温度时（一般比冷滤点高5~6℃），开始第一次测定。转动三通阀，使抽空系统与吸量管接通，同时用秒表计时。由于抽力作用，试油迅速通过过滤器。当试油上升到吸量管20mL刻度线处时，关闭三通阀，同时秒表停止计时。转动三通阀使吸量管与大气相通，试油自然流回试杯中。

（7）在上条的操作中，20mL试油通过过滤器所需要的时间很短，说明在此温度下试油还远没有达到其冷滤点，可使试油温度继续降低2℃，重复以上条件的操作。如果时间明显加长，则每降低1℃重复上条的操作，直至1min通过过滤器的试油不足20mL。记下此时的温度，即其冷滤点。如果试油温度降到-20℃，进行上条的操作，还未达到其冷滤点，则在试油自然流回试杯之后，将试杯迅速转移到冷至（-51±1）℃的冷浴中进行操作，直至达到其冷滤点。如果试油在-35℃还未到冷滤点，则迅速转移到（-67±1）℃冷浴中进行操作，直至达到冷滤点。

如果在1min内20mL试油通过了过滤器，但当吸量管与大气相通时，试油不能全部流回试杯内，此时的温度也应被认为是该试油的冷滤点。

（8）如果预计第一次测定温度低于试油冷滤点时，将试杯从套管中取出，加热熔化。如果试油充裕，可将经过冷却的试油倒出，重换新试油，再按上述步骤（5）~（7）进行操作。如果试油不充裕，也可将试油加热熔化至35℃后，再按上述步骤（5）~（7）进行操作。

（9）实验结束后，将试杯从套管中取出，加热熔化，倒出试油，将实验设备进行洗涤。在试杯内倒入 30~40mL 溶剂油，用洗耳球从三通阀反复抽吸溶剂油 4~5 次。实验时试油在实验装置内流过的地方都要用溶剂油洗到。将洗涤过的溶剂油倒出，然后用干净的溶剂油重复洗涤一次。最后将试杯、过滤器和吸量管分别用吹风机吹干。

如果吸量管或试杯有焦炭或水珠，用溶剂油洗涤一次，还需用无水乙醇或苯-乙醇混合溶剂洗涤、吹干。

（10）试杯从套管中取出时，套管口要塞好塞子，防止空气中湿气在套管中冷凝成水。夏季操作时空气湿度很大，要严防设备外壁凝聚的水沿管壁流进试油中。

五、实验数据记录及处理

取两个符合精密度要求的平行实验结果的算术平均值作为测定结果。

用下述规定判断实验结果的可靠性（95%置信水平）。

（1）重复性 r：同一操作者重复测定两个结果之差，不应超过式(2-33)算出的数值。

$$r = 0.033(30-\bar{x}) \tag{2-33}$$

式中 $\bar{x}$——两个结果的平均值。

（2）再现性 R：由两个实验室各自提出的两个结果之差，不应超过式(2-34)的计算数值。

$$R = 0.092(30-\bar{x}) \tag{2-34}$$

式中 $\bar{x}$——两个结果的平均值。

（3）冷滤点在 0~-35℃时，重复性和再现性可查图 2-29 而获得。

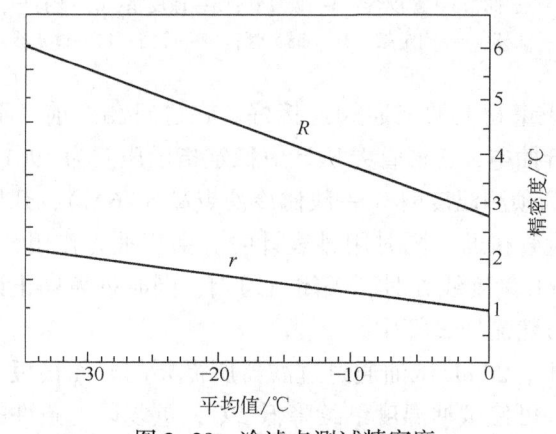

图 2-29　冷滤点测试精密度

实验十五　石油产品和烃类溶剂苯胺点和混合苯胺点测定法

一、实验目的

（1）熟悉并巩固石油产品苯胺点的相关知识；

（2）学习并掌握石油产品苯胺点的测定方法；

（3）了解石油产品苯胺点测定的意义。

二、实验原理

将规定体积的苯胺与试样或苯胺与试样加正庚烷置于试管中，搅拌混合物，以控制的速度加热混合物，直到混合物中的两相完全混溶。然后按控制的速度将混合物冷却，记录混合物两相分离时的温度，作为试样的苯胺点或混合苯胺点。

油品中的各种烃类在苯胺中的溶解度不同，即其苯胺点不同。根据相似相溶原理，一般来说，烷烃的苯胺点最高，环烷烃次之，烯烃及环烯烃又次之，芳烃最低。对于同类烃，其苯胺点随分子量的增大和沸点的升高而升高。因此由苯胺点可以大致判断油品中所含烃类的情况。通常油品中含芳烃越少，苯胺点就越高。根据苯胺点数据，可以计算柴油指数和十六烷值。对于汽油馏分，根据除去芳烃前后试样的苯胺点，可计算其烃族组成。

苯胺的结构式为 C_6H_5—NH_2，是无色油状液体，沸点为 184.4℃，有特殊臭味，其蒸气有毒（蒸馏苯胺应在通风橱中进行），能稍溶于水，易溶于苯、乙醇等。暴露在空气中或日光下易变为棕色。

苯胺点的测定，对于浅色石油产品和深色石油产品分别采用两种不同装置，现仅介绍浅色石油产品苯胺点的测定。本方法采用下列术语：

苯胺点：等体积苯胺与待测样品混合物的最低平衡溶解温度。

混合苯胺点：两体积苯胺、一体积待测样品和一体积正庚烷的混合物的最低平衡溶解温度。

泡点：在标准条件加热时，混合物刚开始出现气泡时的温度。

三、实验仪器与试剂

1. 实验仪器

（1）浅色透明样品苯胺点测定仪。如图 2-30 所示，浅色透明样品苯胺点测定仪包含下述组件。

试管：直径 (25±1)mm，长 (150±3)mm，由耐热玻璃制成；

套管：直径 (40±2)mm，长 (150±3)mm，由耐热玻璃制成；

搅拌器：由软铁丝制成，直径约为 2mm，在底部有一直径约为 19mm 的同心圆环。搅拌器底部到其顶部直角弯曲部分的长度约为 200mm，搅拌器的直角弯曲部分长度约为 55mm，可使用一个长约 65mm、内径为 3mm 的玻璃套管作为搅拌器的导向管。可手动或机械操作搅拌器。

（2）加热浴和冷却浴：包括合适的空气浴，非水、不挥发的透明液体浴，或红外灯（250～375W），加热浴应装备加热控制装置。

（3）温度计：符合 GB/T 514—2005 中 GB-75 号、GB-76 号和 GB-77 号温度计的技术要求。GB-75 号为

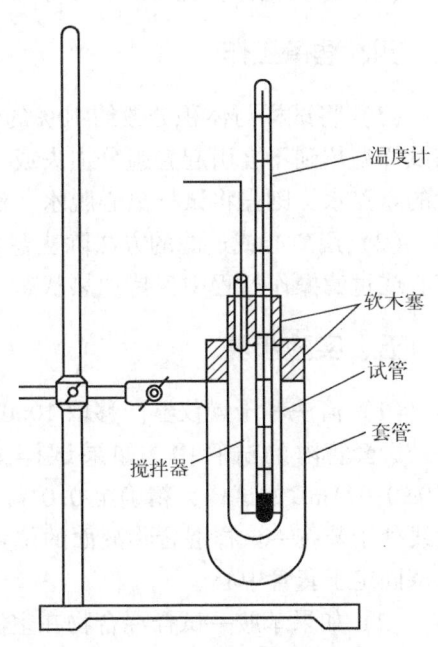

图 2-30 浅色透明样品苯胺点测定仪

低温范围温度计,测温范围为-38~-42℃,分度值为0.2℃;GB-76号为中温范围温度计,测温范围为-25℃~105℃,分度值为0.2℃;GB-77号为高温范围温度计,测温范围为90℃~170℃,分度值为0.2℃。这三种温度计浸没深度均为50mm。

(4) 移液管:容量为5.0mL和10.0mL。

(5) 天平:可称准至0.01g,在不便于用移液管移取试样时,用于称量试管和试样。

(6) 安全防护镜。

(7) 安全手套,不可渗透苯胺。

2. 实验试剂

(1) 苯胺:分析纯。

警告:苯胺即使很少量也是剧毒品,并通过皮肤被吸收。处理时要特别小心。对所有操作者在直接处理苯胺时,应戴安全防护镜和不渗透苯胺的安全手套。

① 将苯胺用氢氧化钾颗粒干燥,在使用的当天进行蒸馏,舍弃最初和最后的10%(体积分数)馏分。这样制得的苯胺按测定步骤用正庚烷实验时,两次实验测得的正庚烷苯胺点之差不应大于0.1℃,其平均值应为(69.3±0.2)℃。

② 另一种处理苯胺的方法,可不在使用当天蒸馏苯胺,而是将苯胺按上述方法蒸馏,把蒸馏物收集在安瓿瓶中,然后在真空或干燥氮气下密封安瓿瓶,并储存在阴冷处备用。

③ 采用上述任一种方法时,都应采取稳妥措施以防止大气中水分对苯胺的污染。

注:a. 经实验证明,经②处理后,苯胺可保存至少六个月不变质。

b. 在常规分析中,只要苯胺符合正庚烷苯胺点实验的要求,并不一定必须蒸馏苯胺。

④ 用自动仪器测得的苯胺—正庚烷的苯胺点,按公式(2-35)修正后应为(69.3±0.2)℃。

(2) 干燥剂:工业无水硫酸钠或硫酸钙,经煅烧,放入干燥器中冷却。

(3) 正庚烷:纯度不低于99.75%。

(4) 氢氧化钾:化学纯,用于干燥苯胺。

四、准备工作

(1) 将试样与体积分数约10%的干燥剂一同剧烈振荡3~5min以干燥试样。将黏稠或含蜡试样温热到不会引起轻组分损失或干燥剂失水的温度以降低试样黏度。如果试样中存在可见的悬浮水,则先将试样离心脱水,然后用干燥剂进行最后干燥。

(2) 用离心或过滤的方法除去悬浮的干燥剂。将含有蜡晶体的试样加热至均相,并在离心或过滤操作过程中保持加热状态。

五、实验步骤

(1) 清洗和干燥仪器。移取10mL苯胺和10mL干燥过的试样放入装有搅拌器和温度计并处于套管内的试管中。如果试样太黏,不便用移液管移取,则可称量相当于室温时(10±0.02)mL的试样,精确至0.01g。用软木塞将温度计固定在试管中,使温度计的浸没深度线处于苯胺—试样混合物液面的位置,并确保温度计感温泡不与试管壁接触。将试管用软木塞固定于套管中心。

(2) 如果苯胺—试样混合物在室温下不能完全混溶,用加热浴加热苯胺—试样混合物。以50mm行程,快速搅拌苯胺—试样混合物,但要避免搅起气泡。必要时,可以用约1~

3℃/min 的速度直接加热套管，直至混合物完全混溶。如果苯胺—试样混合物在室温下就能完全混溶，则用非水冷却浴代替热源。

（3）将混溶的苯胺—试样混合物在室温空气浴或非水冷却浴中继续搅拌，并使混合物以 0.5~1.0℃/min 速度慢慢地冷却，继续冷却到开始出现浑浊的温度以下 1~2℃，记录当混合物突然全部变浑浊时的温度作为试样的苯胺点，精确到 0.1℃。此温度（而不是少量物质分离的温度）为最低平衡溶解温度。

（4）重复地进行加热和冷却，并重复观测苯胺点的温度，直至如果连续三次观测的苯胺点或混合苯胺点温度变化范围，对浅色透明试样不大于 0.1℃，则报告这三次观测温度的平均值，经温度计读数修正后，精确至 0.1℃，作为试样的苯胺点或混合苯胺点。

（5）混合苯胺点测定步骤。对于苯胺点低于苯胺-试样混合物中苯胺结晶温度的样品，移取 10mL 苯胺、5mL 试样和 5mL 正庚烷，放入清洁、干燥的仪器中，按步骤（1）~（4）所述测定试样的混合苯胺点。

六、实验数据记录及处理

1. 精密度

（1）重复性：有同一实验室的同一操作者，使用同一仪器，对同一试样测定所得的两个结果之差，苯胺点或混合苯胺点浅色透明样品不应大于 0.2℃。

（2）再现性：在不同实验室的不同操作者，使用不同仪器，对同一试样测定所得的两个单一和独立结果之差，对于浅色透明样品，苯胺点不应大于 0.5℃，混合苯胺点不应大于 0.7℃。

2. 修正

（1）用自动仪器记录的实测温度可能不是本标准所定义的试样苯胺点。当对实测温度表示怀疑时，按式（2-35）修正试样苯胺点：

$$X_{c自} = (X_a - A)/B \tag{2-35}$$

式中　$X_{c自}$——修正后用自动仪器所得试样苯胺点，℃；

　　　X_a——用自动仪器所实测的试样苯胺点，℃；

　　　A——温度校正值，℃；

　　　B——常数。

A 和 B 是按下述对每台自动仪器测定得到的。

注：通过协作实验证实，用某些自动仪器得到的观测苯胺点低于本方法的测定结果。当采用较高的试样冷却速度时，用自动仪器测定的结果与本方法测定结果的差值会更大，并随苯胺点升高而增大。

（2）用本方法和自动仪器，在苯胺点处于 43~50℃、60~65℃ 和 75~80℃ 的范围，各取三个或更多试样测定其苯胺点。用最小二乘法，解下述联立方程式，根据式（2-36）和式（2-37）计算常数 A 和 B：

$$\sum(X_a) = NA + B\sum(X_c) \tag{2-36}$$

$$\sum(X_a X_c) = A\sum(X_c) + B\sum(X_c^2) \tag{2-37}$$

式中　$\sum(X_a)$——用自动仪器测得的所有试样的苯胺点总和；

　　　$\sum(X_c)$——用本方法测得的所有试样的苯胺点总和；

$\Sigma(X_c^2)$——用本方法测得的所有试样苯胺点的平方和；

$\Sigma(X_a X_c)$——每个试样用自动仪器测得的苯胺点和按本方法测得的苯胺点乘积的总和；

N——试样数目。

注：在五个实验室、对五个苯胺点范围为 34~87℃ 的试样进行协作实验所得的实验结果示例中，经计算求得常数 A 和 B 分别为 0.79 和 0.991。虽然本方法规定最少用九个试样进行测定，如果采用更多试样的实验数据，那么由上述方程得到的常数 A 和 B 其精度可有所提高。

七、注意事项

（1）苯胺纯度对测定结果影响很大，测定时必须用新蒸馏的干燥苯胺，以免含氧化物或水而影响测定结果。实验证明，苯胺如果含水，可使苯胺点升高 5~6℃。

（2）试油必须是中性的，否则，因苯胺本身为强碱性而影响测定结果。有时因苯胺与油中酸性物质的反应产物本身是浑浊的，导致看不清苯胺点。

（3）仪器安装和操作中应特别注意：温度计水银球中部必须位于苯胺与试油层的分界线上，必须等体积量取试样及苯胺。升温、冷却速度不能过快，否则，均会影响测定结果。

实验十六　石油产品的酸度和酸值测定

油品的酸值和汽油、煤油、柴油的酸度都是表示油品中酸性化合物多寡的质量指标。油品中的酸性化合物主要是环烷酸类、油品因储存氧化生成的酸性产物，有的油品中还含有少量的脂肪酸和无机酸。

所谓酸度是指中和 100mL 轻质石油产品所需氢氧化钾的毫克数，以 mg/100mL 表示。

所谓酸值是指中和 1g 油品所需要的氢氧化钾毫克数，以 mgKOH/g 表示。

油品酸度和酸值的大小可以大致判断油品精制的深度和油品的腐蚀性。对于润滑油可以从酸值变化来判断其变质的程度。

酸度、酸值（包括含乙基液汽油酸度）的测定，都是用沸腾乙醇抽出试样中的有机酸，然后用氢氧化钾乙醇溶液进行滴定。根据油品颜色不同选择酚酞（浅色油品）、碱性蓝 6B（深色油品）、溴麝香草酚蓝（含乙基液汽油）等不同指示剂。

轻质石油产品酸度测定法

一、实验目的

（1）熟悉并了解石油产品酸度测定的意义；
（2）学习并掌握石油产品酸度的测定方法。

二、实验原理

本方法适用于测定轻质石油产品，如汽油、石脑油、煤油、柴油及喷气燃料的酸度。用乙醇将轻质石油产品中的酸性物抽出，在有颜色指示剂条件下，用氢氧化钾乙醇标准滴定溶液滴定。以 mg/100mL 为单位表示酸度。

三、实验仪器与试剂

1. 实验仪器

（1）锥形烧瓶：250mL。

（2）球形回流冷凝管：长约 300mm。

（3）移液管：25mL、50mL 和 100mL。

（4）微量滴定管：2mL，分度值为 0.02mL；3mL，分度值为 0.02mL；5mL，分度值为 0.05mL。

（5）电热板或水浴。

（6）天平：可精确称量至 0.001g。

2. 实验试剂

（1）95%乙醇：分析纯。氢氧化钾：分析纯。

（2）盐酸：分析纯，符合《化学试剂盐酸》（GB/T 622—2006）要求。

（3）碱性蓝 6B：配制碱性蓝 6B 指示剂溶液。配制溶液时，称取 1g 碱性蓝 6B，精确至 0.01g。然后将其加入 50mL 煮沸的 95%乙醇中，并在水浴中回流 1h，冷却后过滤。必要时，为了使指示剂变色更灵敏，需要在煮热的澄清滤液中用 0.05mol/L 氢氧化钾乙醇标准滴定溶液或 0.05mol/L 盐酸标准滴定溶液中和，直至加入 1~2 滴 0.05mol/L 氢氧化钾乙醇标准滴定溶液能使碱性蓝 6B 溶液从蓝色变成浅红色而在冷却后又能恢复成蓝色。

（4）甲酚红：配制甲酚红指示剂溶液。称取 0.1g 甲酚红，精确至 0.001g。研细，溶于 100mL 95%乙醇中，并在水浴中煮沸回流 5min，趁热用 0.05mol/L 氢氧化钾乙醇标准滴定溶液滴定至甲酚红溶液由橘红色变为深红色，而在冷却后又能恢复成橘红色为止。

（5）酚酞：1%酚酞乙醇溶液。酚酞指示剂适用于测定无色的石油产品或滴定混合物中容易看出浅玫瑰红色的石油产品。

四、实验步骤

（1）配置标准滴定溶液：0.05mol/L 氢氧化钾乙醇标准滴定溶液的配制和标定按《石油产品试验用试剂溶液配制方法》（SH/T 0079—1991）中的 4.6 进行。0.05mol/L 盐酸标准滴定溶液的配制和标定按 SH/T 0079—1991 中的 4.1 进行。

（2）取样：柴油试样量为 20mL，其他样品试样量均为 50mL。在（20±3）℃下量取试样。除非另有规定，取样应按照《石油液体手工取样法》（GB/T 4756—2015）或《石油液体管线自动取样法》（GB/T 27867—2011）进行。取样量不超过样品容器的 3/4。

（3）95%乙醇—指示剂溶液混合物的制备：

① 取 95%乙醇 50mL 注入清洁无水的锥形瓶内，用装有球形回流冷凝管的塞子塞住锥形瓶后，将 95%乙醇煮沸 5min。采用碱性蓝 6B 或甲酚红作指示剂按步骤②操作，采用酚酞作指示剂按步骤③操作。

② 在煮沸的 95%乙醇中加入 0.5mL 碱性蓝 6B 指示剂溶液或甲酚红指示剂溶液后，在不断振荡下趁热用 0.05mol/L 氢氧化钾乙醇标准滴定溶液中和，直至锥形瓶中的混合物碱性

蓝 6B 指示剂溶液从蓝色变为浅红色，或甲酚红指示剂溶液从黄色变为紫红色。

③ 在煮沸过的 95%乙醇中加入数滴酚酞指示剂溶液，在不断振荡下趁热用 0.05mol/L 氢氧化钾乙醇标准滴定溶液中和，直至锥形瓶中的混合物呈现浅玫瑰红色。

（4）酸度的测定。

① 将试样加入盛有经处理的 95%乙醇—指示剂溶液混合物的锥形瓶中，在锥形瓶上装上球形回流冷凝管，将锥形瓶中的混合物煮沸 5min。若采用碱性蓝 6B 或甲酚红作指示剂按步骤（3）②操作，若采用酚酞作指示剂按步骤（3）③操作。

② 对经步骤（3）①处理的试样混合物，此时应再对应加入 0.5mL 的碱性蓝 6B 指示剂溶液或 0.5mL 甲酚红指示剂溶液，在不断摇动下趁热用 0.05mol/L 氢氧化钾乙醇标准滴定溶液滴定，直至 95%乙醇层的碱性蓝 6B 指示剂溶液从蓝色变为浅红色，或甲酚红指示剂溶液从黄色变为紫红色。

（4）滴定时间：在每次滴定过程中，从对锥形瓶停止加热到滴定达到终点，所经过的时间不应超过 3min。

五、实验数据记录及处理

1. 计算

试样的酸度 $X(\mathrm{mg}/100\mathrm{mL})$ 按式（2-38）计算：

$$X = \frac{56.1CV}{V_1} \times 100 \tag{2-38}$$

式中　C——氢氧化钾乙醇标准滴定溶液的浓度，mol/L；
　　　V——滴定时消耗 0.05mol/L 氢氧化钾乙醇标准滴定溶液的体积，mL；
　　　V_1——试样的体积，mL；
　　　100——酸度换算成 100mL 的常数。
　　　56.1——氢氧化钾的摩尔质量，g/mol。

取两个重复测定结果的算术平均值作为实验结果，结果精确到 0.01mg/100mL。

2. 精密度

（1）概述。按下述规定判断实验结果的可靠性（95%的置信水平）。

注：本标准精密度适用于所有能够准确判定指示剂终点颜色变化的轻质石油产品。

（2）重复性 r。在同一实验室，由同一操作者，使用同一仪器，按照相同实验方法，对同一试样连续测定所得的两个结果之差不应超过表 2-28 的要求。

表 2-28　精密度要求　　　　　　　　　　　　　　单位：mg KOH/100mL

酸度	重复性	再现性
<0.5	0.08	0.20
0.5~1.0	0.10	0.25
>1.0	0.20	—

（3）再现性 R。在不同实验室，由不同操作者，使用不同的仪器，按照相同的实验方法，对同一试样测定所得的两个单一、独立的结果之差不应超过表 2-28 的要求。

石油产品酸值测定法

一、实验目的

(1) 熟悉并了解石油产品酸值测定的意义；
(2) 学习并掌握石油产品酸值的测定方法。

二、实验原理

本方法用沸腾乙醇抽出试样的酸性成分，然后用氢氧化钾乙醇溶液进行滴定。中和 1g 石油产品所需的氢氧化钾毫克数称为酸值。

三、实验仪器与试剂

除了需要量筒和酚酞指示剂外，其余与轻质石油产品酸度测定法相同。

四、实验步骤

(1) 用清洁、干燥的锥形烧瓶称取试样 8~10g，称准至 0.2g。

(2) 在另一清洁无水的锥形烧瓶中，加入 95% 乙醇 50mL，装上回流冷凝管。在不断摇动下，将 95% 乙醇煮沸 5min，除去溶解在 95% 乙醇内的二氧化碳。

在煮沸过的 95% 乙醇中加入 0.5mL 碱性蓝 6B（或甲酚红）溶液，趁热用 0.05mol/L 氢氧化钾乙醇溶液中和，直至溶液由蓝色变成浅红色（或由黄色变成紫红色）。

(3) 将中和过的 95% 乙醇注入装有已称好试样的锥形烧瓶中，并装上回流冷凝管。在不断摇动下，将溶液煮沸 5min。在煮沸过的混合液中，加入 0.5mL 的碱性蓝 6B（或甲酚红）溶液，趁热用 0.05mol/L 氢氧化钾乙醇溶液滴定，直至乙醇层由蓝色变成浅红色（或由黄色变成紫红色）。

对于在滴定终点不能呈现浅红色（或紫红色）的试样，允许滴定达到混合液的原有颜色开始明显地改变时作为终点。

在每次滴定过程中，自锥形烧瓶停止加热到滴定达到终点所经过的时间不应超过 3min。

五、实验数据记录及处理

1. 计算

试样的酸值 X，用 mgKOH/g 的数值表示，按式(2-39)、式(2-40) 计算：

$$X = \frac{V \cdot T}{G} \tag{2-39}$$

$$T = 56.1 C(KOH) \tag{2-40}$$

式中 V——滴定时所消耗氢氧化钾乙醇溶液的体积，mL；
G——试样的质量，g；
T——氢氧化钾乙醇溶液的滴定度，mg KOH/mL；
$C(KOH)$——氢氧化钾乙醇溶液的摩尔浓度，mol/L。
56.1——氢氧化钾的摩尔质量，g/mol。

2. 精密度

（1）重复性。同一操作者重复测定两个结果间的之差，不应超过表2-29所规定数值。

表2-29 重复性要求

范围/(mg KOH/g)	重复性/(mg KOH/g)
0.00~0.1	0.02
0.1~0.5	0.05
0.5~1.0	0.07
1.0~2.0	0.10

（2）再现性。由两个实验室提出的两个结果之差，不应超过表2-30所规定数值。

表2-30 再现性要求

范围/(mg KOH/g)	再现性
0.00~0.1	0.04
0.1~0.5	0.10
0.5~1.0	平均值的15%
1.0~2.0	平均值的15%

3. 报告

取重复测定两个结果的算术平均值作为试油的酸值。

六、相关测定方法简介

对于能够溶解于甲苯和异丙醇混合溶剂的石油产品和润滑剂中酸性组分含量的测定，可以采用《石油产品和润滑剂酸值测定法 电位滴定法》（GB/T 7304—2014）规定的方法进行测定。该方法先将试样溶解在含有少量水的甲苯和异丙醇混合溶剂中，以氢氧化钾异丙醇标准溶液为滴定剂进行电位滴定。

对于喷气燃料的总酸值，可以采用《喷气燃料总酸值测定法》（GB/T 12574—2023）进行测定。

七、酸度和酸值测定的影响因素

（1）乙醇对油中酸性物质抽提的完全程度对测定结果影响很大。采用95%乙醇作为溶剂是因为乙醇对有机酸的溶解性好，而它所含5%的水分对油中可能存在的少量无机酸溶解度比乙醇高，因而不采用无水乙醇作溶剂。由于只有沸腾乙醇才能把酸抽提出来，所以回流时间应从开始出现第一滴回流液才开始计时，否则结果偏低。

（2）CO_2在乙醇中溶解度比在水中大3倍，因此，乙醇煮沸5min也是为了赶走CO_2。由于乙醇层在油层上面，在滴定过程中，容易接触空气中的CO_2，而碱性蓝6B对CO_2十分敏感，如果滴定时间过长，因CO_2重新溶入溶液内，而使结果偏高。所以，回流后的试样必须趁热迅速滴定，并应避免对准瓶口呼吸，以免造成误差。

（3）量筒和试油体积都随温度变化，取样时试样温度必须保持在（20±3）℃以内。

（4）指示剂加入量不能超过规定，以免引起较大误差。因为所用的碱性蓝 6B 和酚酞都有弱酸性，同时量多也使变色缓慢。

（5）滴定终点判断：碱性蓝 6B 为指示剂时，以蓝紫色消失而刚出现全红色为终点。酚酞为指示剂，以出现浅红玫瑰色为终点。

（6）乙醇用以下方法精制：将 1.5g 硝酸银溶于 3mL 蒸馏水中，将此溶液倒入 1000mL 的 95% 乙醇中，摇动几分钟；另取 3g KOH 溶于 10~15mL 乙醇（必要时可加热），将此溶液亦倒入乙醇中，猛烈摇动 2min，有黑色沉淀产生，将此乙醇静置 10~15min 后过滤，取清液蒸馏，切取 78℃ 时的蒸出物备用。

实验十七　石油产品水溶性酸及碱测定法

一、实验目的

（1）熟悉并了解石油产品水溶性酸与碱测定的意义；
（2）学习并掌握石油产品水溶性酸与碱测定的方法。

二、实验原理

所谓石油产品水溶性酸与碱，是指在加工和储运过程中带进石油产品内的可溶于水的矿物酸、碱。

水溶性酸主要为硫酸及其衍生物，包括磺酸和酸性硫酸酯；水溶性碱主要为苛性钠和碳酸钠。它们多是酸碱精制加工时，清除不净的残余物。这些酸、碱的存在都会腐蚀与其接触的金属部件，尤其是水溶性酸，几乎对所有金属都有强烈的腐蚀作用。汽油中若有水溶性碱，则在使用中与铝制零件生成氢氧化铝的胶体物质，从而堵塞油路、滤清器及油嘴。

此外，油品中水溶性酸、碱的存在，还会促进油品老化。因为水溶性酸、碱可与大气中的水分、氧气相互作用，在受热的情况下，久而久之就会引起油品氧化、胶化及分解。因此，石油产品中是不应存在水溶性酸、碱的。

目前实施的《石油产品水溶性酸及碱测定法》（GB/T 259—1988）是一个在石油产品中使用较为广泛的质量控制指标测定法，粗略统计，约有 70 种产品用它作为控制产品腐蚀性的标准之一。

本方法采用定性方法检验液体石油产品、添加剂、润滑脂、石蜡、地蜡及含蜡组分的水溶性酸或水溶性碱。用蒸馏水或乙醇水溶液抽提试样中的水溶性酸和碱，然后分别用甲基橙或酚酞作为指示剂检查抽出液颜色的变化情况，或用酸度计测定抽提物的 pH 值，以判断有无水溶性酸或碱。

三、实验仪器与试剂

1. 实验仪器

（1）分液漏斗：250~500mL。
（2）试管：直径 15~20mm，高度 140~150mm，用无色玻璃制造。

（3）电热板及水浴。
（4）锥形烧瓶：250mL 和 100mL。
（5）漏斗：普通玻璃制造。
（6）量筒：25mL、50mL 和 100mL。
（7）酸度计：具有玻璃—氯化银电极（或玻璃—甘汞电极），精度为 pH≤0.01。
（8）瓷蒸发皿。

2. 实验试剂

（1）甲基橙指示剂：配成质量分数为 0.02% 的甲基橙水溶液。
（2）酚酞指示剂：配成质量分数为 1% 的酚酞乙醇溶液。
（3）95% 乙醇：分析纯。

3. 其他材料

（1）滤纸：工业滤纸。
（2）溶剂油：符合《橡胶工业用溶剂油》（SH 0004—1990）的规定。
（3）蒸馏水：符合《分析实验室用水规格和试验方法》（GB 6682—2008）中的三级水规定。

四、实验步骤

1. 试样的准备

（1）将试样置入玻璃瓶中，不超过其容积的 3/4，摇动 5min。黏稠的或石蜡试样应预先加热至 50~60℃ 再摇动。
（2）当试样为润滑脂时，用刮刀将试样的表层（3~5mm）刮掉，然后，至少在不靠近容器壁的三处，取约等量的试样置入瓷蒸发皿，并小心地用玻璃棒搅匀。
（3）95% 乙醇必须用甲基橙和酚酞指示剂，或酸度计检验，呈中性后方可使用。

2. 操作步骤

（1）当检验液体石油产品时，将 50mL 蒸馏水放入分液漏斗，加热至 50~60℃。对轻质石油产品，如汽油和溶剂油等均不加热。

对 50℃ 运动黏度小于 75mm^2/s 的石油产品，应预先在室温下与 50mL 汽油混合，然后，加入 50mL 加热至 50~60℃ 的蒸馏水。

将分液漏斗中的实验溶液，轻轻地摇动 5min，不允许乳化，放出澄清后下部的水层，经滤纸过滤后，滤入锥形烧瓶中。

（2）当检验润滑脂、石蜡、地蜡和含蜡组分时，取 50g 预先熔化好的试样，精确至 0.01g。将其置于瓷蒸发皿或锥形烧瓶中，然后注入 50mL 蒸馏水，并煮沸至完全熔化。

冷却至室温后，小心地将下部水层倒入有滤纸的漏斗中，滤入锥形烧瓶。如果是已凝固的试样（如石蜡和地蜡等），则事先用玻璃棒刺破蜡层。

（3）当检验添加剂产品时，向分液漏斗中注入 10mL 试样和 40mL 溶剂油，再加入 50mL 加热至 50~60℃ 的蒸馏水，将分液漏斗摇动 5min，澄清后分出下部水层，经有滤纸的漏斗，滤入锥形烧瓶。

（4）若当石油产品用水混合，即用水抽提水溶性酸或碱，产生乳化现象，则用 50~

60℃的1∶1的95%乙醇水溶液代替蒸馏水处理，以后的步骤按（1）或（3）进行。

注：当检验柴油、碱洗润滑油、含添加剂润滑油和粗制的残留石油产品时，遇到试样的水抽出液对酚酞呈现碱性反应（可能由皂化物发生水解作用引起）时，也可按本步骤进行实验。

（5）将以上（1）、（2）、（3）或（4）步骤中所得抽提物，用酸度计或指示剂测定水溶性酸或碱。

① 用酸度计测定水溶性酸或碱。向烧杯中注入30~50mL抽提物，电极浸入深度为10~12mm，按酸度计使用要求测定pH值。根据表2-31确定试样抽提物水溶液或乙醇水溶液中有无水溶性酸或碱。

表2-31 试样有无水溶性酸碱的评定标准

石油产品水（或乙醇水溶液）抽提物特性	pH值
酸性	<4.5
弱酸性	4.5~5.0
无水溶性酸或碱	>5.0~9.0
弱碱性	>9.0~10.0
碱性	>10.0

② 用指示剂测定水溶性酸或碱。向两个试管中分别放1~2mL抽提物，在第一支试管中，加入2滴甲基橙溶液，并将它与装有相同体积蒸馏水和甲基橙溶液的第三支试管相比较。如果抽提物呈玫瑰色，则表示所测试样里有水溶性酸存在。往第二个抽提物试管中加入3滴酚酞溶液。如果溶液呈玫瑰色或红色时，则表示有水溶性碱存在。当抽提物用甲基橙或酚酞为指示剂，没有呈现玫瑰色或红色时，则认为没有水溶性酸或碱。

③ 当对石油产品质量评价出现不一致时，则水溶性酸或碱的仲裁实验按用酸度计测定水溶性酸或碱。

五、实验数据记录与处理

精密度：（1）本精密度规定仅适用于酸度计法。（2）同一操作者所提出的两个结果之差，pH值不应大于0.05。

取重复测定的两个pH值的算术平均值作为实验结果。

六、注意事项

（1）实验所用之蒸馏水或溶剂均必须先经检验为中性。

（2）方法中说明某些油品在实验中由于乳化等，采用不同溶剂稀释、加热等方法，将油中水溶性酸碱分离出来，溶入水中以供鉴定。但应注意，无论哪种方法，试油和蒸馏水的体积必须相同。

实验十八　石油产品和添加剂机械杂质测定法（重量法）

一、实验目的

（1）熟悉并了解石油产品机械杂质测定的意义；
（2）学习并掌握石油产品机械杂质的测定方法。

二、实验原理

称取一定量的试样，将其溶于所用的溶剂中，用已恒重的滤纸或微孔玻璃过滤器过滤，被留在滤纸或微孔玻璃过滤器上的杂质即机械杂质。

本标准适用于测定石油、液态石油产品和添加剂中的机械杂质。本方法不适用于润滑脂和沥青。

三、实验仪器与试剂

1. 实验仪器

（1）烧杯或宽颈的锥形烧瓶。
（2）称量瓶。
（3）玻璃漏斗。
（4）保温漏斗。
（5）洗瓶。
（6）玻璃棒。
（7）吸滤瓶。
（8）水浴或电热板。
（9）真空泵或水流泵：保证残压不大于 $1.33 \times 10^3 Pa$。
（10）干燥器。
（11）烘箱：可加热到（105±2）℃。
（12）红外线灯。
（13）微孔玻璃过滤器：漏斗式，P10（孔径为 4~10μm），直径 40mm、60mm、90mm。
（14）分析天平：感量 0.1mg。

2. 实验试剂

（1）95%乙醇：化学纯。
（2）乙醚：化学纯。
（3）甲苯：化学纯。
（4）乙醇—甲苯混合溶剂：用95%乙醇和甲苯按体积比1∶4配成。
（5）乙醇—乙醚混合溶剂：用95%乙醇和乙醚按体积比4∶1配成。

注：以上所有试剂在使用前要用与实验时采用的型号相同的滤纸或微孔玻璃过滤器过滤，然后作溶剂用。实验时允许采用不低于标准规定的试剂。

(6）定量滤纸：中速，直径 11cm，符合《化学分析滤纸》（GB/T 1914—2017）的规定。

(7）溶剂油：符合《橡胶工业用溶剂油》（SH 0004—1990）的规定。

注：溶剂油在使用前要用与实验时采用的型号相同的滤纸或微孔玻璃过滤器过滤，然后作溶剂用。

四、实验步骤

(1）将容器中的试样（不超过容器容积的 3/4），摇动 5min，使之混合均匀。石蜡基和黏稠的石油产品应预先加热到 40℃～80℃，润滑油添加剂加热至 70℃～80℃，然后用玻璃棒仔细搅拌 5min。

(2）实验用滤纸应放在清洁干燥的称量瓶中称量。

(3）带滤纸的称量瓶或微孔玻璃过滤器放在烘箱内，在（105±2）℃下干燥不少于 45min，然后放在干燥器中冷却 30min（称量瓶的瓶盖应盖上），进行称量，称准至 0.0002g。重复干燥（第二次干燥时间只需 30min）及称量，直至连续两次称量间的差数不超过 0.0004g。

(4）按表 2-32 的要求将混合好的试样加入烧杯内并称量（至少能容纳稀释试样后的总体积），并用加热溶剂（溶剂油或甲苯）按比例稀释。

表 2-32　不同试样的称取量和稀释比例

试样		样品质量/g	称准至/g	溶剂体积与样品质量的比例
石油产品	100℃运动黏度不大于 20mm^2/s	100	0.05	2～4
	100℃运动黏度大于 20mm^2/s	50	0.01	4～6
石油（含机械杂质）	不大于1%（质量分数）	50	0.01	5～10
锅炉燃料 （含机械杂质）	不大于1%（质量分数）	25	0.01	5～10
	大于1%（质量分数）	10	0.01	≤15
添加剂		10	0.01	≤15

(5）在测定石油、深色石油产品、加添加剂的润滑油和添加剂中的机械杂质时，采用甲苯作为溶剂。

溶解试样的溶剂油或甲苯，应预先放在水浴内分别加热至 40℃和 80℃，但不应使溶剂沸腾。

(6）将恒重好的滤纸放在玻璃漏斗中。放滤纸的漏斗或已恒重的微孔玻璃过滤器用支架固定，趁热过滤试样溶液。溶液沿着玻璃棒流入漏斗（滤纸）或微孔玻璃过滤器，过滤时溶液高度不应超过漏斗（滤纸）或微孔玻璃过滤器的 3/4。烧杯上的残留物用热的溶剂油（或甲苯）冲洗后倒入漏斗（滤纸）或微孔玻璃过滤器，黏附在烧杯壁上的试样残渣和固体杂质要用玻璃棒使其松动，并用加热到 40℃的溶剂油（或加热到 80℃的甲苯）冲洗到滤纸或微孔玻璃过滤器上。重复冲洗烧杯直到将溶液滴在滤纸上，蒸发之后不再留下油斑。

(7）若试样含水较难过滤时，将试样溶液静置 10～20min，然后将烧杯内沉淀物上层的溶剂油（或甲苯）溶液小心地倒入漏斗或微孔玻璃过滤器内。此后向烧杯的沉淀物中加入（5～15）倍（按体积）的乙醇—乙醚混合溶剂稀释，再进行过滤，烧杯中的残渣要用乙醇—乙醚混合溶剂和热的溶剂油（或甲苯）彻底冲洗到滤纸或微孔玻璃过滤器内。

（8）在测定难于过滤的试样时，允许使用减压吸滤和保温漏斗或红外线灯泡保温等措施。减压过滤时，可用橡皮塞把过滤漏斗安装在吸滤瓶上，然后将吸滤瓶与真空泵连接。滤纸用溶剂润湿，使它完全与漏斗壁紧贴，倒入的溶液高度不应超过滤纸或微孔玻璃过滤器的3/4，当前一部分溶液完全流尽后，再加入新的一部分溶液。抽滤速度应控制在使滤液成滴状，而不允许成线状。

热过滤时不应使所过滤的溶液沸腾，溶剂油溶液加热不超过40℃，甲苯溶液加热不超过80℃。

注：① 新的微孔玻璃过滤器在使用前需用铬酸洗液处理，然后以蒸馏水冲洗干净，置于干燥箱内干燥后备用。在实验结束后，应放在铬酸洗液中浸泡4~5h后再用蒸馏水洗净，干燥后放入干燥器内备用。

② 当实验中采用微孔玻璃过滤器与滤纸所测结果发生争议时，以用滤纸过滤的测定结果为准。

（9）在过滤结束后，对带有沉淀物的滤纸或微孔玻璃过滤器，用装有不超过40℃溶剂油的洗瓶进行清洗，直至滤纸或微孔玻璃过滤器上不再留有试样痕迹，而且使滤出的溶剂完全透明和无色。

在测定石油、深色石油产品、带添加剂的润滑油和添加剂中的机械杂质时，采用不超过80℃的甲苯冲洗滤纸或微孔玻璃过滤器。

测定添加剂或带添加剂的润滑油中的机械杂质时，若滤纸或微孔玻璃过滤器中有不溶于溶剂油和甲苯的残渣，可用加热到60℃的乙醇—甲苯混合溶剂补充冲洗。

（10）在测定石油、添加剂和带添加剂的润滑油中的机械杂质时，允许使用热蒸馏水冲洗残渣。对带有沉淀的滤纸或微孔玻璃过滤器用溶剂冲洗后，在空气中干燥10~15min，然后用200~300mL加热到80℃的蒸馏水冲洗。

若测定石油中的机械杂质时，应用热水冲洗到滤液中没有氯离子为止，并要用0.1mol/L的硝酸银溶液检验滤液中氯离子的存在，滤液不浑浊即无氯离子。

（11）带有沉淀物的滤纸或微孔玻璃过滤器冲洗完毕后，将带有沉淀物的滤纸放入过滤前对应的称量瓶中，将敞口称量瓶或微孔玻璃过滤器放在（105±2）℃的烘箱内干燥不少于45min。然后放在干燥器中冷却30min（称量瓶的瓶盖应盖上），进行称量，称准至0.0002g。重复干燥（第二次干燥只需30min）及称量的操作，直至两次连续称量间的差数不超过0.0004g。

（12）如果机械杂质的含量不超过石油产品或添加剂的技术标准的要求范围，第二次干燥及称量处理可以省略。

（13）实验时，应同时进行溶剂的空白实验补正。

五、实验数据记录及处理

1. 实验数据计算

试样中机械杂质的含量 ω（质量分数）按下式计算：

$$\omega = \frac{(m_2-m_1)-(m_4-m_3)}{m} \times 100\% \tag{2-41}$$

式中 m_1——滤纸和称量瓶的质量（或微孔玻璃滤器的质量），g；
m_2——带有机械杂质的滤纸和称量瓶的质量（或带有机械杂质的微孔玻璃滤器的质量），g；
m_3——空白实验过滤前滤纸和称量瓶的质量（或微孔玻璃滤器的质量），g；
m_4——空白实验过滤后滤纸和称量瓶的质量（或微孔玻璃滤器的质量），g；
m——试样的质量，g。

2. 精密度要求

按下述规定判断测定结果的可靠性（95%置信水平）。

（1）重复性：在同一实验室同一操作者使用同一台仪器，对同一试样连续测定的两个实验结果之差，不应超过表 2-33 所规定的数值。

（2）再现性：不同操作者在不同实验时，使用不同仪器，对同一测定试样测得两个单一、独立的实验结果之差，不应超过表 2-33 所规定的数值。

表 2-33 机械杂质测定实验的重复性与再现性

机械杂质/%（质量分数）	重复性/%（质量分数）	再现性/%（质量分数）
≤0.01	0.0025	0.005
>0.01~0.1	0.005	0.01
>0.1~1.0	0.01	0.02
>1.0	0.10	0.20

3. 报告

（1）重复测定的两个结果的算术平均值作为实验结果。
（2）机械杂质的含量在 0.005%（包括 0.005%）以下时，则可认为无机械杂质。

实验十九　石油产品灰分测定法

一、实验目的

（1）通过实验了解油品灰分的定义以及油品灰分对油品生产和使用的重要性；
（2）掌握油品灰分的测定方法和操作步骤；
（3）熟练掌握油品灰分测定过程中所涉及的仪器和设备的使用方法。

二、基本原理

本方法适用于测定石油产品的灰分，不适用于含有生灰添加剂（包括某些含磷化合物的添加剂）的石油产品，也不适用于含铅的润滑油和用过的发动机曲轴箱油。

本方法参照采用国际标准《石油产品灰分测定法》（ISO 6245—2003）。用无灰滤纸作引火芯，点燃放在一个适当容器中的试样，使其燃烧到只剩下灰分和残留的炭。碳质残余物再在 775℃ 高温炉中加热、转化成灰分，然后冷却并称量。

石油产品的灰分是由不挥发的微量金属元素形成的，石油产品燃烧后剩下的炭质残余物中还含有不易燃烧的炭，在高温炉中将不易燃烧的炭彻底氧化掉，成为灰分。灰分是石油产品中微量元素的氧化物，高温氧化的过程中会有部分金属挥发掉。石油产品灰分的多少取决于其中微量金属元素含量的高低，在一定程度上也与金属元素的种类有关。

三、实验仪器与试剂

1. 实验仪器

（1）瓷坩埚或瓷蒸发皿：50mL 和 90~120mL。瓷坩埚或瓷蒸发皿可以使用至其里面的釉质损坏为止。

（2）电热板或电炉。

（3）高温炉：能加热到恒定于（775±25）℃高温，用温度调节器调节炉中温度（高温炉温度的测量，可用热电偶和刻度为 1000℃ 的毫伏计来进行）。热电偶最好放在炉后壁的孔中，热电偶焊头置于炉膛的中心处。

（4）干燥器：不装干燥剂。

（5）定量滤纸：直径 9cm。

2. 实验试剂

盐酸：化学纯，配成 1：4（体积比）的水溶液。

四、准备工作

（1）将（1：4）稀盐酸注入所用的坩埚（或瓷蒸发皿）内煮沸几分钟，用蒸馏水洗涤。烘干后放在高温炉中，在（775±25）℃温度下至少煅烧 10min，取出在空气中冷却 3min，移入干燥器中。冷却至室温后，进行称量，称准至 0.0001g。

一个干燥器中放一对坩埚为宜。放一对 50mL 的坩埚，一般冷却 30~45min 可达到室温。坩埚一经冷却就应进行称量。所有称量，都应当让其在干燥器内停留同样长的时间以后才进行。

重复进行煅烧、冷却及称量，直至连续两次称量间的差数不大于 0.0005g。

（2）取样前将瓶中试样（其量不得多于该瓶容积的 3/4）剧烈摇均匀，要确保所取试样有真正的代表性。对黏稠的含蜡试样需预先加热至 50~60℃，再摇均匀后取样。

五、实验步骤

（1）将已恒重的坩埚称准至 0.01g，并以同样的准确度称入试样。所取试样量的多少视试样灰分含量的大小而定，以所取试样能足以生成 20mg 的灰分为限，但最多不要超过 100g。

如果试样较多，一个坩埚盛不下时，需分两次燃烧试样，这时可用一个合适的试样容器，从其最初质量与最后质量之差来求得试样用量。

根据情况，一般可取 25g 试样装在 50mL 的坩埚内进行实验，但对实验结果有争议时，应按上述的试样量进行实验。

（2）用一张定量滤纸叠成两折，成圆锥状，用剪刀把距尖端 5~10mm 之顶端部分剪下来，放入坩埚内。把卷成圆锥状的滤纸（引火芯）安稳地立插在坩埚内的油中，将大部分试样表面盖住。

（3）测定含水的试样时，将装有试样和引火芯的坩埚放入电热板上，缓慢加热，使其不溅出，让水慢慢蒸发，直到浸透试样的滤纸可以燃着。

引火芯浸透试样后，点火燃烧。试样的燃烧应进行到获得干性炭化残渣时为止。燃烧时，火焰高度维持在 10cm 左右。

对黏稠的或含蜡的试样，一边燃烧一边在电炉上加热。燃烧开始后，调整加热强度，使试样不至溅出，亦不从坩埚边缘溢出。

（4）试样燃烧之后，将盛有残渣的坩埚移入加热到 (775±25)℃ 的高温炉中。应注意防止突然爆燃、冲出。可能时，可把坩埚先移入炉中，或于温度较低时移入炉中，其后才升温至 (775±25)℃，在此温度下保持 1.5~2h，直到残渣完全成为灰烬。

（5）残渣成灰后，将坩埚放在空气中冷却 3min，然后在干燥器内冷却至室温后进行称量，称准至 0.0001g。再移入高温炉中煅烧 20~30min。重复进行煅烧、冷却及称量，直至连续两次称量间的差数不大于 0.0005g。

六、实验数据记录及处理

1. 实验数据处理

试样的灰分 $w_{灰}$（质量分数）按式(2-42) 计算：

$$w_{灰} = \frac{G_1}{G} \tag{2-42}$$

式中　G_1——灰分的质量，g；
　　　G——试样的质量，g。

2. 精密度

用下列数值来判断测定结果的可靠性（95%置信水平）。

（1）重复性。同一操作者测得的两个结果之差不应超过表 2-34 中规定的数值。

表 2-34　灰分测定的重复性规定

灰分的质量分数×10²	重复性
0.001 以下	0.002
0.001~0.079	0.003
0.080~0.180	0.007
0.180 以上	0.01

（2）再现性。由两个实验室提供的两个结果之差，不应超过表 2-35 中规定的数值。

表 2-35　灰分测定的再现性规定

灰分的质量分数×10²	重复性
0.001 以下	未定
0.001~0.080	0.005
0.080~0.180	0.024
0.180 以上	未定

取重复测定的两个结果的算术平均值，作为试样的灰分值。

七、注意事项

（1）试油必须充分摇均匀。

（2）必须掌握燃烧速度，以火焰高度不超过 10cm 为限，以防试油飞溅及火焰带走灰分微粒。

（3）试油必须完全燃烧成干性残渣（挥发物全部挥发完毕，无烟）才放入高温炉中，先将坩埚在高温炉门内等片刻，然后放到高温炉中部，以防止未挥发干净的物质突然燃烧的火焰气流将坩埚中的灰分微粒带走。

（4）滤纸折叠安放要严格按照规定进行。

（5）从高温炉中取出坩埚，在空气中冷却 3min 时，应注意防止因人的走动或风吹而使灰分损失。当放在真空干燥器内时，为平衡气压而打开开关时动作应缓慢，以免空气急骤进入干燥器而使坩埚内的灰分飞散。

（6）煅烧、冷却和称量应严格按规定温度和时间进行，否则不易恒量。

八、思考题

（1）试样燃烧时火苗大小对实验结果有何影响？

（2）实验中造成最大实验误差的因素是什么？

实验二十　石油产品残炭测定法（康氏法）

一、实验目的

（1）通过实验了解油品残炭的定义以及油品残炭对油品生产及使用的重要性；

（2）掌握康氏法残炭的测定方法和操作步骤；

（3）熟练掌握康氏法残炭测定仪的使用方法。

富媒体 9　石油产品残炭测定

二、基本原理

将已称重的试样置于坩埚内进行分解蒸馏，其残余物经灼烧一定时间即进行裂化和焦化反应。待反应结束后，将盛有炭质残余物的坩埚置于干燥器内冷却并称重，计算残炭值（以原试样的质量分数表示）。

石油产品的残炭是指石油产品经蒸发和热解后所形成的炭质残余物，它不全部是炭，而是一种会进一步热解变化的焦炭。燃烧器燃料的残炭值可用于粗略地估计燃料在蒸发式的釜型和套管型燃料器中形成沉积物的倾向，因此柴油的残炭值大体上与燃烧室的沉积物多少有对应关系。测定粗柴油的残炭值，对指导粗柴油造气的生产是有用的，而测定原油残渣、气缸油料和重质润滑油的残炭值对指导润滑油生产也是有用的。另外，对于含有灰分生产添加剂的石油产品，其残炭值可能与形成沉积物的倾向无关，并且可能比形成沉积物的相应倾向要高些。因此，测定石油产品的残炭值对于研究其性质具有重要意义。

本实验方法广泛用于测定多种石油产品经蒸发和热解后留下的残炭量。一般用于在常压蒸馏时易部分分解、相对不易挥发的石油产品。对含有能生灰组分的石油产品[用《石油产品灰分测定法》(GB 508—1985)测定]则会得到残炭值偏高的结果，误差的大小取决于所生成灰分的量。下述情况应予注意：

(1) 发动机油：发动机油的残炭值，曾一度被认为能表示发动机在燃烧室中生成炭质沉积物量的指标，但由于许多石油产品中都存在添加剂，所以现在看来这一点是值得怀疑的。例如，有灰分生成的清净添加剂，会增加石油产品的残炭值，但它通常可以减少石油产品生成沉积物的倾向。

(2) 柴油：含有硝酸戊酯的柴油的残炭值偏离。但是，如果对不含硝酸戊酯的柴油，或对准备要调入硝酸戊酯的基础燃料进行实验，则其残炭值与燃烧室沉积物有近似的关系。

(3) 含有灰分生成的添加剂的石油产品，残炭值可能与形成沉积物的倾向无关，而且，可能比形成沉积物的相应倾向要高些。

把已称其质量的试样置于坩埚内进行分解蒸馏。残余物经强烈加热一定时间即进行裂化和焦化反应。在规定的加热时间结束后，将盛有炭质残余物的坩埚置于干燥器内冷却并称其质量，计算残炭值（以原试样的质量分数表示）。

三、实验仪器与试剂

石油产品康氏残炭测定仪如图 2-31 所示。它主要由以下部件组成：

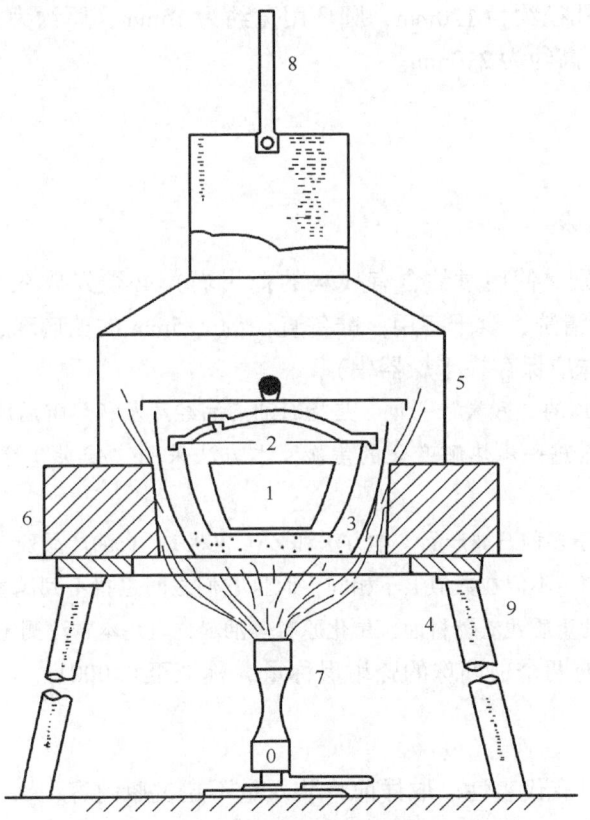

图 2-31　石油产品康氏残炭测定仪

1—矮型瓷坩埚；2—内铁坩埚；3—外铁坩埚；4—镍铬丝三角；5—圆铁罩；6—遮焰体；7—喷灯；8—火桥；9—三角架

（1）瓷坩埚：广口釉面，容量为29~31mL，内径为46~49mm，底部直径不大于25mm，高不大于36mm（也可以用石英坩埚代替瓷坩埚）。

（2）内铁坩埚：带环形凸缘，容量为65~82mL，凸缘的内径为53~57mm，外径为60~67mm，坩埚高37~39mm。带有一个盖子，盖上没有导管而有关闭的垂直孔，盖上水平孔的直径约为6.5mm。此孔必须保持清洁。坩埚的平底外径为30~32mm。

（3）外铁坩埚：顶部外径为78~82mm，高为58~60mm，壁厚约为0.8mm，还有一个合适的铁盖。每次实验之前，在坩埚的底部平铺一层约25mL的干砂，或以放入的干砂量使内铁坩埚的盖顶几乎碰到外铁坩埚的顶盖为准。

（4）遮焰体：空心金属盒或耐火块。可以做成圆形，也可以做成方形。直径或边长为150~175mm，高为32~38mm，中间设置有金属衬里的倒锥形孔，上大下小，孔顶直径为89mm，孔底直径为83mm。

（5）三角架：用直径3mm左右的不锈钢或其他耐热金属丝制成。口的大小能支撑外铁坩埚的底部，使之与热绝缘体的底部处在同一水平面。

（6）圆铁罩：用厚约1mm铁板制成。下段圆筒直径为120~130mm，高为50~53mm；上段圆筒（烟囱）直径为50~56mm，高度为50~60mm；中部有圆锥形过渡段，连接上下两段。圆铁罩总高为125~130mm。另外，在圆铁罩的顶部有一高度为50mm的火桥（用直径3mm左右的镍铬丝或其他耐热金属丝制成），用以控制烟囱上方火焰的高度。

（7）喷灯：口径约为25mm，高约为160mm的米克式强热喷灯。

（8）三角座：内孔径约为120mm，圆环用宽约为15mm，厚约为5mm的不锈钢板制成。支腿直径约为10mm，高约为210mm。

四、准备工作

1. 瓷坩埚和玻璃珠

（1）瓷坩埚（特别是使用过的含有残炭的瓷坩埚）必须先放在（800±20）℃的高温炉中煅烧1.5~2h，然后清洗、烘干备用。准备直径约2.5mm的玻璃珠，清洗、烘干备用（准备好的瓷坩埚和玻璃珠应保存在干燥器中）。

注：① 本方法中所用的"残炭"一词，是指石油产品经蒸发和热解后所形成的炭质残余物。它不全部是炭，而是一种会进一步热解变化的焦炭。本方法采用"残炭"这个词，只是顺从习惯的称呼。

② 本方法广泛应用于多种石油产品。本方法和ZBE 30001《石油产品残炭测定法（兰氏法）》这两种方法所测得的残炭值，不但在数值上不相同，而且它们之间也找不到满意的相互关系。对于一些不容易装入兰氏焦化球的重质残渣燃料油、焦化原料等油料，宜用本方法测定残炭。

（2）将备好的盛有两个玻璃珠的瓷坩埚称量，称准至0.0001g。

2. 试样

所取的试样必须具有代表性。取样前将装入量不超过瓶内容积3/4的试样充分摇动，使其混合均匀。黏稠的或含石蜡的石油产品，应预先加热至50~60℃再进行摇匀。含水的试样应先脱水和过滤，再进行摇匀。

五、实验步骤

（1）在盛有两个直径约 2.5mm 玻璃珠并称过质量的瓷坩埚内称取（10±0.5）g 无水、无悬浮物的试样。试样量需根据预计的残炭生成量按表 2-36 称取，并称准至 0.005g。

表 2-36 康氏法残炭测定取样要求

预计残炭质量分数/%	试样量/g
<5	10±0.5
5~15	5±0.5
>15	3±0.1

如果出现试样沸腾溢出，需要首先把试样量减少到 5g，如果还不行，再次减至 3g 以解决这个困难。

注：10%蒸余物的试样量均取（10±0.5）g。

将盛有试样的瓷坩埚放入内铁坩埚的中央。在外铁坩埚内铺平砂子，将内铁坩埚放在外铁坩埚的正中。盖好内、外铁坩埚的盖子。外铁坩埚要盖得松一些，以便加热生成的油蒸气容易逸出。

（2）参照图 2-31 安装仪器。首先将镍铬丝三角架放到合适的支架（或支环）上，将遮焰体放在镍铬三角架上，然后将上述准备好的全套坩埚放在镍铬丝三角架上，必须使外铁坩埚放在遮焰体的正中心（外铁坩埚在遮焰体内不应倾斜）。全套坩埚用圆铁罩罩上，以使反应过程中受热均匀。

（3）置灯头于外铁坩埚底下约 50mm 处，进行强火加热（但不冒烟），使预点火阶段控制在（10±1.5）min 内（时间短则可能由于蒸馏开始得过快而容易引起发泡或火焰太高）。当罩顶出现油烟时，立即移动或倾斜喷灯，令火焰触及坩埚的边缘，使油蒸气着火。然后暂时移开喷灯，调节火焰，将灯放回原处，要使灯调到使着火的油蒸气均匀燃烧，火焰高于烟囱，但不超过火桥。如果罩上看不见火焰时，可适当加大喷灯的火焰。油蒸气燃烧阶段控制在（13±1）min 内完成。如果火焰高度和燃烧时间两者不可能同时符合要求时，则控制燃烧时间符合要求更为重要。

（4）当试样蒸气停止燃烧、罩上看不见蓝烟时，立即重新增强煤气喷灯的火焰，使之恢复到开始状态，使外铁坩埚的底部和下部呈樱桃红色，并准确保持 7min。总加热时间（包括预点火和燃烧阶段在内）应控制在（30±2）min 内。

（5）移开煤气喷灯，使仪器冷却到不见烟（约 15min），然后移去圆铁罩和外、内铁坩埚的盖，用热坩埚钳将瓷坩埚移到干燥器内，冷却 10min 后称量，称准至 0.0001g，计算残炭占试样的质量分数。

（6）残炭值超过 5%（质量分数）的试样的操作步骤。

本操作步骤适用于重质原油、渣油、重燃料油和重柴油之类的油品。按上述规定的操作步骤（用 10g 试样）测得的残炭值大于 5%时，会因试样沸腾溢出而使实验正常进行有困难。此外，由于重质油品脱水困难，也可能遇到麻烦。

① 对按上述规定的操作步骤测得残炭值在 5%~15%（质量分数）的试样，需称（5±0.5）g 试样来重做实验。若残炭值大于 15%（质量分数），则称（3±0.1）g 试样来重做实

验。试样量称准至 0.005g。

② 当用 5g 或 3g 试样时，要按上述步骤（3）规定的时间来控制预点火和燃烧时间是不大可能的。尽管如此，实验结果仍是可靠的。

(7) 测定 10%蒸余物残炭的操作步骤。

10%（体积分数）蒸余物的制备。10%（体积分数）蒸余物的制备方法有两种：《石油产品常压蒸馏特性测定法》（GB/T 6536—2010）和《石油产品馏程测定法》（GB/T 255—1977）。制备时可采用两种方法的任何一种。现把两种方法分述如下：

① 石油产品常压蒸馏特性测定法（GB/T 6536—2010）。

a. 对要求测定 10%（体积分数）蒸余物残炭的试样，用 GB/T 6536—2010 获得 10%（体积分数）蒸余物。蒸馏时使用 250mL 蒸馏烧瓶、200mL 量筒和 50mm 孔径的石棉垫。

b. 将温度为 13~18℃ 的 200mL 试样置于蒸馏烧瓶内。冷凝槽温度维持在 0~4℃，对某些凝点较高的试样可能需要维持在 38~60℃，以防止蜡类物质在冷凝管中凝固。用量过试样的量筒（不要洗）作为接收器，并置于冷凝器出口的下方，不要使冷凝器出口的尖端与量筒壁接触（为得到较准确的 10%蒸余物，应设法使馏出物温度和装样温度一致）。

c. 把蒸馏烧瓶匀速加热，使其在加热后 10~15min 内从冷凝器中滴下第 1 滴液体。第 1 滴落下后，移动量筒，使冷凝器出口尖端与筒壁接触。然后按 8~10mL/min 的均匀蒸馏速度调节加热量。继续蒸馏至馏出物收集到 (178±1)mL 时，停止加热，使冷凝器中馏出物收集在量筒中直到 180mL（蒸馏烧瓶装入量的 90%）。

d. 立即用小瓶代替量筒接收冷凝器中最后馏出物，并趁热把留在蒸馏烧瓶内的残余物倒入小瓶内，混合均匀。此即为由原试样得到的 10%（体积分数）蒸余物。

② 石油产品馏程测定法（GB/T 255—1977）。

a. 对要求测定 10%（体积分数）蒸余物残炭的试样，用 GB/T 255—1977 获得 10%（体积分数）蒸余物，每次实验时进行不少于两次的蒸馏，收集其 10%（体积分数）蒸余物作为试样。

b. 在蒸余物温热、能流动的情况下，将 (10±0.5)g 蒸余物倒入已称质量并用作测定残炭的坩埚内。冷却后称试样的质量，称准至 0.005g，并按"五"所述步骤测定残炭值。

六、实验数据记录及处理

1. 实验数据计算

试样或 10%蒸余物的康氏残炭值 $w_残$（质量分数）按式(2-43)计算：

$$w_残 = \frac{m_1}{m_0} \tag{2-43}$$

式中 m_1——残炭的质量，g；
m_0——试样的质量，g。

2. 精密度

按图 2-32 的有关数值来判断实验结果的可靠性（95%置信水平）。

(1) 重复性。同一操作者测得的两个结果之差，不应超过图 2-32 所示的重复性数值。

(2) 再现性。由两个实验室提供的两个结果之差，不应超过图 2-32 所示的再现性数值。

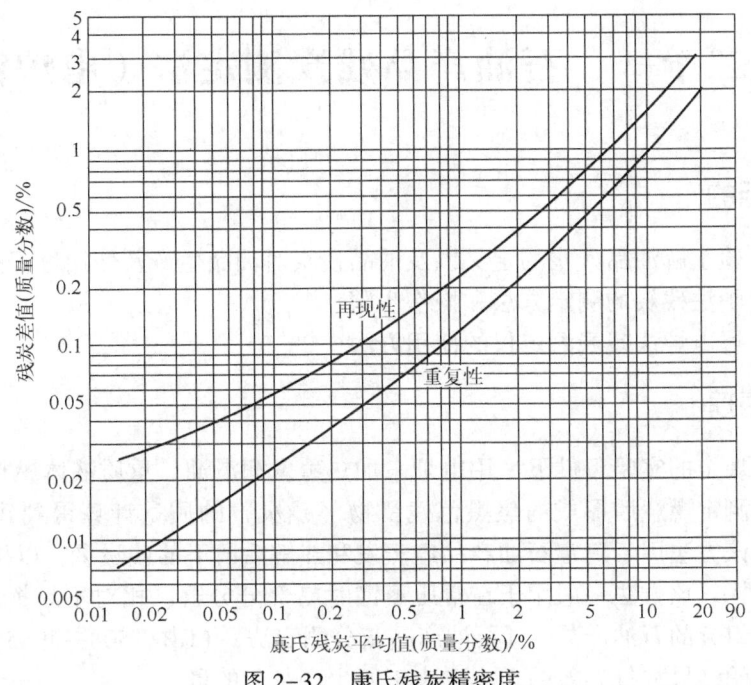

图 2-32 康氏残炭精密度

3. 报告

取重复测定的两个结果的算术平均值,作为试样或 10%(体积分数)蒸余物的残炭值。

七、注意事项

(1) 仪器安装正确与否对测定结果的精确度影响很大,尤其对于康氏法残炭测定结果影响更为突出,所以必须严格按方法规定来安装仪器。

(2) 对于康氏法,加热强度和加热时间测定对结果影响很大。如果加热的三个阶段掌握不好,则测定结果很难理想。通常,预热阶段如果加热强度过大或初弱后强,会使试油飞溅出瓷坩埚外并使燃烧时火焰超过火桥,影响燃烧期提前结束;燃烧期超过规定时间越长,测出的残炭结果便越大;强热 7min 时,如果加热强度不够,会影响所形成的残炭性状,残炭变为无光泽,不会呈现鱼鳞片状。

(3) 坩埚的冷却、使质量恒定等操作,应严格按规定时间操作。方法规定,停止加热后经 3min 取下圆铁罩和外铁坩埚,再经 15min 后,将瓷坩埚移入干燥器中,这段时间可使瓷坩埚温度由 600~700℃降至 200℃左右。如刚停止加热,就马上揭开外坩埚盖,使大量空气进入瓷坩埚中,在高温下部分残炭会氧化损失,使结果偏低。如冷却时间过长,因温度降得太低,瓷坩埚有吸收空气中水分的可能。在干燥器中冷却的时间,每次称量时应大致相同,才易于使质量恒定。

八、思考题

(1) 本实验中的残炭具体指什么?
(2) 在用 10g 试样测定残炭值的过程中,如果出现试样沸腾溢出,该如何处理?

实验二十一　石油产品残炭测定法（电炉法）

一、实验目的

（1）通过实验了解油品残炭的定义以及油品残炭对油品生产及使用过程的重要性；
（2）掌握电炉法残炭的测定方法和操作步骤；
（3）熟练掌握电炉法残炭测定仪的使用方法。

二、实验原理

电炉法是在规定的实验条件下，用电炉来加热蒸发润滑油、重质液体燃料或其他石油产品的试样，通过测定燃烧后形成的焦黑色残留物（残炭）的质量计算得到残炭在石油产品中的质量分数。该方法用于测定石油产品经蒸发和热解后留下的残炭量，以提供石油产品相对生焦倾向的指标。该方法一般用于在常压蒸馏时易部分分解、相对不易挥发的石油产品。对于含有能生灰组分的石油产品［《石油产品灰分测定法》（GB/T508—1985）测定］，则会得到残炭值偏高的结果，且误差的大小取决于所生产灰分的量。

残炭值的大小与油品的化学组成及灰分含量有关。除灰分外，油品中的胶质、沥青质及多环芳烃等物质是残炭的主要来源。

目前我国正在使用的残炭测定方法共有 4 种：康氏法（GB 268—1987）、微量法（GB/T 17144—2021）、电炉法（SH/T 0170—1992）和兰氏法（SH/T 0160—1992）。康氏法是世界各国普遍采用的一种标准方法；微量法是近些年国内外普遍采用的一种简便而高效的残炭测定方法，我国于 1997 年正式将其列为国家标准方法；电炉法源于苏联，使用的国家很少；兰氏法因其残炭数据与康氏残炭间只存在近似关系，故较少被采用。鉴于不同残炭测定方法的工作原理、实验装置、操作条件等因素均存在一定差别，利用不同方法得到的测定结果间的相关性如何一直是油品分析工作者关心的问题。

三、实验仪器与试剂

1. 实验仪器

（1）电炉法残炭测定仪器如图 2-33 所示，包括加热设备和控温设备两部分。
（2）高温电阻炉。
（3）干燥器。
（4）坩埚盖。
（5）瓷坩埚。
（6）坩埚钳。

图 2-33　电炉法残炭测定仪器

2. 实验试剂

细砂：要预先充分灼烧过。在残炭测定仪器中，每个装坩埚的空穴底部装入细砂 5~6mL。

四、准备工作

（1）安装仪器。将仪器的电加热炉和温度测量控制系统按照仪器说明书安装调整好，其中热电偶要经过校正，并用相应的补偿导线接线。温度测量和控制要用热电偶检验结果进行补正，以确保准确地测量控制电炉温度。

（2）将清洁的瓷坩埚放在（800±20）℃的高温炉中煅烧 1h 后，取出，先在空气中放置 1~2min，然后移入干燥器中。在干燥器中冷却约 40min，然后称出瓷坩埚的质量，称准至 0.0002g。

新的瓷坩埚第一次在高温炉中煅烧要不少于 2h，在干燥器中冷却约 40min，然后称准至 0.0002g。再重新放在高温炉中煅烧 1h，并进行如上的步骤准确称量；如此重复煅烧、冷却和称量，直至两次连续称量间的差数不大于 0.0004g。

（3）测定的样品要均匀，黏稠和含蜡的石油产品要预先加热到 50~120℃，摇匀或搅拌 5min。

（4）对于水含量大于 0.5% 的石油产品，要在测定残炭前按石油产品蒸馏脱水法进行脱水。

（5）进行柴油 10% 残留物的残炭测定时，应该按 GB/T 255—1977 或 GB/T 6536—2010 将试样进行不少于两次的蒸馏。收集试样的 10% 残留物，供测定柴油 10% 残留物的残炭用。

（6）在测定残炭前，接通电源，使炉温达到（520±5）℃的规定范围。利用自动温度控制器控制炉温。

五、实验步骤

（1）在预先衡重称量过的瓷坩埚中称入一份表 2-37 中所示的试样，称准至 0.0001g。

表 2-37　不同类型试样的称取量

样品名称	取样量/g
润滑油或柴油的 10% 残留物	7.0~8.0
重质燃料油	1.5~2.0
渣油沥青	0.7~1.0

（2）用钳子将盛有试样的瓷坩埚放入电炉的空穴中，立即盖上坩埚盖，切勿使瓷坩埚及盖偏斜靠壁。未用空穴均应盖上钢浴盖。如果同时使用 4 个空穴，则此时炉温略有下降。

当试样在高温炉中加热到开始从坩埚盖的毛细管中逸出蒸气时，立刻引火点燃蒸气，使蒸气燃烧，在燃烧结束时，用钢浴盖盖上高温炉的空穴。然后将炉温维持在（520±5）℃，煅烧试样的残留物。

试样从开始放入加热，经过蒸气的燃烧，到残留物的煅烧结束，共需 30min。

（3）当残留物的煅烧结束时，打开钢浴盖和坩埚盖，并立即从电炉空穴中取出坩埚，在空气中放置 1~2min，移入干燥器中冷却 40min，称量瓷坩埚和残留物的质量，称准至 0.0002g。

在确定实验结果时，必须注意瓷坩埚里面的残留物情况，它应该是发亮的；否则，重新进行测定。如果在第二次分析时仍获得同样的残留物，测定才被认为正确。

六、实验数据记录及处理

1. 实验数据计算

试样的残炭 X（质量分数）按式（2-44）计算：

$$X = \frac{m_1}{m} \times 100\% \tag{2-44}$$

式中 m_1——残留物（残炭）的质量，g；

m——试样的质量，g。

残炭的计算结果，准确到 0.1%。

2. 精密度

同一操作者重复测定的两个结果之差不应大于表 2-38 所规定的数值。

表 2-38　电炉法残炭测定重复性要求

试样	重复性
柴油的 10% 残留物	较小结果的 15%（质量分数）
润滑油	较小结果的 10%（质量分数）
重质燃料油及渣油沥青	较小结果的 15%（质量分数）

取重复测定两个结果的算术平均值作为试样的残炭。

七、思考题

（1）形成残炭的主要物质是什么？

（2）测定残炭所用的坩埚应预先如何处理？

（3）测定不同油样的残炭为何有不同的取样范围？

第三章

化工专业课程实验

化工专业课程实验简介

化工专业课程实验是学习、掌握和巩固化工专业知识的一个重要环节，它以培养学生的综合素质、知识结构和实践动手能力为目标，加强理论与实践环节的结合。它通过学生动手做相关实验，巩固和扩大学生在课堂中所学习的专业知识，加深学生对理论知识的理解，使学生掌握专业实验操作技能，学习各种分析方法，培养学生独立思考和解决问题的能力，从而使学生掌握科学的研究方法。

化工专业课程实验结合前期已经学习的化学反应过程、化工热力学、化工工艺学等专业课程内容，开设了与反应、分离、相平衡、流动等相关的实验。通过这些实验，要求学生掌握最基本的专业实验技能，包括：实验条件的精确控制和测量方法；混合物的组成和纯度测试方法及分离方法、相平衡及活度系数的测量、动力学参数及流化床反应器特性和停留时间分布的测定以及部分化学物质的制备技术。

化工专业课程实验不同于理论教学，也不同于基础课程实验，专业实验要求学生有较强的化学工程与工艺专业背景。与基础实验相对比，专业实验的流程较长，过程复杂，变量较多，规模较大，学生需要较为系统地规划设计实验的过程和步骤，通过对复杂实验过程的掌握，来培养自己的动手能力、分析问题和解决问题的能力、创新思维能力，训练自己参与科学研究的能力。专业实验要求学生具备数理化和化工原理等基础理论知识，有与物理、化学、电工和仪表等相关的基本实验技能，通过对以上知识和技能的综合运用，达到锻炼综合能力的目的。

在本部分实验内容的安排上，充分考虑了各学科的均衡以及学时要求，安排了与化学反应工程、化工热力学、分离工程、化工工艺学等课程相关的内容，以反映不同学科的工程特征和工艺特征，使学生从不同层面和方向上得到锻炼。

实验一 气相色谱法测定无限稀释溶液的活度系数

一、实验目的

(1) 掌握气相色谱法测定无限稀释溶液的活度系数 γ^∞ 的原理，初步掌握测定技能；

富媒体 10　气相色谱法测定无限稀释溶液的活度系数

（2）熟悉气相色谱仪的构成、工作原理和正确使用方法，熟悉流量、温度和压力等基本测量方法；

（3）测定苯和环己烷在邻苯二甲酸二壬酯中的无限稀释活度系数。

二、实验原理

在化工过程开发中需要大量热力学基础数据，其中无限稀释溶液的活度系数 γ^∞ 即为重要热力学数据之一，1955 年 Littlewood 等提出用气相色谱（gas chromatography）法测定 γ^∞，由溶质的保留时间测定值推算溶质在溶剂中的 γ^∞，进而可计算任意浓度的活度系数、无限稀释偏摩尔溶解热等溶液热力学数据。

采用气相色谱法测定无限稀释溶液的活度系数，样品用量少、测定速度快，仅将一般色谱仪稍加改造，即可使用。目前，这一方法已从只能测定易挥发溶质在难挥发溶剂中的无限稀释活度系数，扩展到可以测定在挥发性溶剂中的无限稀释活度系数。因此，该法在溶液热力学性质研究、气液平衡数据的推算、萃取精馏溶剂评选和气体溶解度测定等方面的应用，日益显示其重要作用。

色谱是一种物理化学分离和分析方法。一般涉及两个相：固定相和流动相，流动相对固定相做连续相对运动。气液色谱主要因固定液对于样品中各组分溶解能力差异而使其分离。试样组分在柱内分离，随流动相流出色谱柱，形成连续的色谱峰，在记录仪等速移动的记录纸上或计算机上描绘出色谱图。它是柱流出物通过检测器产生的响应信号对时间（或流动相流出体积）的曲线图，反映组分在柱内的运行情况。

对色谱可作出几个合理的假设：

（1）样品进样非常小，各组分在固定液中可视为处于无限稀释状态，服从亨利定律，分配系数为常数。

（2）色谱柱温度控制精度可达到±0.1℃，可视为等温柱。

（3）组分在气、液两相中的量极小，且扩散迅速，时时处于瞬间平衡状态，可设全柱内任何点均处于气液平衡。

（4）在常压下操作的色谱过程，气相可按理想气体处理。

实验所用色谱柱的固定液为邻苯二甲酸二壬酯。样品苯和环己烷进样后汽化，并与载气 H_2 混合后成为气相。

当载气 H_2 将某一气体组分带过色谱柱时，由于气体组分与固定液的相互作用，经过一定时间而流出色谱柱。通常进样浓度很小，在吸附等温线的线性范围内，流出曲线呈正态分布，如图 3-1 所示。

设样品的保留时间为 t_R（从进样到样品峰顶的时间，即图上的 OB 距离所代表的时间），死时间为 t_0（从惰性气体空气进样到其峰顶的时间，即图上的 OA 距离所代表的时间），则校正保留时间（即图上的 AB 距离所代表的时间）为：

$$t'_R = t_R - t_0 \tag{3-1}$$

校正保留体积为：

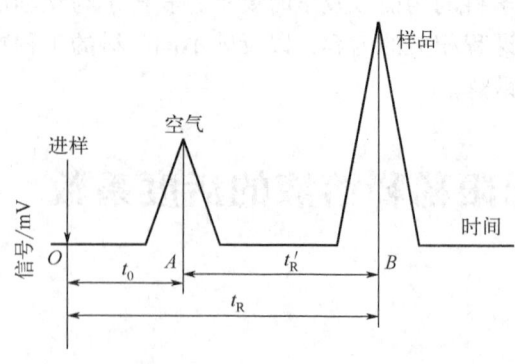

图 3-1　保留时间

$$V'_R = t'_R \overline{F}_c \tag{3-2}$$

式中 $\overline{F}_c$——校正到柱温、柱压下的载气平均流量，m^3/s。

校正保留体积与液相体积 V_L 关系为：

$$V'_R = KV_L \tag{3-3}$$

$$K = \frac{c_i^L}{c_i^g} \tag{3-4}$$

式中 V_L——液相体积，m^3；
K——分配系数；
c_i^L——样品在液相中的浓度，mol/m^3；
c_i^g——样品在气相中的浓度，mol/m^3。

由式(3-3)、式(3-4)可得：

$$\frac{c_i^L}{c_i^g} = \frac{V'_R}{V_L} \tag{3-5}$$

因气相视为理想气体，则：

$$c_i^g = \frac{p_i}{RT_c} \tag{3-6}$$

而当溶液为无限稀释时，则：

$$c_i^L = \frac{\rho_L x_i}{M_L} \tag{3-7}$$

式中 R——气体常数，$8.314 m^3 \cdot Pa/(mol \cdot K)$；
ρ_L——纯液体的密度，kg/m^3；
M_L——纯液体（固定液）的摩尔质量，g/mol；
x_i——样品 i 的摩尔分数；
p_i——样品的分压，Pa；
T_c——柱温，K。

气液平衡时，则：

$$p_i = p_i^s \gamma_i^\infty x_i \tag{3-8}$$

$$\ln p_i^s = A - \frac{B}{T+C} \text{(Antoine 方程)}$$

式中 p_i^s——样品 i（溶质在柱温下）的饱和蒸气压，Pa；
γ_i^∞——样品 i 的无限稀释活度系数；
A, B, C——Antoine 方程的常数。

将式(3-6)、式(3-7)、式(3-8)代入式(3-5)，可得：

$$V'_R = \frac{V_L \rho_L RT_c}{M_L p_i^s \gamma_i^\infty} = \frac{W_L RT_c}{M_L p_i^s \gamma_i^\infty} \tag{3-9}$$

式中 W_L——固定液标准质量，g。

将式(3-1)代入式(3-9)，则：

$$\gamma_i^\infty = \frac{W_L RT_c}{M_L p_i^s t'_R \overline{F}_c} \tag{3-10}$$

式中 $\bar{F}_c$——在室温 T_a，大气压 p_0 下，用皂膜流量计测得的载气流量 F_c 校正到柱温时的平均载气流量，m³/s。

$$\bar{F}_c = \frac{3}{2}\left[\frac{(p_b/p_0)^2-1}{(p_b/p_0)^3-1}\right] \cdot \frac{p_0-p_w}{p_0} \cdot \frac{T_c}{T_a} \cdot F_c \quad (3-11)$$

式中 p_b——柱前压力，Pa；
　　 p_0——柱后压力，Pa；
　　 p_w——在环境温度 T_a 下水的饱和蒸气压，Pa；
　　 T_a——环境温度，K；
　　 T_c——柱温，K；
　　 F_c——载气在柱后的平均流量，m³/s。

这样，只要把准确称量的溶剂作为固定液涂渍在载体上装入色谱柱，用被测溶质作为进样，测得式(3-10)右端各参数，即可计算溶质 i 在溶剂中的无限稀释活度系数。

三、实验仪器与试剂

1. 实验仪器

实验仪器主要包括：SP-3510 或 3420A 气相色谱仪；色谱数据工作站；计算机；气压计；皂膜流量计；精密温度计；净化器；微量进样器（10μL）；红外灯；真空泵等。

本实验用改装过的 SP-3510 或 3420A 气相色谱仪，能补偿因温度变化和高温下固定液流失而产生的噪音，数据采集和处理由色谱工作站进行。实验装置实物图如图 3-2 所示。

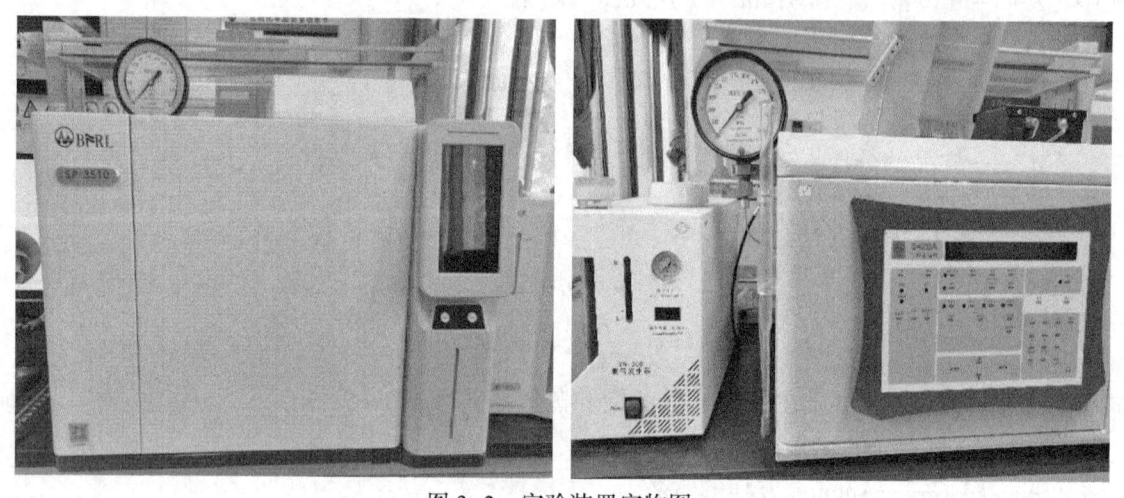

图 3-2　实验装置实物图

色谱仪主要由以下几个部分组成：（1）载气供输系统，包括气源、载气压力、流速控制装置和显示仪表。（2）进样系统，包括汽化室、气体进样阀，通常分析用微量注射器将针头全部插入汽化室。（3）气相色谱柱，有填充柱和毛细管柱两类，为色谱的核心。（4）温控系统，有恒温柱箱、温度测量控制部分。为准确测温，常用水银温度计测柱温。（5）检测系统，常用热导检测器（TCD）或氢火焰离子检测器（FID）。（6）N2000 色谱数据工作站和计算机。

实验装置流程图如图 3-3 所示。

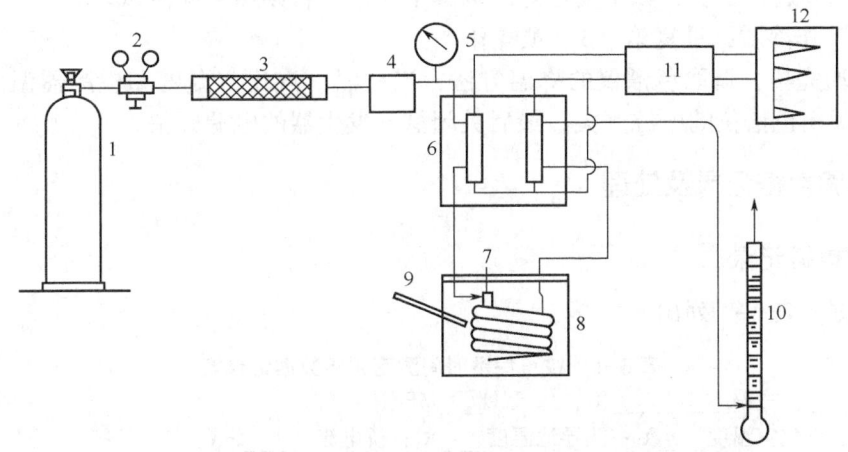

图 3-3　气相色谱法测无限稀释溶液活度系数实验装置流程图
1—氢气发生器；2—减压调节阀；3—净化干燥器；4—稳压阀；5—标准压力表；6—热导池；
7—汽化器；8—恒温柱箱；9—温度计；10—皂膜流量计；11—电桥；12—色谱工作站

2. 实验试剂

（1）固定液：邻苯二甲酸二壬酯（色谱纯）；（2）载体：101、102 或其他；（3）乙醚（色谱纯）；（4）氢气（99.9%以上）；（5）变色硅胶和分子筛；（6）苯、环己烷（分析纯）。

四、实验步骤

1. 色谱柱的制备和安装（此步骤可由教师预先准备）

准确称取一定量的邻苯二甲酸二壬酯（固定液）于蒸发皿中，并加适量丙酮以稀释固定液。按固定液与担体之比为 15∶100 来称取白色担体。将固定液均匀地涂渍在担体上。将涂好的固定相装入色谱柱中，并准确计算装入柱内固定相的质量。

2. 数据测定

（1）打开氢气发生器的电源开关，色谱仪中的气路通 H_2。

（2）调节载气流量约为 20mL/min，开启色谱仪电源。色谱条件为：色谱柱室温度 60℃，汽化室温度 120℃，检测器温度 110℃。

（3）待温度稳定后，打开热导池桥电流，调节热丝温度 130℃。开启计算机和色谱工作站软件，色谱走基线，待基线稳定后可进样测定。

（4）用皂膜流量计和秒表测量载气流速，用标准压力表测量柱前压，同时记录室温和大气压。用皂膜流量计测载气 H_2 在色谱柱后的平均流量，即气体通过肥皂水鼓泡，形成一个薄膜并随气体上移，用秒表来测流过 10mL 的体积所用的时间，控制在 20mL/min 左右，需测 3 次，取平均值。

（5）待色谱仪基线稳定后，用 10μL 的微量注射器准确抽取样品环己烷 0.2μL，再吸入 8μL 空气，然后进样。按色谱工作站—计算机系统图谱计时，测定空气峰最大值到环己烷峰最大值之间的保留时间 t'_R。再分别取 0.4μL、0.6μL、0.8μL 环己烷，重复上述实验。每种进样量至少重复进行 3 次，如重复性好，取其平均值，否则需重新测试。

（6）用苯作溶质，重复第（5）项操作。

（7）实验完毕，调取色谱仪的降温方法，当柱温、汽化室温度和检测器温度降到设置的温度时，关闭色谱仪的电源开关，最后关闭氢气发生器的电源开关。

五、实验数据记录及处理

1. 实验数据记录

实验数据按表 3-1 列出。

表 3-1　校正保留时间测定实验数据记录表

日期_____；室温_____℃；大气压____MPa。
色谱条件：汽化室温度____℃；热导池温度____℃；桥电流_____mA。
固定液名称：邻苯二甲酸二壬酯，质量____g，分子量 418.62。
室温下水的饱和蒸气压 p_w____Pa。

项目	进样量/μL	柱温/℃	柱前压力/MPa	柱后压力/MPa	载气流量/mL	校正保留时间/s				备注
						1	2	3	平均	
环己烷	0.2									
	0.4									
	0.6									
	0.8									
苯	0.2									
	0.4									
	0.6									
	0.8									

2. 实验数据处理

通过计算求得实验结果。由不同进样量时苯和环己烷的校正保留时间，用作图法分别求出苯和环己烷进样量趋于零时的校正保留时间。根据该校正保留时间，由式(3-10) 和 (3-11) 分别计算苯和环己烷在邻苯二甲酸二壬酯中的无限稀释活度系数，并与文献值进行比较，求出相对误差。

计算活度系数关联式 Van Laar 方程或 Wilson 方程的配偶参数，并可预测气液平衡。（选做）

3. 实验结果与讨论

给出实验结果，并进行分析讨论。

六、注意事项

（1）在进行色谱实验时，必须严格按照操作规程。开机时先通载气后开电源，关机时先关电源再关载气。实验进行中一旦出现载气断开，应立即关闭热导电源开关，以免池内热导丝烧断。有漏气现象时应关闭色谱仪电源，关闭氢气发生器开关，找出原因。

（2）保持室内通风，尾气引出室外，严禁明火，不准吸烟。

（3）微量注射器是精密器件，价高易损坏，使用时应轻轻缓拉针芯取样，不能拉出针筒外，用毕放回原处，注意标签，不准乱用。

七、思考题

（1）活度系数是什么？活度系数在化工计算中有什么应用？举例说明。

（2）气相色谱的基本原理是什么？色谱仪有哪几个基本部分组成？各起什么作用？

（3）如果溶剂也是易挥发性物质，本法是否适用？为什么？

（4）苯和环己烷分别与邻苯二甲酸二壬酯所组成的溶液，对拉乌尔定律是正偏差还是负偏差？它们中哪一个活度系数较小？为什么？

（5）影响实验结果准确度的因素有哪些？

实验二　二元体系气液平衡数据的测定

一、实验目的

（1）了解二元体系气液相平衡数据的测定方法，掌握平衡釜的使用方法；测定环己烷—乙醇体系在常压下的气液平衡数据；

（2）掌握恒温浴使用方法和用阿贝折光仪分析组成的方法；

富媒体 11　二元体系气液平衡数据的测定

（3）应用 Van Laar 方程关联实验数据。

二、实验原理

气液平衡数据是化学工业发展新产品、开发新工艺、减少能耗、进行三废处理的重要基础数据之一。化工生产中的蒸馏和吸收等分离过程设备的改造与设计、挖潜与革新以及对最佳工艺条件的选择，都需要精确可靠的气液相平衡数据。这是因为化工生产过程都要涉及相间的物质传递，故平衡数据的重要性是显而易见的。随着化工生产的不断发展，现有气液平衡数据远不能满足需要。许多物系的平衡数据，很难由理论直接计算得到，必须由实验测定。

平衡数据实验测定方法有两类，即间接法和直接法。直接法中又有静态法、流动法和循环法，其中循环法应用最为广泛。若要测得准确的气液平衡数据，平衡釜是关键。现已采用的平衡釜形式有多种，而且各有特点，应根据待测物系的特征，选择适当的釜型。

用常规的平衡釜测定平衡数据，需样品量多，测定时间长。本实验用的小型平衡釜主要特点是釜外有真空夹套保温，釜内液体和气体分别形成循环系统，可观察釜内的实验现象，且样品用量少，达到平衡速度快，因而实验时间短。

本实验装置利用智能仪表对平衡釜加热进行精密控制，测温采用精密测量，釜的结构设计采用特殊设计，保证了各数据点的可靠性，压力调整系统和取样系统的设计保证了数据的准确性和快捷性。

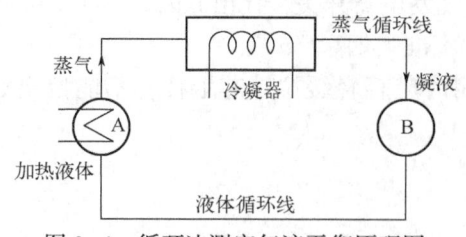

图 3-4 循环法测定气液平衡原理图

以循环法测定气液平衡数据的平衡釜类型虽多，但基本原理相同，如图 3-4 所示。当体系达到平衡时，两个容器的组成不随时间变化，这时从 A 和 B 两容器中取样分析，即可得到一组平衡数据。

当达到气液平衡时，除了两相的压力和温度分别相等外，每一组分的化学位也相等，即组分逸度相等，其热力学基本关系为：

$$\hat{f}_i^V = \hat{f}_i^L \tag{3-12}$$

对气相： $\hat{f}_i^V = y_i \hat{\phi}_i^V p$

对液相： $\hat{f}_i^L = x_i \gamma_i f_i^0$

式中 f_i——混合物中组分 i 的逸度，上角 V 指气相，L 指液相；

x_i、y_i——组分 i 在液相和气相中的摩尔分数；

$\hat{\phi}_i^V$——气相混合物中组分 i 的逸度系数；

p——体系压力；

γ_i——组分 i 的活度系数；

f_i^0——标准态逸度，取以 Lewis-Randall 规则为基础的标准态，则 $f_i^0 = f_i^L$，f_i^L 为纯液体 i 在体系温度与压力下的逸度。

当气液两相平衡时，则有：

$$y_i \hat{\phi}_i^V p = x_i \gamma_i f_i^L \tag{3-13}$$

常压下，气相可视为理想气体，$\hat{\phi}_i^V = 1$；压力对液相的 γ_i 和 f_i^L 影响很小，可以忽略不计，此时 $f_i^L = p_i^s$，从而得出低压下气液平衡关系式为：

$$y_i p = x_i \gamma_i p_i^s \tag{3-14}$$

式中 p——体系压力（总压），kPa；

p_i^s——纯组分 i 在平衡温度下的饱和蒸气压，可用 Antoine 方程计算，kPa；

x_i、y_i——组分 i 在液相和气相中的摩尔分数；

γ_i——组分 i 的活度系数。

本实验用回流冷凝的方法测定环己烷—乙醇溶液在不同组成时的沸点，平衡气、液相组成则利用组成与折光率之间的关系，用阿贝折光仪间接测得。

由实验测得等压下气液平衡数据，则可用：

$$\gamma_i = \frac{p y_i}{x_i p_i^s} \tag{3-15}$$

计算出不同组成下的活度系数。

将实验测得的 T—p—x_i—y_i 数据代入上式，计算出实测的 x_i 与 γ_i 数据，利用 x_i 与 γ_i 关系式（Van Laar 方程或 Wilson 方程等）进行关联，确定方程中参数。根据所得的参数可计算不同浓度下的气液平衡数据、推算共沸点及进行热力学一致性检验。

为方便数据处理，本实验中活度系数和组成之间的关系采用 Van Laar 方程关联。确定 Van Laar 方程中的方程参数，推算体系恒沸点，计算出不同液相组成下两个组分的活度系数，并进行热力学一致性检验。

三、实验仪器与试剂

气液平衡测定实验装置图如图 3-5 所示。

1. 设备及试剂

（1）平衡釜 1 台。平衡釜的选择原则：易于建立平衡、样品用量少、平衡温度测定准确、气相中不夹带液滴、液相不返混及不易爆沸等。本实验所用气液双循环小平衡釜的结构如图 3-6 所示。

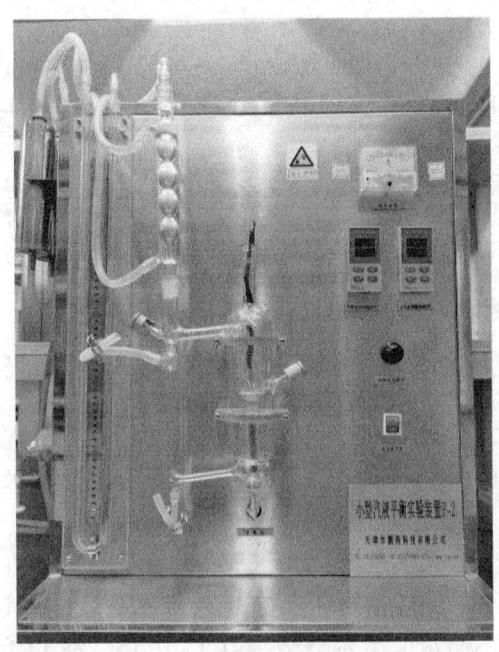

图 3-5　气液平衡测定实验装置图

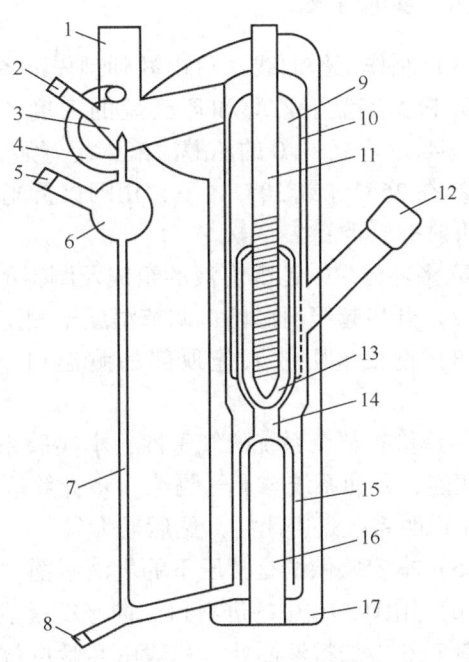

图 3-6　气液平衡釜示意图
1—磨口；2—气相取样口；3—气相储液槽；4—连通管；5—进料口；6—缓冲球；7—回流管；8—放液口；9—平衡室；10—钟罩；11—温度计套管；12—液相取样口；13—液相储液槽；14—提升管；15—沸腾室；16—加热套管；17—真空夹套

（2）阿贝折光仪。
（3）超级恒温槽。
（4）50~100℃，刻度为 0.1℃的标准温度计；0~50℃，刻度为 0.1℃的标准温度计。
（5）几种配制好的环己烷和乙醇混合溶液：一组供制作工作曲线用；一组供制作相图用。
（6）1mL 注射器 10 支，5mL 注射器 3 支，长滴管 2 支。
（7）环己烷（分析纯），无水乙醇（分析纯）。

2. 流程简介

（1）釜内循环：二元物系在釜的底部被加热沸腾，气液混合物通过喷嘴喷洒到有冷却翅片的玻璃管上，液体回流，气体则进入到球形冷凝器内。在球形冷凝器内，气体冷凝成液体回流到釜底，完成循环。

（2）控制系统：本系统为二元物系提供热源和稳定系统。可以通过注射器打入或吸出气体调节系统压力，与大气压保持一致。

① 干燥器可以吸收不必要的杂质。

② 缓冲管为调节压力提供了空间，同时可维持系统稳定。

③ U形管压差计可以显示系统内外压差。

四、实验步骤

（1）制作工作曲线（可由教师预先准备）。

① 根据室温下乙醇和环己烷的密度，精确配制环己烷的摩尔分数分别为 0.1、0.2、0.3、0.4、……、1.0 的乙醇溶液，配好后立即盖紧容器塞子。

② 在 25℃（或 30℃）下，用阿贝折光仪分别测出环己烷、无水乙醇及上述配制的各溶液的折射率，重复 2~3 次。

③ 将环己烷—乙醇溶液的组成及测得的折射率作图即得折射率—组成工作曲线。

（2）开启超级恒温槽，调节温度至测定折射率所需温度 25℃ 或 30℃。

（3）把铂电阻放入釜顶部的测温口中。因本实验对温度要求较严，需对温度进行校正。

（4）检查整个系统的气密性，本实验系统要求是密闭的。检测方法是将 100mL 针筒与系统相连，并使系统与大气隔绝，将针筒缓慢抽出一点压力，发现 U 形管的两个液柱差不变时，说明系统是密闭的，然后通大气。

（5）本实验做的是常压下的气液平衡，需读出当天实验时的大气压值。

（6）用图 3-6 中的进料口，向平衡釜内加入 30~50mL 的环己烷（或者乙醇），使液体处在图 3-6 中加料液面处，一般由实验点数决定，通常取摩尔分数为 0.1~0.15，故开始加入的浓度可使轻组分含量较多，然后慢慢增加重组分的浓度。打开冷却水，接通电源，控制加热电流，开始时设定为 0.1mA，5min 后设定为 0.2mA，慢慢调整到 0.25mA 左右即可（开始时缓慢加热），以平衡釜内液体沸腾为准。冷凝回流液控制在每秒 2~3 滴。稳定地回流 15~20min，以建立平衡状态。

（7）达到平衡后，需要记录下平衡釜加热温度和铂电阻测量温度，此温度即平衡温度，并用微量注射器分别取气、液两相样品，通过阿贝折光仪测其组成，测量多次取平均值，每次误差应该在误差允许的范围之内。关掉电源，拿下加热器，釜液停止沸腾。

（8）用注射器吸取 1.5mL 乙醇（或者 5mL 环己烷）加入平衡釜内，重新建立平衡（注意：如果加入的液体越来越多，没过小托盘后，应当停止加热，待平衡釜降温并且釜内的液体不再沸腾时，用注射器吸出部分液体，使液面降低，以便于留有再继续加入物料的空间）。至于该加哪一种纯物料，应根据上一次的平衡温度而定，以免各实验点分配不均。

（9）实验完毕，先停止加热，再关掉电源和水源。用图 3-6 中的放液口，将平衡釜内的废液放出。

五、实验数据记录及处理

1. 实验数据记录

按照表3-2格式记录平衡釜操作数据。

表3-2 平衡釜操作记录表

日期_____；室温_____℃；大气压_____kPa。

实验序号	投料量	时间/min	加热电流/mA	平衡釜温度/℃	铂电阻测量温度/℃	冷凝液滴速/滴/s	现象
1	混合液/mL						
2	补加量/mL						

2. 实验数据处理

（1）平衡温度和平衡压力的校正，将实验测得的平衡数据以表格的形式列出，见表3-3。

表3-3 折射率n_D测定结果和气液相平衡组成计算结果

折射率测量温度_____℃。

实验序号	$t/℃$	液相样品折射率 n_D				气相样品折射率 n_D				平衡组成	
		1	2	3	平均	1	2	3	平均	液相	气相
1											
2											
3											
4											

（2）由所测的折射率计算平衡液相和气相的组成，并与附录文献数据比较，计算平衡温度实验值与文献值的偏差和气相组成实验值与文献值的偏差。

（3）计算活度系数γ_1和γ_2。

（4）由得到的活度系数γ_1和γ_2，计算Van Laar方程中的配偶参数。再计算气相组成，并与实验值进行比较。由实验值和计算值作出温度—组成图（t—x—y）。

Van Laar方程参数，按式（3-16）和式（3-17）计算：

$$A'_{12} = \ln\gamma_1 \left(1 + \frac{x_2 \ln\gamma_2}{x_1 \ln\gamma_1}\right)^2 \tag{3-16}$$

$$A'_{21} = \ln\gamma_2 \left(1 + \frac{x_1 \ln\gamma_1}{x_2 \ln\gamma_2}\right)^2 \tag{3-17}$$

（5）用 Van Laar 方程，计算一系列的 x_1—γ_1、γ_2 数据，计算 $\ln\gamma_1$—x_1、$\ln\gamma_2$—x_1 和 $\ln\dfrac{\gamma_1}{\gamma_2}$—$x_1$ 数据，绘出 $\ln\dfrac{\gamma_1}{\gamma_2}$—$x_1$ 曲线，用 Gibbs-Duhem 方程对所得数据进行热力学一致性检验。其中 Van Laar 方程形式如下：

$$\ln\gamma_1 = \dfrac{A'_{12}}{\left(1+\dfrac{A'_{12}x_1}{A'_{21}x_2}\right)^2}, \quad \ln\gamma_2 = \dfrac{A'_{21}}{\left(1+\dfrac{A'_{21}x_2}{A'_{12}x_1}\right)^2} \text{（选做）}$$

（6）计算 0.1013MPa 压力下的恒沸数据，并与文献值比较（选做）。

（7）给出大气压力下平衡温度 T、环己烷液相组成 x_1 和相应的气相组成 y_1 数据，与附录文献数据比较，分析数据精确度。

六、注意事项

（1）平衡釜开始加热时电流不宜过大，以防物料冲出。

（2）平衡时间应足够。气、液相取样针要干燥。取样口螺帽不能拧太紧，避免把接头拧坏，能密封即可。

（3）测量折射率时，应注意使液体铺满毛玻璃板，并防止挥发。取样分析前应注意检查滴管、取样瓶和折光仪毛玻璃板是否干燥。阿贝折光仪使用时，棱镜上不能触及硬物（如滴管），擦拭棱镜需用擦镜纸。

（4）取样及分析时动作要迅速，以防止由于蒸发而改变成分。每份样品需读数 3 次，取其平均值作为测定结果。在环己烷含量较高的部分，折射率随组成的变化较小，实验误差略大。

（5）对于接近恒沸点时的实验操作一定要做到滴加另一组分量适宜、回流充分，较好地控制平衡、观察现象仔细，绝不可粗心大意！

七、思考题

（1）实验中怎样判断气液两相已达到平衡？

（2）影响气液平衡数据测定精确度的因素有哪些？

（3）为什么要确定活度系数模型参数，对实际工作有何作用？

（4）环己烷—乙醇的共沸点是 64.8℃，共沸组成为 $x_{\text{环己烷}}=0.55$。试根据本实验结果，分析产生实验误差的原因。

（5）测沸点时，沸点仪是否需要洗净、烘干？为什么？

（6）实验测量误差及引起误差的原因有哪些？

八、附录

附录 1　对沸点进行压力校正

液体的沸点与大气压力有关。为了将实验大气压力下的沸点数据换算成正常沸点，可以由特鲁顿（Trouton）规则及克劳修斯—克拉贝龙方程导出压力校正的公式：

$$\Delta t_{\text{压力}} = \dfrac{273.15+t_{\text{精密}}}{10} \times \dfrac{101325-p}{101325} \tag{3-18}$$

式中 $\Delta t_{压力}$——压力校正值，℃；

$t_{精密}$——实验大气压力下测得样品的沸点，℃；

p——实验条件下的大气压力，Pa。

经校正后系统的正常的沸点应为：

$$t_b = t_{精密} + \Delta t_{压力}$$

附录2 部分相关文献值

（1）标准压力下的恒沸点数据（表3-4）。

表3-4 标准压力下环己烷—乙醇体系相图的恒沸点数据

沸点/℃	乙醇质量分数/%	$x_{环己烷}$
64.9	40	—
64.8	29.2	0.570
64.8	31.4	0.545
64.9	30.5	0.555

（2）乙醇—环己烷体系气液平衡的文献数值（表3-5、图3-7）。

表3-5 乙醇—环己烷气液相平衡文献数值

温度/℃	液相分率 $x_{环己烷}$	气相分率 $y_{环己烷}$
78.3	0.000	0.000
72.3	0.056	0.228
68.4	0.128	0.384
66.5	0.214	0.466
65.7	0.284	0.498
64.8	0.569	0.569
65.5	0.838	0.596
66.2	0.904	0.626
66.9	0.934	0.640
72.4	0.976	0.784
80.8	1.000	1.000

附录3 阿贝折光仪的使用及说明

1. 仪器构造的简单原理

根据折射定律，当光线从介质1进入介质2时，入射角 i 和折射角 r 之间有下列关系：

$$\frac{\sin i}{\sin r} = \frac{n_2}{n_1} = \frac{v_1}{v_2} = n_{1,2} \tag{3-19}$$

式中，n_1、n_2、v_1、v_2 分别为1、2两介质的折射率和光在其中的传播速度，$n_{1,2}$ 是介质2对于介质1的相对折射率。折射率为物质的特性常数，对一定波长的光在一定温度压力下，是一个定值。

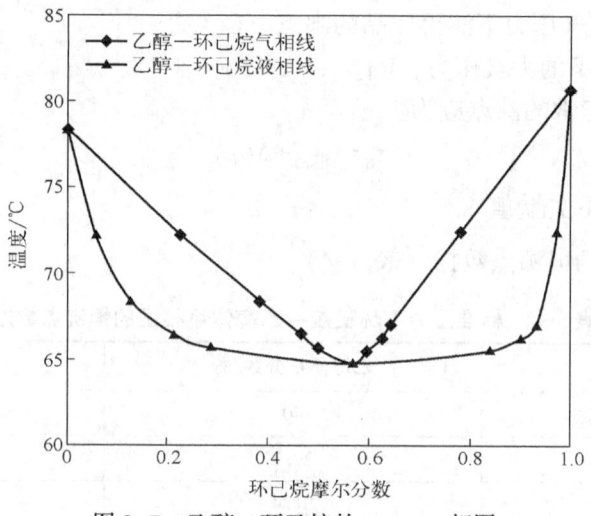

图 3-7 乙醇—环己烷的 t—x—y 相图

由式(3-19)可知,当 $n_2>n_1$ 时,则折射角 r 恒小于入射角 i。当入射角 i 增加到 90°时,折射角相应地增加到最大值 r_c,r_c 称为临界角。此时介质 2 中从 Oy 到 OA 之间有光线通过,而 OA 到 Ox 之间则为暗区,如图 3-8 所示。当入射角为 90°时,式(3-19)可写成:

$$n_2 = n_1 \cdot \sin r_c \tag{3-20}$$

即在固定一种介质时,临界角 r_c 的大小和折射率有简单的函数关系。

阿贝折光仪就是根据这个原理设计的。如图 3-9 所示是仪器构造示意图。它的主要部分为两块直角棱镜 P_I 和 P_{II},棱镜 P_I 的粗糙表面 $A'D'$ 与 P_{II} 的光学平面镜 AD 之间有 0.1~0.15mm 的空隙,用于装待测液体并使在 P_I、P_{II} 间铺成一薄层。光线从反射镜射入棱镜 P_I 后,由于 $A'D'$ 面是粗糙的毛玻璃而发生漫射,从各种角度透过缝隙的被测液体;进入棱镜 P_{II} 中,由前所知,从各个方向进入棱镜 P_{II} 的光线均产生折射,而其折射角都落在临界角 r_c 之内(因为棱镜的折射率大于液体的折射率,因此入射角从 0°到 90°的全部光线都能通过棱镜而发生折射)。具有临界角 r_c 的光线穿出棱镜 P_{II} 后射于目镜上,此时若将目镜的十字线调节到适当位置,则会见到目镜上半明半暗。

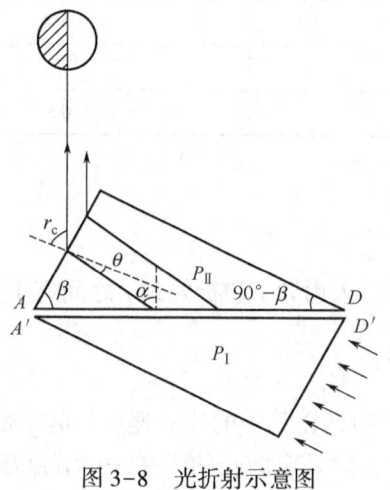

图 3-8 光折射示意图

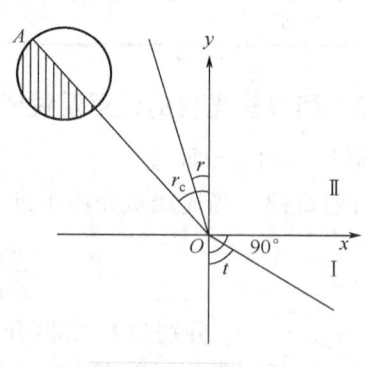

图 3-9 仪器构造示意图

从几何光学原理可以证明，缝隙中液体的折射率 $n_{液}$ 与 r_c 间的关系为：

$$n_{液} = \sin B \cdot \sqrt{n_{棱镜}^2 - \sin^2 r_c} - \cos\beta \cdot \sin r_c$$

B 对一定的棱镜为一常数，$n_{棱镜}$ 在定温下也是个定值。所以液体的折射率 $n_{液}$ 是角 r_c 的函数。由 r_c 可计算液体折射率。阿贝折光仪上已经把读数 r_c 换算成 $n_{液}$ 的值，可直接读出 $n_{液}$ 的值。

在指定条件下，液体的折射率因所用单色光的波长不同而不同。若用普通白光作为光源，则由于发生色散而在明暗分界线处呈现彩色光带，使明暗交界不清楚。为了能用白光作光源，故在仪器中还装有两个各由三块棱镜组成的"阿密西"棱镜作为补偿棱镜（上面的一块"阿密西"棱镜可以转动），调节其相对位置，在适当取向时，可以使从下面的折射棱镜出来的色散光线重新成为白光，消除色带，使明暗界线清楚。此时，用白光测得的折射率即相当于用钠光 D 线（波长 5890Å）所测得的折射率 n_D。

折射率是物质的特性常数之一，它的数值与温度、压力和光源的波长等有关。符号 n_D^{20} 是指在 20℃ 时用钠光 D 线作光源时的物质的折射率。温度对折射率有影响。多数液态有机物质当温度每增加 1℃ 时，折射率会降低 3.5×10^{-4} 到 5.5×10^{-4}，而固体的折射率和温度的关系没有规律，一般不超过 1.0×10^{-4}。通常大气压的变化对折射率的影响不明显，所以只有在很精密的工作中才考虑压力对折射率的影响。

2. 阿贝折光仪的使用

阿贝折光仪如图 3-10 所示，其使用方法如下：

（1）将棱镜 5 和 6 打开，用擦镜纸将镜面拭净后，在镜面上滴少量待测液体，并使其铺满整个镜面，关上棱镜。

（2）调节反射镜 7 使入射光线达到最强，然后转动棱镜使目镜出现半明半暗，分界线位于十字线的交叉点，这时从放大镜 2 即可在标尺上读出液体的折射率。

（3）如出现彩色光带，调节消色补偿器 4，使彩色光带消失，阴暗界面清晰。

（4）测定完之后，打开棱镜并用丙酮洗净镜面，也可用吸耳球吹干镜面，实验结束后，除必须使镜面清洁外，尚需夹上两层擦镜纸才能扭紧两棱镜的闭合螺丝，以防镜面受损。

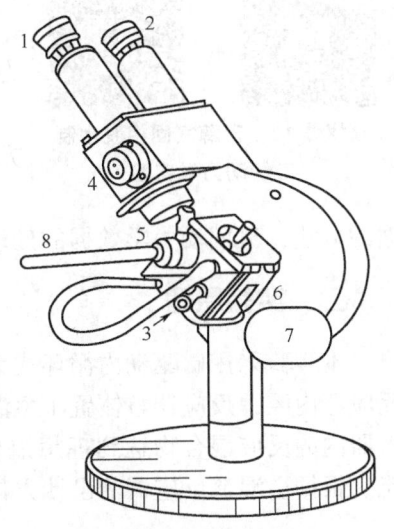

图 3-10 阿贝折光仪
1—目镜；2—放大镜；3—恒温水接头；
4—消色补偿器；5,6—棱镜；
7—反射镜；8—温度计

3. 阿贝折光仪标尺零点的校正

阿贝折光仪在使用前，必须先经标尺零点的校正，可用已知折射率的标准液体（如纯水的 $n_D^{20} = 1.3325$），亦可用每台折光仪中附有已知折射率的"玻块"来校正。可用 α-溴萘将"玻块"光的一面黏附在折射棱镜 5 上，不要合上棱镜 6，打开棱镜背后小窗使光线由此射入，用上述方法进行测定，如果测得值和此"玻块"的折射率有区别，旋动镜筒上的校正螺丝 K 进行调整。

4. 注意事项

阿贝折光仪属精密、贵重的光学仪器，使用时要细心操作，并注意以下几点：

(1) 棱镜是折光仪的关键部件，要特别注意保护。开闭棱镜时动作要轻，不要用力过大。净化棱镜时必须用擦镜纸沾干，不得往返擦镜面，也不得用其他纸、布或手擦镜面。

(2) 用滴管从加样品孔滴入样品时，不得将滴管插入孔内，防止滴管破损。如果有破损，并有碎玻璃进入孔内，则应立即打开棱镜，用丙酮冲洗，用擦镜纸轻轻地沾去玻璃，以防止碎玻璃划坏或压坏棱镜镜面。

(3) 不得测试酸性、碱性或其他有腐蚀性的液体。

(4) 保持仪器各部件（如目镜、反射镜等）的清洁，防止磨损。

(5) 阿贝折光仪切勿让阳光曝晒。

实验三　乙醇气固相脱水制乙烯动力学实验

一、实验目的

富媒体12　乙醇气固相脱水制乙烯动力学实验

(1) 熟悉内循环式无梯度反应器的特点以及其他相关设备的使用方法。

(2) 通过乙醇气固相催化脱水实验，巩固所学的相关动力学方面的知识。

(3) 掌握内循环式无梯度（全混流）反应器的设计方程。

(4) 掌握利用内循环式无梯度反应器获得反应动力学数据的方法，巩固动力学数据的处理方法，并根据动力学方程求出相应的参数。

二、实验原理

本实验采用磁驱动内循环式无梯度反应器，催化剂颗粒置于不锈钢筐内，不锈钢筐置于反应器内腔，反应器整体置于恒温电炉中。由于搅拌轮的推动作用，气流强制循环，可使反应器内的反应混合物达到理想混合，即无浓度梯度和温度梯度，物料的流动方式近于全混流。根据全混流反应器的设计方程可知，反应物的反应速率满足下式：

$$-r'_A = \frac{F_{A0} X_A}{W} \tag{3-21}$$

式中　F_{A0}——进料的摩尔流率，mol/h；

X_A——反应物 A 的转化率；

W——催化剂质量，g；

$-r_A$——反应物 A 的消耗速率，mol/(g·h)。

由此可计算出反应物的反应速率。通过调整进料速率，可以得到不同的反应物转化率（或反应器出口浓度），从而可得出反应速率常数 k 与反应级数 n。

本实验的对象为乙醇脱水反应，该反应为平行反应，乙醇进行分子内脱水成乙烯，同时可能分子间脱水生成乙醚，参见式(3-22)和式(3-23)。

$$2C_2H_5OH \longrightarrow C_2H_5OC_2H_5 + H_2O \tag{3-22}$$

$$C_2H_5OH \longrightarrow C_2H_4 + H_2O \tag{3-23}$$

一般而言，较高的温度有利于生成乙烯，而较低的温度则有利于生成乙醚。

在给定温度压力条件下，在所述内循环式无梯度反应器内，以 60~80 目分子筛为催化剂，在一定的乙醇进料速率下，进行乙醇脱水气固相反应。利用六通阀对产物进行采样分析，得到各组分的色谱分析面积百分比。利用表 3-6 所提供的校正因子按下式计算得出各组分的质量分数或摩尔分数。

$$X_i = \frac{c_i f_i}{\sum_{j=1}^m c_i f_i} \tag{3-24}$$

式中 c_i——组分 i 的色谱分析面积百分比；

f_i——组分 i 的质量校正因子或摩尔校正因子。

表 3-6 各组分的校正因子

名称	乙烯	乙醇	乙醚	水
分子量	28.1	46.1	74.1	18.0
质量校正因子	0.585	0.64	0.67	0.55
摩尔校正因子	2.08	1.39	0.91	3.03

表 3-7 实验数据举例

进料量/(mL/min)	反应温度/℃	反应压力/MPa	催化剂用量/g	色谱面积百分比/%			
				乙烯	水	乙醇	乙醚
0.2	290.0	0.101	2.04	23.0	27.2	30.6	19.2

以表 3-7 数据为例，反应产物中乙烯的摩尔分数为：

$$X_{乙烯} = \frac{c_i f_i}{\sum_{j=1}^m c_i f_i} = \frac{2.08 \times 23.0\%}{2.08 \times 23.0\% + 3.03 \times 27.2\% + 1.39 \times 30.6\% + 0.91 \times 19.2\%} = 0.251$$

同理可得，$X_{水} = 0.434$，$X_{乙醇} = 0.223$，$X_{乙醚} = 0.092$

根据碳原子守恒，进一步计算乙醇转化率：

$$X_{乙醇} = (原料中乙醇的量 - 产物中乙醇的量)/原料中乙醇的量 \tag{3-25}$$

$$= 1 - \frac{X_{乙醇}}{X_{乙烯} + X_{乙醇} + 2X_{乙醚}} = 1 - \frac{0.223}{0.251 + 0.223 + 2 \times 0.092} = 0.661$$

乙烯收率：

$$Y_{乙烯} = \frac{生成的乙烯量}{原料乙醇量} \tag{3-26}$$

乙烯生成速率记为 $r_{乙烯}$，根据全混流反应器的设计方程可知：

$$r_{乙烯} = \frac{乙醇进料速率 \times 乙烯收率}{催化剂用量} \tag{3-27}$$

由理想气体状态方程可得，反应器中乙醇的浓度为：

$$C_{乙醇} = \frac{pX_{乙醇}}{RT} = \frac{101000 \times 0.223}{8.314 \times (273.15 + 290.0)} = 4.820 \text{ (mol/m}^3\text{)}$$

该反应的速率方程为：

$$r_{乙烯} = kC_{乙醇}^n$$

$$\ln(r_{乙烯}) = n\ln(C_{乙醇}) + \ln(k)$$

求得不同进料速率下的 $r_{乙烯}$ 和 $C_{乙醇}$，对 $\ln(r_{乙烯})$ 和 $\ln(C_{乙醇})$ 作图，根据线性拟合的结果，即可求得反应级数 n 和不同温度下的反应速率常数 k。

调整操作温度，重复实验，得到不同温度下的速率常数 k，根据阿累尼乌斯定律：

$$k = k_0 \exp(-E/RT) \tag{3-28}$$

可知：

$$\ln k = \ln k_0 - \frac{E}{RT} \tag{3-29}$$

将 $\ln k$ 对 $1/T$ 作图，即可求出指前因子 k_0 和活化能 E。

三、实验仪器与试剂

1. 实验仪器

反应器结构如图 3-11 所示。实验装置流程简图如图 3-12 所示。实验装置由三部分组成：第一部分是进料系统，由微量进料泵、氮气钢瓶和汽化器组成；第二部分是反应系统，由一台内循环式无梯度反应器、温度控制器和显示仪表组成；第三部分是取样和分析系统，包括产品收集器、六通阀、在线气相色谱仪。六通阀结构及工作原理示意图如图 3-13 所示。

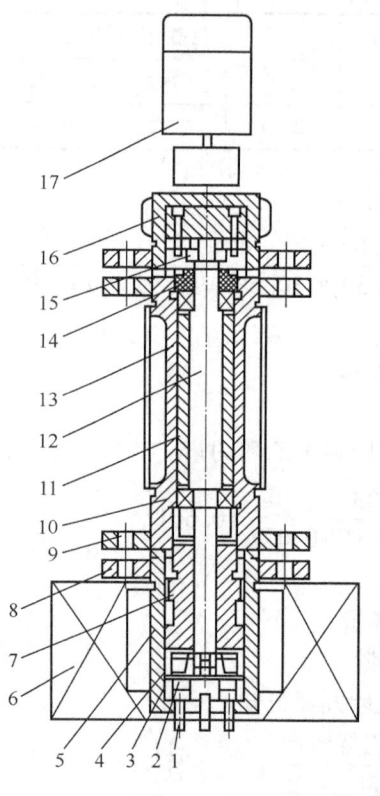
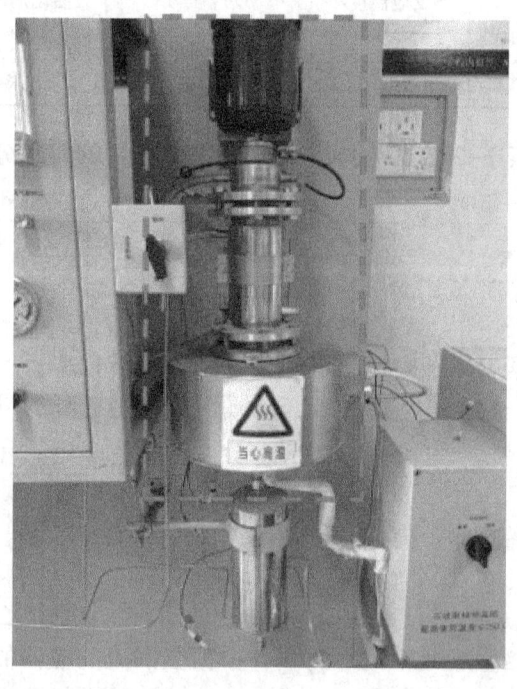

图 3-11 反应器结构示意图（左）和反应器结构实物图（右）

1—压片；2—催化剂；3—框压盖；4—桨叶；5—反应器外筒；6—加热炉；7—反应器内筒；8—法兰；
9—压盖；10—轴承；11—冷却内筒；12—轴；13—内支撑筒；14—外支撑筒；
15—反应器磁钢架；16—底筒；17—磁力泵

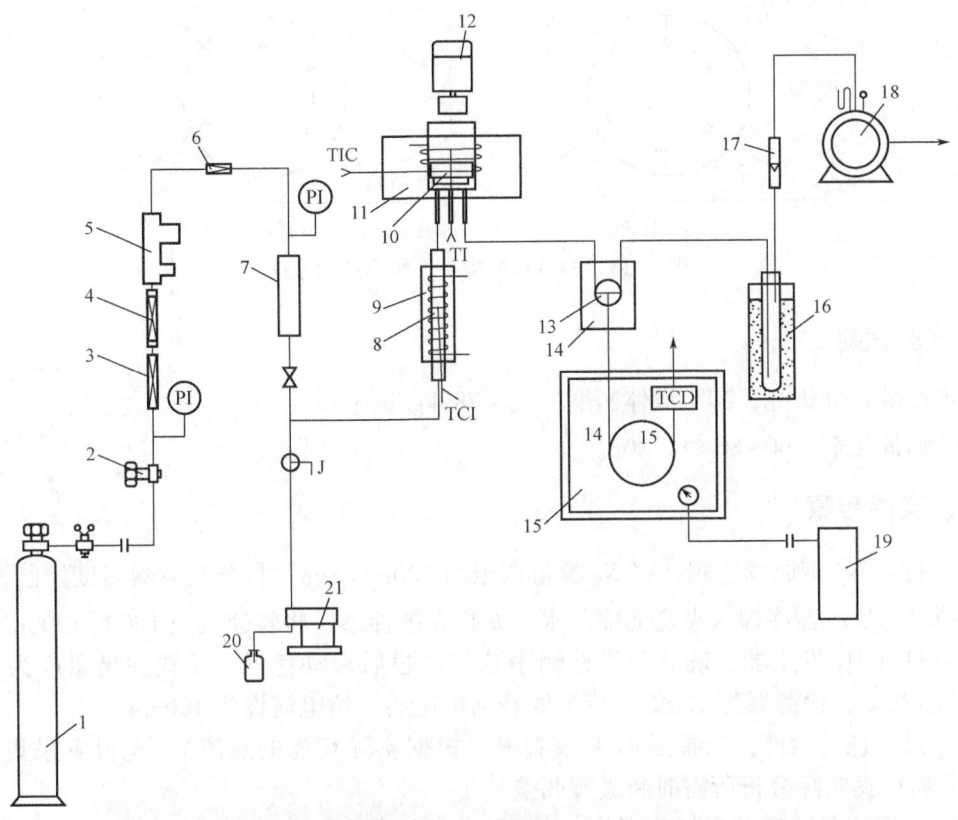

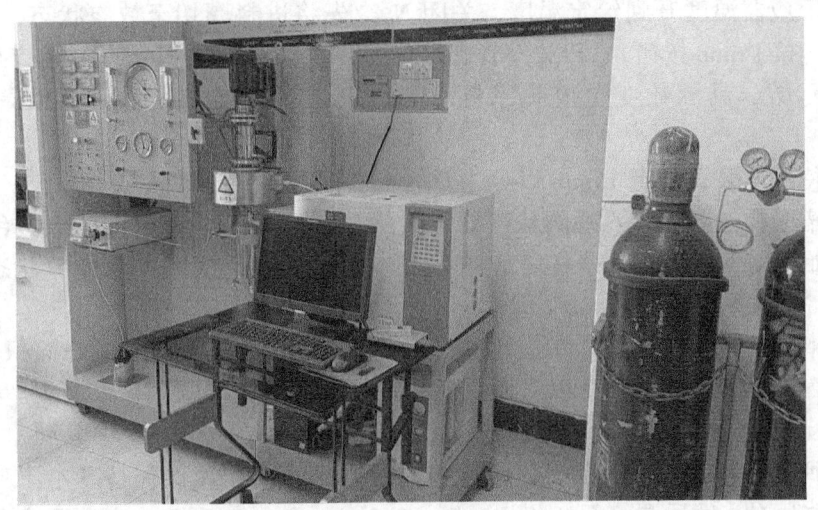

图 3-12 实验装置流程简图（上）和实验装置的实物图（下）

TIC—控温；TI—测温；PI—压力计；J—进液排放三通阀；TCD—热导池检测器；
1—氮气钢瓶；2—稳压阀；3—干燥器；4—过滤器；5—质量流量计；6—单向阀；7—缓冲器；8—预热器；
9—预热炉；10—反应器；11—反应炉；12—马达；13—六通阀；14—保温箱；15—气相色谱仪；
16—冷凝器；17—转子流量计；18—湿式流量计；19—氢气发生器；20—原料瓶；21—原料泵

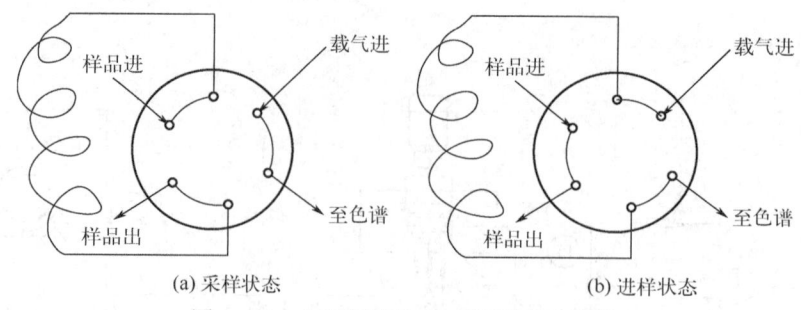

(a) 采样状态　　　　　　　(b) 进样状态

图 3-13　六通阀结构及工作原理示意图

2. 实验试剂

无水乙醇：分析纯，20℃液体密度 $\rho_{乙醇}=789kg/m^3$；

分子筛催化剂：60~80 目，20g。

四、实验步骤

（1）打开 N_2 钢瓶减压阀，将 N_2 流量调至约 300mL/min，打开反应器温度控制器开关，升温，同时向反应器冷却水夹套通冷却水，并打开搅拌器，将转速调至 1000~1500r/min。

（2）打开 H_2 发生器，确认色谱检测中载气通过后启动色谱，设置柱箱温度为 110℃，进样器为 130℃，检测器为 120℃，待温度升到指定后，桥电流设为 100mA。

（3）打开色谱软件，选择通道 A 或者 B（根据实际相连的通道），先设置采集时间为 6min，然后根据实际分析所需时间进行调整。

（4）待反应器温度升到给定温度，关闭 N_2，先将进料阀切至放空状态，打开泵进料，先开到最大（按 Prime 按钮），待放空管有液体流出，切换至进料状态，等待几分钟，观察湿式流量计示数，其示数变化表明原料乙醇进到了反应装置，然后再设置泵的进料为 0.6mL/min。

（5）等待反应装置稳定 15min 以上，开始采样记录。

（6）色谱采样过程：将六通阀从"取样"扳到"进样"状态，同时点击色谱软件"采样"按钮开始记录，在下一次采样之前将六通阀从"进样"扳回"取样"状态，让定量管充满样品以备下次采样。

（7）色谱出峰依次为乙烯、水、乙醇、乙醚，读取各原料和产物的峰面积。

（8）保存到桌面，建立一个以日期命名的文件夹，将采样的名称命名为"06-1、06-2、06-3"等。

（9）直到最新所采的三组数据的原料和各产物的峰面积比例保持基本不变的时候，将三组数据给教师看，然后调节至 0.4mL/min、0.3mL/min、0.2mL/min 等至少共 4 个进料量条件，继续进行动力学实验。

（10）在 250~380℃ 选取 4 个温度点，重复上述步骤。

（11）实验结束后，设置色谱为关闭，等待约 30min，待检测器的温度降到 80℃ 以下，关闭电源，关闭 H_2 发生器。

（12）关闭泵进料，打开 N_2 进行吹扫，开至总量程一半，流量大约为 300mL/min，等待约 30min，将搅拌器转速调至 0r/min，依次关闭各控温开关、搅拌器开关及总电源。

(13) 关闭 N_2 钢瓶总阀,待管道内气体全部排出,关闭减压阀。
(14) 关闭冷却水。
(15) 教师给学生的数据签字,学生才可以离开。

五、实验数据记录及处理

1. 实验数据记录

记录原始数据,列入表 3-8。

表 3-8 原始数据表

实验序号	进料量/(mL/min)	反应压力/MPa	反应温度/℃	面积百分比/%			
				乙烯	水	乙醇	乙醚

2. 实验数据处理

按照"二、实验原理"中所述的方法,对数据进行处理,将相关数据和结果列入表 3-9。

表 3-9 实验数据处理

反应温度/℃	进料量/(mL/min)	产物组成(摩尔分数)/%				乙醇转化率/%	乙烯收率/%	$r_{乙烯}$	$C_{乙醇}$	$\ln(r_{乙烯})$	$\ln(C_{乙醇})$
		乙烯	水	乙醇	乙醚						

六、注意事项

(1) 实验前,仔细检查实验设备,确保仪器设备工作正常。全面分析实验过程中的可能存在的风险，做好预防措施，严防各类危险的发生。

（2）实验中，仔细观察实验现象，认真记录实验结果。做到实验数据记录完整、准确。发现异常情况报告教师进行处理。

（3）严格按照实验规程和步骤进行实验，严禁违规随意调节、操作各类阀门和仪器开关。操作过程中小心谨慎，切忌粗枝大叶、马马虎虎，操作时动作尽量轻缓。

（4）爱护实验设备，发现仪器损坏，及时向教师汇报。

七、思考题

（1）本次实验巩固了所学的有关理想反应器及利用全混流反应器进行动力学数据测定的知识，试分析实验所用内循环式无梯度反应器的特性，以乙烯为着眼组分，给出其设计方程，简述利用该反应器进行动力学实验测定的方法和步骤。

（2）回顾总结转化率、收率的概念。

（3）分析乙醇脱水反应的特性，试根据实验结果给出最有利于乙烯生成的操作条件。

（4）根据所取得的产物组成数据，分析各产物之间的计量关系，若存在误差，请分析出可能的原因。

（5）实验中有否闻到试剂气味，分析出现这一现象的原因。

（6）从实验设备和操作等方面，分析实验过程中安全操作需要注意的问题，以及存在的安全隐患。

实验四　连续搅拌釜式反应器停留时间分布的测定

一、实验目的

富媒体 13　连续搅拌釜式反应器停留时间分布的测定

（1）了解反应器中物料返混的现象；
（2）掌握停留时间分布的测定方法；
（3）了解停留时间分布与多釜串联模型的关系；
（4）了解模型参数 N 的物理意义及计算方法。

二、实验原理

在研究工业生产反应器内进行的液相反应时，不仅要了解浓度、温度等因素对反应速度的影响，还要考虑物料的流动特性和传热与传质对反应速度的影响。种种原因造成的涡流、速度分布等使物料产生不同程度的返混。返混不仅会改变反应器内的浓度分布从而影响反应率，同时还会给反应的放大、设计带来很大的困难。

反应器的返混程度是很难直接观察和度量的。返混会产生两个孪生现象：其一是改变了反应器内的浓度分布；其二是造成物料的停留时间分布。测定物料的停留时间分布是一种比较简单的方法。因此，通常采用测定停留时间分布来探求反应器的返混程度。通过测定反应器的停留时间分布，对过程的物理实质加以概括和简化，可以概括出流动模型。

本实验通过单釜与三釜反应器中停留时间分布的测定，将数据计算结果用多釜串联模型来定量表示返混程度,从而认识限制返混的措施。

在连续流动的反应器内,不同停留时间的物料之间的混合称为返混。返混程度的大小一般很难直接被测定,通常利用物料停留时间分布的测定来研究。然而测定不同状态的反应器内停留时间分布时可以发现,相同的停留时间分布可以有不同的返混情况,即返混与停留时间分布不存在一一对应关系,因此,不能用停留时间分布的测定实验数据直接表示返混程度,其需要借助于反应器数学模型来间接表达。

物料在反应器内的停留时间完全是一个随机过程,须用概率分布方法来定量描述。所用的概率分布函数为停留时间分布密度函数 $E(t)$ 和停留时间分布函数 $F(t)$。停留时间分布密度函数 $E(t)$ 的物理意义:同时进入的 N 个流体粒子中,停留时间介于 t 到 $t+dt$ 间的流体粒子所占的分率 dN/N 为 $E(t)dt$。停留时间分布函数 $F(t)$ 的物理意义:流过系统的物料中停留时间小于 t 的物料的分率。

停留时间分布的测定方法有脉冲法、阶跃法、周期输入法等,常用的是脉冲法。当系统达到稳定后,在系统的入口处瞬间注入一定量 Q 的示踪物料,同时开始在出口流体中检测示踪物料的浓度变化。这里 V 为液体流量,$c(t)$ 为 t 时刻示踪剂浓度。

由停留时间分布密度函数的物理含义,可知

$$E(t)dt = V \cdot c(t)dt/Q \tag{3-30}$$

$$Q = \int_0^\infty V \cdot c(t)dt \tag{3-31}$$

所以

$$E(t) = \frac{V \cdot c(t)}{\int_0^\infty V \cdot c(t)dt} = \frac{c(t)}{\int_0^\infty c(t)dt} \tag{3-32}$$

由此可见 $E(t)$ 与示踪剂浓度 $c(t)$ 成正比。

本实验中用水作为连续流动的物料,以饱和 KCl 作示踪剂,在反应器出口处检测溶液电导值。在一定范围内,KCl 浓度与电导值成正比,则可用电导值来表达物料的停留时间变化关系,即 $E(t) \propto L(t)$,这里 $L(t) = L_t - L_\infty$,L_t 为 t 时刻的电导值,L_∞ 为无示踪剂时的电导值。

停留时间分布密度函数 $E(t)$ 在概率论中有两个特征值——平均停留时间(数学期望)$\bar{t}$ 和方差 σ_t^2。

$\bar{t}$ 的表达式为:

$$\bar{t} = \int_0^\infty tE(t)dt = \frac{\int_0^\infty tc(t)dt}{\int_0^\infty c(t)dt} \tag{3-33}$$

采用离散形式表达,并取相同时间间隔 Δt,则:

$$\bar{t} = \frac{\sum tc(t)\Delta t}{\sum c(t)\Delta t} = \frac{\sum t \cdot L(t)}{\sum L(t)} \tag{3-34}$$

σ_t^2 的表达式为:

$$\sigma_t^2 = \int_0^\infty (t-\bar{t})^2 E(t)dt = \int_0^\infty t^2 E(t)dt - \bar{t}^2 \tag{3-35}$$

也可采用离散形式表达,并取相同 Δt,则:

$$\sigma_t^2 = \frac{\sum t^2 c(t)}{\sum c(t)} - \bar{t} = \frac{\sum t^2 L(t)}{\sum L(t)} - \bar{t}^2 \tag{3-36}$$

若用无因此对比时间 θ 来表示，即 $\theta = t/\bar{t}$，则无因此方差：

$$\sigma_\theta^2 = \frac{\sigma_t^2}{\bar{t}^2} \tag{3-37}$$

在测定了一个系统的停留时间分布后，如何来评价其返混程度，则需要用反应器模型来描述，这里我们采用多釜串联模型。

所谓多釜串联模型是将一个实际反应器中的返混情况作为与若干个全混釜串联时的返混程度等效的模型。这里的若干个全混釜个数 N 是虚拟值，并不代表反应器个数，N 称为模型参数。多釜串联模型假定每个反应器为全混釜，反应器之间无返混，每个全混釜体积相同，则可以推导得到多釜串联反应器的停留时间分布函数关系，并得到无因次方差 σ_θ^2 与模型参数 N 存在的关系为：

$$N = \frac{1}{\sigma_\theta^2} \tag{3-38}$$

当 $N=1$，$\sigma_\theta^2 = 1$，为全混釜特征；当 $N \to \infty$，$\sigma_\theta^2 \to 0$，为平推流特征。

这里 N 是模型参数，是个虚拟釜数，并不限于整数。

三、实验仪器与试剂

实验流程图和实验装置图分别如图 3-14 和图 3-15 所示。

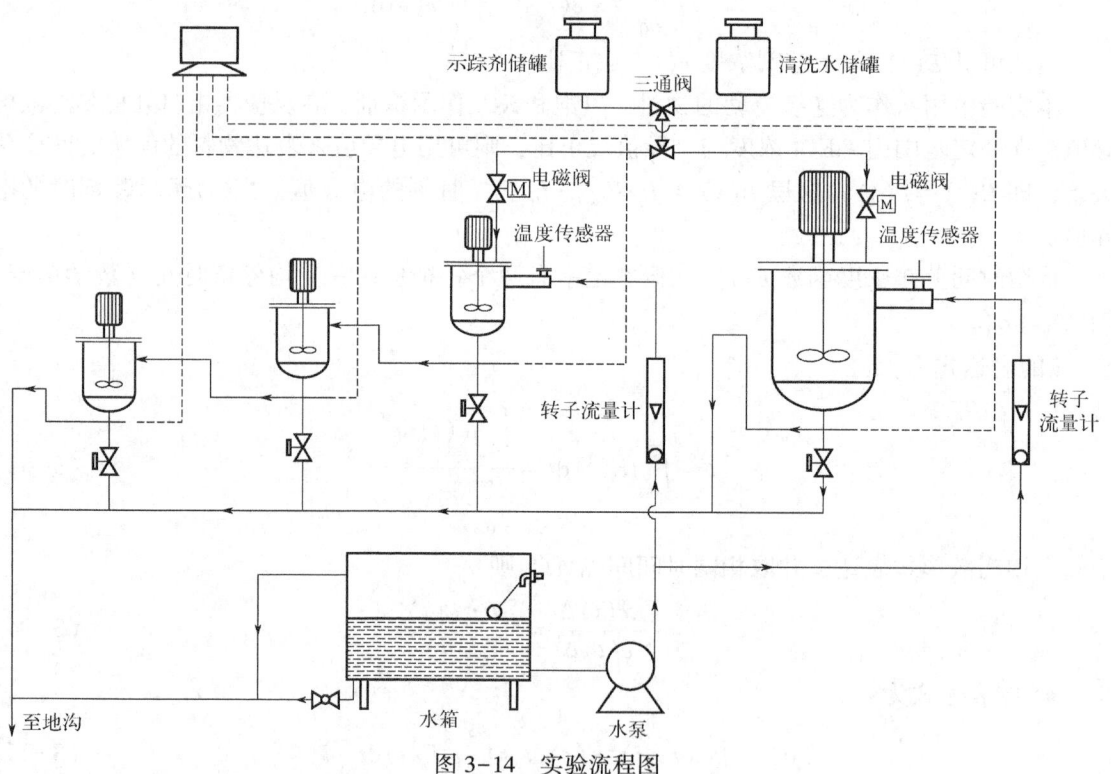

图 3-14　实验流程图

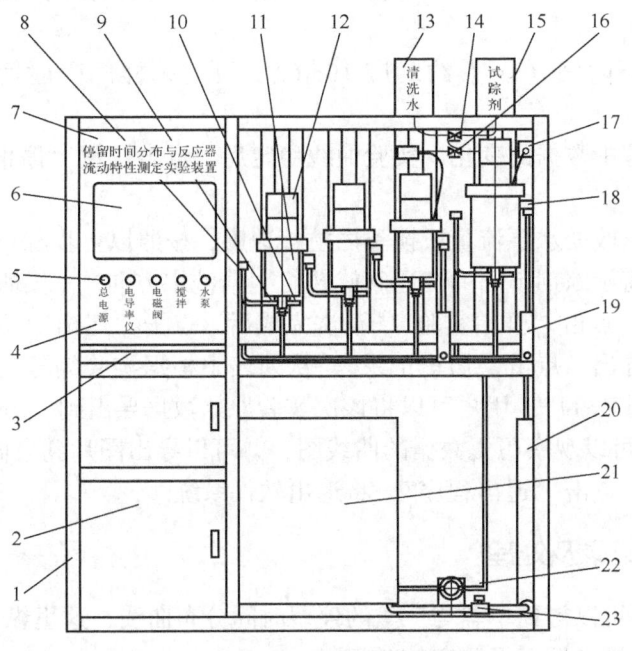

图 3-15 实验装置图

1—机柜；2—储物柜；3—键盘托；4—研制单位；5—电源按键；6—触屏电脑；7—设备名称；
8—液位调节出口；9—排水阀；10—电导率仪电极；11—反应釜；12—搅拌电机；13—清洗水罐；
14—示踪剂/清洗水选择阀；15—示踪剂罐；16—大釜/三釜串联选择阀；17—电磁阀；18—进液口；
19—玻璃转子流量计；20—排液管；21—水箱；22—进液泵；23—排放阀

主要部件说明：（1）大釜：透明亚克力材质，容积为3.0L，配搅拌电机，转速可远传调节。（2）小釜：透明亚克力材质，容积为1.0L，配搅拌电机，转速可远传调节。（3）转子流量计：流量检测，量程为6~60L/h；介质为水；使用环境为常温、常压。（4）电导率仪电极：耐腐蚀电极，量程为0~20000us/cm，485通信；自动数据处理与屏幕显示实验曲线、数据，自动温度补偿为0~100℃。（5）示踪剂、清洗水储罐：亚克力材质，容积为1L。（6）磁力驱动泵：电压为220V，功率为15W；不锈钢泵头，流量可通过计算机控制调节。（7）水箱：透明亚克力材质，600mm×500mm×500mm，带浮球阀及排尽阀。

四、实验步骤

（1）启动计算机，在桌面上双击图标进入采集软件，打开面板上各个开关。点击"系统自检"，进行相关参数测试（系统自检一般在设备调试阶段进行）。

（2）点击"开始实验"，在窗口中输入相关登录信息。

（3）用户在输入相应的参数后，点击"确定"按钮，系统会进入相应的流程界面（以三釜串联为例说明）。

① 将示踪剂下面的三通阀旋转至"示踪剂方向"（长柄指向示踪剂）。

② 将右侧的转子流量计向右旋至最紧的位置，关闭大釜流量计；将左侧的流量计向左旋至最松的位置，打开三釜串联流量计。

③ 启动水泵，设定一个合理的水泵流量（20~50L/h），等待三个釜体中的液位均稳定。设定釜2、釜3、釜4的搅拌速度，依次点击"确定"。

④ 观察软件界面中左侧电导率的数值，初始清水在0.5附近。点击按钮"电导率归零"后，数据均在0附近。

⑤ 设定电磁阀开时间（1s大约对应10mL），设定采样间隔时间。点击按钮"开始实验"。

⑥ 观察实验过程中数据的变化，实验曲线稳定后，点击按钮"停止实验"，查看计算结果、保存曲线。

⑦ 根据实验要求改变水泵流量或搅釜内搅拌速度，按照以上步骤重复实验。

⑧ 清洗流程：将示踪剂下面的三通阀旋转至"清洗水方向"（长柄指向清洗水）；设定电磁阀开时间3~5s，点击"开始实验"，清洗完成后，点击"退出"。

⑨ 实验数据的导出：点击"历史记录"，从列表中根据实验编号找到需要导出的数据，双击，点击"导出到Excel"，用户可以将该次实验原始数据导出到Excel，进行进一步处理。点击"回放曲线"，可以观察历史数据的曲线图，并可以导出图片到桌面。

⑩ 实验结束后，点击"退出程序"，将退出软件系统。

五、实验数据记录及处理

根据实验结果，可以得到单釜与三釜的停留时间分布曲线，这里纵坐标电导值L对应了示踪剂浓度的变化，横坐标记录测定的时间。

（1）采用离散化方法，在曲线上相同时间间隔取点，一般可取20个数据点左右，再由公式分别计算出各自平均停留时间、方差及无因次方差。

（2）通过多釜串联模型，利用公式求出相应的模型参数N，随后根据N的数值大小，就可确定单釜和三釜系统的两种返混程度大小。

六、思考题

（1）影响反应器停留时间分布的因素有哪些？

（2）根据计算的模型参数N，讨论两种系统的返混程度的大小。

（3）讨论：如何限制返混或加大返混程度？

（4）停留时间分布测定常用的方法有哪两种？本实验采用什么方法？比较两种方法的优缺点。

（5）引起返混的原因有哪些？

实验五　固定床与流化床反应器流动特性的测试

富媒体14　固定床与流化床反应器流动特性的测试

一、实验目的

（1）观察固定床与流化床状态的转化过程；测定上述过程中床层压降随气体流速的变化数据，确定固定床与流化床的操作气速范围；

（2）掌握"停留时间分布"的测定方法及实验结果分析；

（3）加深对"停留时间分布"概念与"停留时间分布函数"的理解。

二、实验原理

1. 固定床与流化床

气固相催化反应常用固定床或流化床作为反应器。固定床中固体颗粒是静止不动的,而流化床中,固体颗粒在气体的作用下上下翻滚,做剧烈流动运动,流化床在传质、传热方面较固定床具有明显的优势,但是固体颗粒的上下翻滚使得气体易发生返混。

流体通过固定床床层空隙通道时,因摩擦而产生压力降。随着流速的增大,床层压降不断升高,当压力降达到某一高值时,床层开始松动,即开始流化。此后,随着流速的增大,床层高度不断增高,而压降大致保持不变。床层压降与气速之间的关系图如图3-16所示。床层压降—气速曲线上,固定床压降与流化床压降的切线交点所对应的流化速度定义为混合颗粒的最小流化速度 u_{mf}。通过测定床层压降随气速变化的数据,可确定固定床与流化床操作气速的范围。

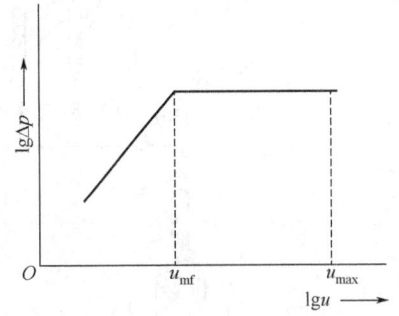

图 3-16 床层压降 Δp 与气速 u 之间的关系图

2. 停留时间分布

当物料连续流经反应器时,停留时间及停留时间分布是重要概念。停留时间分布和流动模型密切相关。流动模型分平推流、全混流与非理想流动三种类型。

对于平推流,流体各质点在反应器内的停留时间均相等,对于全混流,流体各质点在反应器内的停留时间是不同的,在 $0 \sim \infty$ 范围内变化。对于非理想流动,流体各质点在反应器内的停留时间分布情况介于以上两种理想状态之间。总之,无论流动类型如何,都存在停留时间分布与停留时间分布的定量描述问题。此方面的具体理论参见实验四"连续搅拌釜式反应器停留时间分布的测定"。固定床与流化床反应器中气固流动状态不同,导致其停留时间分布也存在差异,本实验将分别对固定床与流化床中气体的停留时间分布进行测定。

实验采用脉冲示踪的方法进行停留时间分布的测定,床层流体为 N_2,示踪剂采用 H_2,通过六通阀实现示踪剂的脉冲注入,采用 TCD 单检测器热导池色谱工作站采集得到示踪剂流过床层时的示踪曲线,由示踪曲线处理得出 $E(t)$ 曲线的方法同实验四"连续搅拌釜式反应器停留时间分布的测定",进一步参照前述实验所述方法,对 $E(t)$ 曲线进行处理,分析得出相应的平均停留时间 $\bar{t}$ 以及方差 σ_t^2 和无因次方差(散度)σ_θ^2。

三、实验仪器与试剂

实验所用设备及流程图如图 3-17 所示,主要设备包括玻璃反应器,N_2 气瓶和 H_2 气瓶、转子流量计、热导池、采样用计算机、六通阀以及压差传感器等。实验装置照片及控制面板示意图如图 3-18 和图 3-19 所示。

(1) 玻璃反应器:总高为 400mm;反应段高度为 250mm;反应段内径为 20mm;静床高度 H_0 为 100mm;

(2) 转子流量计:0~6L/min(N_2)、5~50mL/min(H_2)。

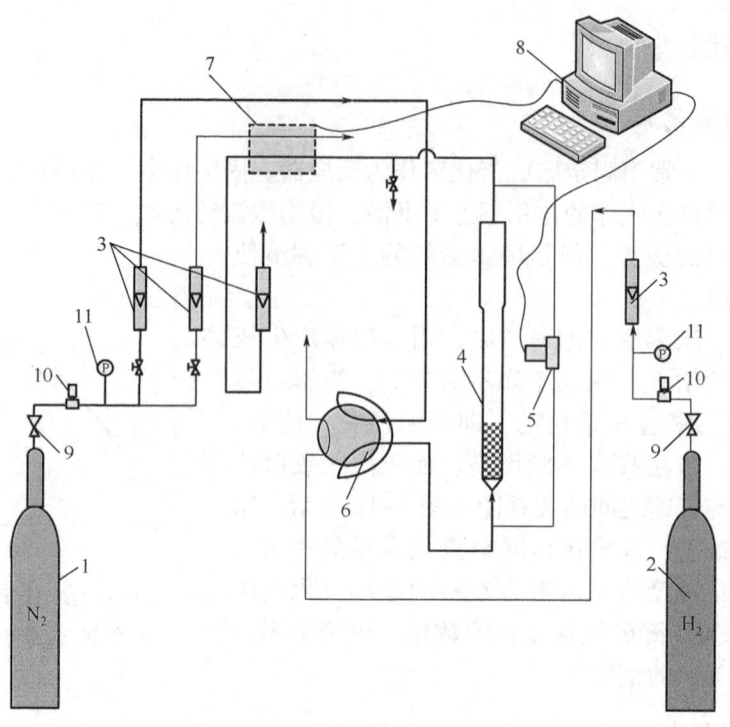

图 3-17 实验所用设备及流程图

1—N_2 气瓶；2—H_2 气瓶；3—转子流量计；4—玻璃反应器；5—压差传感器；6—六通阀；
7—热导池；8—采样用计算机；9—减压阀；10—稳压阀；11—压力表

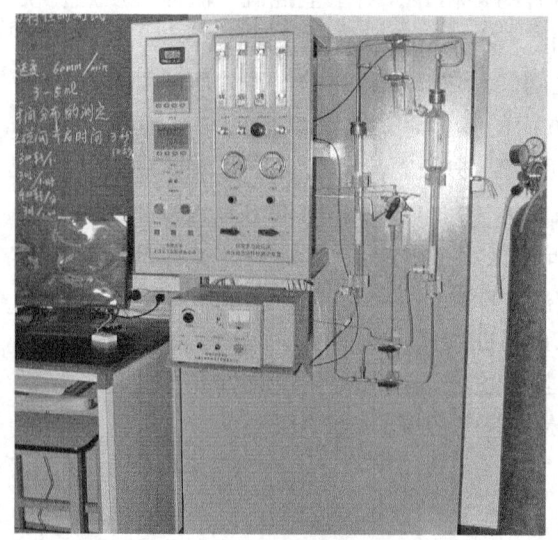

图 3-18 实验装置照片

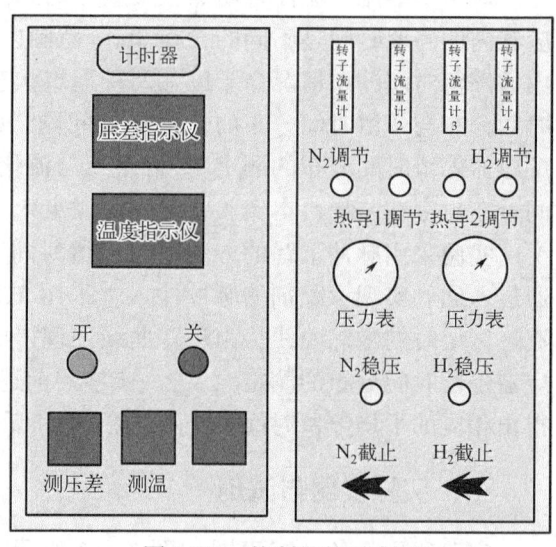

图 3-19 控制面板示意图

四、实验步骤

1. 流体（N_2）空塔速度与床层压降关系的测定

（1）打开总柜电源，打开压差指示仪。

（2）打开 N_2 气瓶减压阀，调节 N_2 稳压阀，使系统的表压稳定在 0.06MPa。

（3）打开计算机，开启压差采集程序，调节 N_2 流量调节阀，从小到大，依次测定床层压降，同时观察固定床向流化床转化的流化现象。可由压差采集程序自动绘制床层压降与气体流量之间的关系，根据所观察的现象和压差—气体流量曲线，确定固定床与流化床的操作范围。

2. 停留时间分布密度函数 $E(t)$ 的测定

（1）根据前述实验所得床层压降及状态与 N_2 流量的关系，分别在固定床阶段和流化床阶段各选 2~3 个气体流量条件，进行如下的示踪实验。

（2）调节热导 1 和热导 2 调节阀，使两者 N_2 流量一致，均维持在 10~30mL/min。

（3）调节 H_2 稳压阀，使其压力稳定在 0.02MP，调节 H_2 调节阀，使其流量为 50mL/min。

（4）打开热导电源，桥流调节到 80mA，开启色谱信号采集程序，等待基线平稳后可进行下一步工作。

（5）快速转动六通阀至示踪剂注入位置，同时单击色谱采集程序的"采样"按钮，会发现采集到负峰，这是六通阀转动所引起的，之后会出现示踪剂峰形，当信号回到"基线"处之后，测试工作告一段落。

（6）打开示踪曲线处理程序，调用示踪剂峰型，由程序自动计算出停留时间分布曲线的平均停留时间、无因次方差，以及用多级全混流串联模型描述该流动时模型中的釜数 N。

3. 关闭仪器及设备

以上测试工作完毕后，依次关闭热导电源、压差指示仪电源及各阀门。最后关闭总电源。

4. GC-6890 气相色谱的主要操作步骤

在打开气源（N_2 压力要求 0.2MPa 以上）、接通电源开关等准备就绪后，在色谱操作面板上按以下步骤进行：

（1）按下"温度"按钮，观察设定温度（若温度已设定好，略去此步骤）。

（2）按下"加热"按钮进行色谱柱室预热，此时"准备""加热"指示灯亮。

（3）待预热温度达到预设温度后，按下"检测器"按钮，此时出现操作界面，按动上下箭头按钮，将光标移动到桥流开关处，选择"on/off"键，使桥流开关显示为 on。此时色谱已进入正常工作状态，可以进行检测任务。

（4）色谱使用后，按下面板上的"停止"键可停止色谱柱室的加热。

（5）待色谱柱室温降到室温后，关闭色谱总电源。

五、实验数据记录及处理

1. 实验数据记录

本实验的数据处理工作可完全由本实验所配相关程序自动完成，也可由实验人员自行处理。若实验人员自行处理实验数据，可依照下述方法进行，其内容主要分为两部分：

（1）压差—气流量曲线的绘制及固定床流化床操作气速范围的确定。

根据压差采集程序所采不同气体流量下的压差时均数据，绘制曲线，曲线形式类似于

图 3-16，在床层压降—流化速度曲线上，固定床压降与流化床压降的切线交点即床层的最小流化速度。由此确定固定床与流化床状态的分割点。

（2）停留时间分布曲线的处理。利用示踪曲线，参照"实验四连续搅拌釜式反应器停留时间分布的测定"，绘制 $E(t)$ 曲线，并计算出相关的参数，分析气固流动状态和气速对气体停留时间分布的影响。

2. 实验数据处理

根据 $V(t)$—t 曲线，将其换算成 $E(t)$—t 关系，并画出 $E(t)$—t 曲线。从停留时间曲线上选取 10~20 个点，采用离散型公式，计算平均停留时间、方差、散度和模型参数 N，并与计算机计算结果做比较。

（1）平均停留时间、方差、无因次方差（散度）的计算方法如下：

平均停留时间 $\bar{t}$ 的计算：

$$\bar{t} = \frac{\sum tE(t)}{\sum E(t)}$$

方差 σ_t^2 的计算：

$$\sigma_t^2 = \frac{\sum t^2 E(t)}{\sum E(t)} - \bar{t}^2$$

散度（无因次方差）σ_θ^2 的计算：

$$\sigma_\theta^2 = \frac{\sigma_t^2}{\bar{t}^2}$$

对平推流反应模型，$\sigma_\theta^2 = 0$；对全混流反应模型，$\sigma_\theta^2 = 1$；对于一般流型反应模型，$0 \leq \sigma_\theta^2 \leq 1$。当 σ_θ^2 接近于零时，可作平推流处理；当 σ_θ^2 接近于 1 时，可作全混流处理。

（2）模型参数 N。本实验借助多釜串联模型参数 N 表达实际反应器的返混程度，即实际反应器的返混程度相当于 N 个全返混反应釜的串联。$N = 1/\sigma_\theta^2$，当 $N=1$，表示返混程度最大，N 越大，返混程度越小，N 无穷大，相当于没有返混的平推流。

六、注意事项

（1）熟悉实验流程，并检查各设备是否完好，使之处于准备运转状态。

（2）打开 N_2 气瓶开关，调节适合压力并将 N_2 送入实验装置中，逐次打开气体流量调节阀并改变气体流量（由小到大），同时打开计算机数据采集系统并通过计算机软件记录下相应流速下床层压降，并保存计算机中。实验过程中注意观察反应器中的固相颗粒状态及变化过程，分别判别固定床、均匀散式流化床、鼓泡流化等阶段。按上述步骤，再按逐渐减小气量的次序，记录不同气速下的床层压降，注意观察两次实验过程中的实验现象有何不同。

七、思考题

（1）根据实验结果及所观察到的现象，解释气体流动对理想情况偏离所产生的原因。

（2）试说明停留时间分布能反映什么特性。

（3）起始流化速度测定中应注意哪些问题，为什么难以测得？

实验六　溶剂油分子筛吸附脱芳实验

一、实验目的

（1）了解吸附分离过程的基本原理；
（2）掌握固定床吸附装置的操作方法；
（3）学会固定床吸附器透过曲线的实验测定方法；
（4）了解吸附脱附操作的循环过程。

富媒体 15　溶剂油分子筛吸附脱芳实验

二、实验原理

吸附过程是利用固体吸附剂来分离流体混合物（气体或液体）的一种分离过程，它利用流体混合物中不同组分在固体吸附剂上吸附能力的差异来实现组分之间的分离。在化学工业中常利用吸附过程完成产品的精制和提纯。

脱附过程是吸附过程的逆过程，通过该过程可把吸附剂在吸附过程中所吸附的吸附质脱附出来，使吸附剂再生，故该过程也可以称为脱附剂的再生过程。实现脱附过程主要有两种方法：一种是冲洗剂置换脱附法；另一种是惰性气氛下的加热脱附法。

本实验过程中所用的固体吸附剂为 13X 分子筛，是碱金属硅铝酸盐，具有一定的碱性，属于一类固体碱。流体混合物为 90～120℃石油醚和甲苯，石油醚中主要含烷烃。实验相关的使用场景中，作为食用油加工过程中的萃取剂 90#或 120#溶剂油，对芳烃含量有严格限制。例如 90#溶剂油的优级品国际标准为芳烃含量不大于 1000μg/g。为降低 90#溶剂油馏分的芳烃含量，设计采用 13X 分子筛吸附脱芳烃的工艺方法。其主要原理：90#或 120#溶剂油馏分中的苯、甲苯等芳烃分子在 13X 分子筛上的吸附能力大大高于烷烃，故当 90#、120#溶剂油馏分流经 13X 分子筛床层时，芳烃优先吸附在 13X 分子筛吸附剂上，而烷烃基本上不被吸附或吸附量较少。这样，流出床层的流体中不再含有芳烃（或芳烃含量较低），从而实现了溶剂油精制脱除芳烃的目的。

三、实验仪器与试剂

实验试剂：90～120℃石油醚、甲苯等。
实验设备：吸附脱芳实验装置如图 3-20 所示。该装置主要包括微量泵（双柱塞）、温控仪、湿式流量计、气相色谱仪、吸附装置、氮气瓶等。
吸附循环过程流程示意图如图 3-21 所示。

四、实验步骤

吸附实验主要操作条件：温度 $t=40℃$，压力 $p=0.10～0.15\text{MPa}$。
脱附实验主要操作条件：温度 $t=280℃$，氮气气速 $V=3～4\text{L/min}$。
实验操作步骤如下：（以装置左侧为例）
（1）用氮气将吸附器冲压至吸附实验要求压力。
（2）装置升温：将温控仪温度设定为指定温度，开始升温并待其稳定。

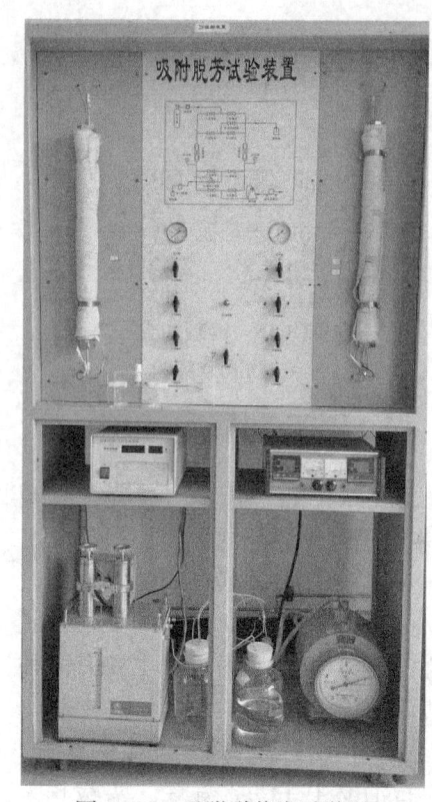

图 3-20 吸附脱芳实验装置

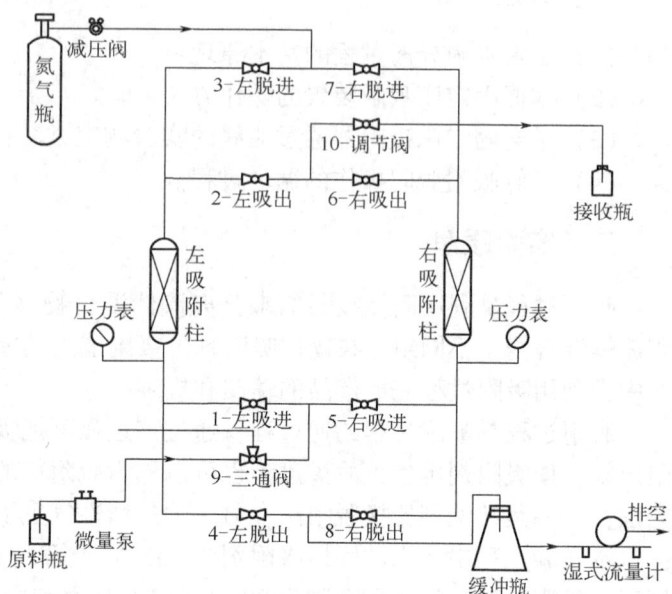

图 3-21 吸附循环过程流程示意图

(3) 双柱塞微量泵排空：将进料三通阀 9 置于放空处，开微量泵进行排空。待排空管内有连续的液体流出并且不再有气泡冒出时，排空结束。

(4) 开泵进料：排空结束后，将三通阀 9 置于进料处，并打开阀 1-左吸进，开始进料。

(5) 调节压力稳定：进料开始后，观察压力表的变化（实验过程中要时刻注意压力表示数，防止压力表冲坏），调节阀 2-左吸出控制压力。待压力明显升高时，观察出料口有样品流出，第一滴样品流出时开始计时，打开吸出阀，调节出料调节阀 10，调节压力到指定值，实验过程中随时观察调节，力求保持不变。

(6) 产物取样：在接收瓶内刚出液体时，计时开始，并取第一个样品。以后每隔 5min 或 10min 取一次样，并用气相色谱仪检测样品中的芳烃含量，直到达到吸附平衡，即吸附产物中芳烃含量与原料油芳烃含量接近时，停泵，吸附完毕。

(7) 冲液：实验结束后要进行冲液，将管内残存的液体冲出。开氮气瓶，打开阀 2-左吸出与阀 3-左脱进，出料调节阀 10 将此管路残液用氮气吹出到接收瓶，直到无液体流出；关阀 2-左吸出，开阀 4-左脱出，将吸附器残留液用氮气吹到缓冲瓶，直到无液体流出。

(8) 脱附：将 N_2 连接到吸附器上端管路，让 N_2 进入吸附器进行脱附，脱附气从吸附器下端阀 4-左脱出进入缓冲瓶，经湿式流量计计量后排入大气。通过调节阀控制调节脱附气流量，在脱附气出口处定时取样，分析测定脱附气中芳烃含量（或以脱附时间比如 3h 确定脱附深度）。

五、实验数据记录及处理

1. 实验数据记录

按照时间点取样测定甲苯含量。

2. 实验数据处理

（1）吸附过程中芳烃吸附量（从破点到饱和点时的床层吸附芳烃量）u 的计算：

$$u = \int_{w_b}^{w_e} (y_0 - y) \, dw \tag{3-39}$$

式中　u——芳烃吸附量，g；

　　　w_e——平衡时累计脱芳油量，g；

　　　w_b——破点时的累计脱芳油量，g；

　　　y_0——芳烃起始浓度（含量）；

　　　y——吸附过程中芳烃的相对浓度（变量），是芳烃浓度和烷烃浓度的比值。

（2）吸附过程中传质区高度 z_a(cm) 的计算：

$$f = \frac{u}{y_0 \cdot w_a} \tag{3-40}$$

$$z_a = \frac{z \cdot w_a}{w_e - (1-f) w_a} \tag{3-41}$$

式中　f——到达破点时传质区内仍具有的吸附能力与传质区内吸附剂总吸附能力之比；

　　　z_a——传质区高度，cm；

　　　z——吸附剂床层高度，cm；

　　　w_a——$w_e - w_b$，从破点到吸附平衡期间所累积的流出量，g；

（3）破点时床层饱和度 A 的计算：

$$A = \frac{z - z_a \cdot f}{z} \tag{3-42}$$

（4）实验数据处理要求：

① 绘出吸附器的透过曲线：以脱芳油中芳烃浓度为纵坐标，以吸附操作时间为横坐标，标绘透过曲线，即 $y-t$ 的变化曲线；以脱芳油中芳烃相对浓度为纵坐标，以脱芳油中非芳烃组分的累积出料量为横坐标，标绘透过曲线，即 $y-w$ 的变化曲线。

② 计算吸附剂床层的传质区高度 z_a。

③ 计算吸附剂床层的平衡吸附量 q。通过吸附饱和时间计算进入吸附器芳烃总量减去破点时流出床层芳烃的量或者破点前床层吸附芳烃的量加上 u。

④ 选择合适的破点浓度，计算出达到破点时床层饱和度。例如，以脱芳油芳烃相对含量为纵坐标，以非芳烃累积量为横坐标，绘制透过曲线如图 3-22 所示。

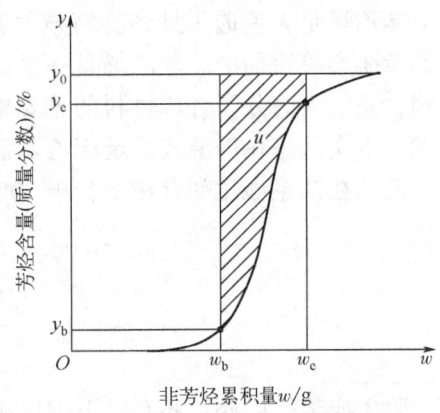

图 3-22　$y-w$ 透过曲线例图

六、注意事项

（1）用甲苯试剂时注意防护，注意开启通风。
（2）注意装置压力、温度等的变化，尤其是改变进料速度时根据变化调节压力。
（3）氢气发生器开启前查看视窗的液位。
（4）色谱仪开机后将汽化室、柱箱、检测器等通电，要等检测器温度超过100℃，再行加载"加电"。
（5）色谱仪工作站屏幕显示的"工作""断电"的按钮显示颜色与常规的仪器设置相反。
（6）色谱取样操作时，拿取注射器操作、走动过程中，注意周边同学，确保安全。

七、思考题

（1）空速变化对吸附透过曲线会产生什么影响？
（2）温度变化对吸附透过曲线会产生什么影响？
（3）不同脱附深度对吸附过程会产生什么影响？

实验七　乙苯脱氢制苯乙烯实验

一、实验目的

富媒体16　乙苯脱氢制苯乙烯实验

（1）了解以乙苯为原料，使用铁系催化剂，在固定床单管反应器中制备苯乙烯的过程；
（2）学会稳定工艺操作条件的方法；
（3）掌握转化率、选择性、收率与不同操作条件的关系，并学会计算；
（4）学会使用气相色谱进行产品组成的分析测试方法。

二、实验原理

苯乙烯是无色透明且具有特殊气味的液体，沸点为145.2℃，难溶于水，能溶于甲醇、乙醇及醚类等溶剂中。苯乙烯是一种重要的化工原料，容易聚合，可用于合成性能优良的聚合物，是三大高分子合成材料的重要单体。目前工业上主要采用乙苯催化脱氢的方法生产苯乙烯。本实验是在等温式固定床乙苯催化脱氢小型实验装置上进行的。

乙苯在铁系催化剂存在下，于500~640℃时发生脱氢反应生成苯乙烯。主反应：

$$\text{C}_6\text{H}_5\text{CH}_2\text{CH}_3 \xrightarrow[\text{铁系催化剂}]{540\sim600℃} \text{C}_6\text{H}_5\text{CH=CH}_2 + \text{H}_2 \uparrow$$

除生成苯乙烯外，还有以下副反应：

$$\text{C}_6\text{H}_5\text{CH}_2\text{CH}_3 \longrightarrow \text{C}_6\text{H}_6 + \text{CH}_2\text{CH}_2$$

$$\text{C}_6\text{H}_5\text{CH}_2\text{CH}_3 + \text{H}_2 \longrightarrow \text{C}_6\text{H}_5\text{CH}_3 + \text{CH}_4$$

$$\text{C}_6\text{H}_5\text{CH}_2\text{CH}_3 + \text{H}_2 \longrightarrow \text{C}_6\text{H}_6 + \text{C}_2\text{H}_6$$

$$\text{C}_6\text{H}_5\text{CH}=\text{CH}_2 + 2\text{H}_2 \longrightarrow \text{C}_6\text{H}_5\text{CH}_3 + \text{CH}_4$$

在水蒸气存在的条件下还会发生下列转化反应:

$$\text{C}_2\text{H}_4 + 2\text{H}_2\text{O} \longrightarrow 2\text{CO}\uparrow + 4\text{H}_2\uparrow$$

$$\text{C}_6\text{H}_5\text{CH}_2\text{CH}_3 + 2\text{H}_2\text{O} \longrightarrow \text{C}_6\text{H}_5\text{CH}_3 + \text{CO}_2\uparrow + 3\text{H}_2\uparrow$$

$$\text{C}_2\text{H}_6 + 2\text{H}_2\text{O} \longrightarrow 2\text{CO}\uparrow + 5\text{H}_2\uparrow$$

$$\text{CO} + \text{H}_2\text{O} \longrightarrow \text{CO}_2\uparrow + \text{H}_2\uparrow$$

此外还发生芳烃缩合、苯乙烯聚合及轻度裂解等副反应,生成焦油、炭和氢气等。这些连串副反应的发生不仅使反应的选择性下降,而且极易使催化剂表面结焦,从而导致活性下降。

本实验的影响因素主要有:

(1) 温度的影响。乙苯脱氢反应为吸热反应,$\Delta H^0 > 0$,从平衡常数与温度的关系式 $\left(\dfrac{\partial \ln K_p}{\partial T}\right)_p = \dfrac{\Delta H^0}{RT^2}$ 可知,升高温度可增大平衡常数,从而提高脱氢反应的平衡转化率。但是温度过高使得副反应增加,导致苯乙烯选择性下降,能耗增大,设备材质要求增加,故应控制适宜的反应温度。本实验的反应温度范围为 540~600℃。

(2) 压力的影响。乙苯脱氢为体积增加的反应,降低总压 $p_\text{总}$ 可增加反应的平衡转化率,故降低压力有利于平衡向脱氢方向移动。本实验加水蒸气的目的是一方面降低乙苯的分压,以提高乙苯的平衡转化率。较适宜的水蒸气用量为水:乙苯=1.5:1(体积比)或 8:1(摩尔比)。另一方面水蒸气可以与沉积在催化剂表面上的碳发生下面的反应,从而使催化剂在反应过程中自动获得再生、延长催化剂的寿命。

$$\text{C} + 2\text{H}_2\text{O} \longrightarrow \text{CO}_2\uparrow + 2\text{H}_2\uparrow$$

(3) 空速的影响。乙苯脱氢反应系统中有平行副反应和连串副反应,随着接触时间的增加,副反应也随之增加,苯乙烯的选择性下降,故需采用较高的空速,以提高选择性。适宜的空速与催化剂的活性及反应温度有关，本实验乙苯的液空速以 0.6h^{-1} 为宜。

（4）催化剂的影响。乙苯脱氢技术的关键是选择催化剂。此反应的催化剂种类颇多，其中铁系催化剂是应用最广的一种。以氧化铁为主，添加铬、钾助催化剂，可使乙苯的转化率达到40%以上，选择性90%以上。在应用中，催化剂的形状对反应收率有很大影响。小粒径、低表面积、星形、十字形截面等异形催化剂有利于提高选择性。

为提高转化率和收率，对工业规模反应器的结构要进行精心设计。实用效果较好的有等温反应器和绝热反应器。实验室常用的等温反应器以外部供热方式控制反应温度，催化剂床层高度不宜过长。

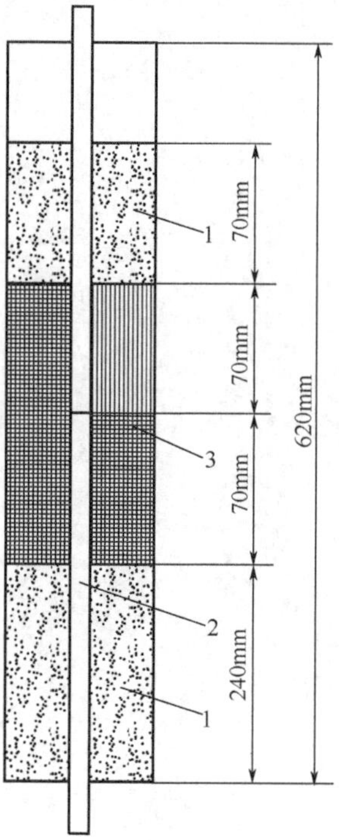

三、实验装置及流程

（1）反应器为不锈钢管式反应器，内部中心轴向有 ϕ3mm 不锈钢测温套管，内插 ϕ1mm 热电偶测温，如图 3-23 所示。

（2）实验装置示意图如图 3-24 所示。

四、准备工作

1. 恒温段的测定

在反应器中填充一定量石英珠，测量固定床管式反应器恒温段长度。分别设置反应器上、中、下三段温度为 540~640℃（按需求取其中的固定值）。通入一定量氮气，当反应器内温度稳定后，从上往下将热电偶从反应器中抽出。每间隔 1cm 记一次数据。测出恒温段长度，并作出温度曲线。

图 3-23　不锈钢管式反应器
1—石英珠；2—测温套管；
3—催化剂；4—石英珠

2. 催化剂的活化

根据测出来的恒温段长度，在反应器加热炉外做好标记，恒温段以下填充石英珠（约140mL），恒温段装填催化剂（50mL），上段再加入石英珠（40mL 左右）。将反应器安装到装置上。将打开氮气钢瓶，打开减压阀。打开稳压阀，旋转转子流量计上的旋钮，转子上升表明氮气已经通入。关闭反应器下部左侧的不锈钢冷凝器左边的卡套球阀，观察体系内压力变化趋势，系统压力与稳压阀压力比较接近即可，说明反应器密封良好。反应器温度升至500℃，恒温活化 3h。

3. 泵的校准

实验所用的泵应定期进行校准，准备一个烧杯、电子秤和秒表。在水、乙苯的放空管路下接收液体，多次测量，对两台泵进行校准操作。

五、实验步骤

1. 装置操作步骤

了解并熟悉实验装置及流程，搞清物料走向及加料、出料方法。

（1）接通电源，按下电柜启动电源，点击实验软件，进入实验。

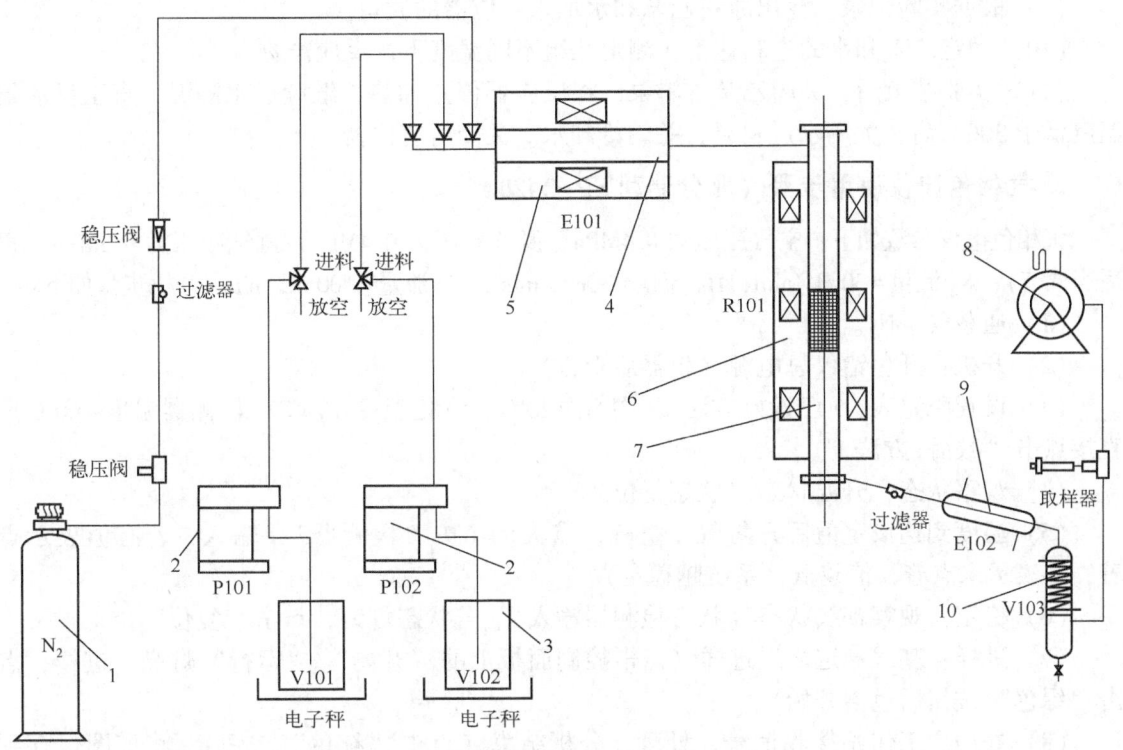

图 3-24 乙苯脱氢实验装置示意图
1—氮气钢瓶；2—进料泵；3—电子秤；4—预热器；5—预热炉；6—反应炉；7—反应器；
8—湿式流量计；9—冷凝器；10—气液分离器

（2）在触屏电脑上将预热器温度设定为 300℃，反应器上、中、下三段温度设定在 540~640℃。

（3）打开氮气钢瓶和减压阀，减压阀压力控制在≤0.6MPa 即可，在面板上调节稳压阀（顺时针转动为调大压力，逆时针转动为调小压力），调节压力为 0.1MPa 左右即可，然后调大转子流量计上旋钮，转子向上浮起即可。

（4）等预热器到达设定值 300℃时，打开循环冷却水阀门，检查冷却水管线出口是否有水流出。

（5）当反应器温度达 400℃时，停止通氮气，关闭氮气钢瓶上的出口阀，逆时针调节稳压阀，稳压阀上压力指针自然归 0，关紧转子流量计上旋钮。启动触屏电脑上水泵流量，启动开关键。

（6）当反应器内温度升至期望温度时，设置乙苯进料流量。触屏电脑上点击乙苯加料泵开关键。

（7）反应器内温度稳定 10min 左右，排出废液，记下乙苯、水的起始质量，开始反应。每隔 2min 记录反应器内部温度，反应温度取记录的平均值。反应结束后，产品放入分液漏斗，记录此时乙苯、水的质量。

（8）将分液漏斗中的产物，去掉水层后在油层中加入无水硫酸钠以去除残留水分，将产品转移到已称重的细口瓶中继续称重，记录水层和油层的质量，并取样用色谱分析其组成。

（9）根据实验记录，算出原料乙苯和水加入反应器的质量。

（10）固定乙苯和水的进料速度，测定几组不同温度下的反应产物。

（11）实验结束后，关闭乙苯进料泵，将反应器停止加热，继续进水降温，直至反应器温度低于300℃后，关闭水进料泵，关闭冷却水。关闭所有仪器。

2. 气相色谱仪使用步骤（北分瑞利 SP-3420A）

气相色谱仪参数如下：空气瓶压力 0.4MPa，氮气瓶压力 0.4MPa，氢气瓶压力 0.3MPa（可适当调节）；N_2 流量=30mL/min，H_2 流量=30mL/min，Air 流量=300mL/min。开机步骤如下：

（1）通载气：N_2。

（2）开机：开色谱仪总电源（仪器后上方）。

（3）设置配置表：（已设好方法1：柱温120℃、汽化温度150℃、检测器温度160℃），直接点击"激活-方法1"。

（4）观察状态：升温状态（状态复位）。

（5）温度到达设定值后开氢气、空气，点火。（按"检测器"-输入，若有值表示点着，零表示未点着，值越低，系统越稳定）。

（6）稳定：观察基线状态（状态检测器输入）。若状态灯闪，点击"复位"。

（7）进样：基线稳定之后进样（点击控制面板上的"开始"，"运行"灯亮，进样，点击"绿色"按钮后色谱开始）。

（8）处理：工作站接收信号、处理，分析结束（点击"红色"按钮），将谱图保存到电脑上。

关机步骤如下：

（1）降温：关掉氢气和空气。将各加热区温度降至室温（点击"激活"，再点击"方法四"），等 COL Temp（柱温）达到50℃，可以关闭仪器。

（2）关机：关色谱仪总电源，关氮气。

六、实验数据记录及处理

1. 实验数据记录

实验过程中，将实验数据记录到表3-10原始数据记录表、表3-11物料平衡表及表3-12产物组成色谱分析数据统计表中。

表 3-10 原始数据记录表

室温：_____；大气压：_____。

时间	预热器温度/℃	反应器温度/℃	水进料速度/(mL/min)	乙苯进料速度/(mL/min)	备注

表 3-11 物料平衡表

序号	原料加入量/g			产物重量/g			损失量/g
	水	乙苯	合计	油层	水层	合计	

表 3-12 产物组成色谱分析数据统计表

序号	反应温度	苯乙烯含量/%	乙苯含量/%	甲苯含量/%	苯含量/%

2. 实验数据处理

$$乙苯转化率 = \frac{反应掉的乙苯量(g)}{乙苯进料量(g)} \times 100\%$$

$$苯乙烯的选择性 = \frac{生成的苯乙烯量(mol)}{反应掉的乙苯量(mol)} \times 100\%$$

$$苯乙烯收率 = 转化率 \times 选择性$$

$$苯乙烯质量收率 = \frac{苯乙烯含量 \times 产品量}{乙苯进料量} \times 100\%$$

(1) 计算不同温度下的乙苯转化率、苯乙烯选择性和苯乙烯收率。不同反应温度下的实验结果汇总到表 3-13 中。

表 3-13 实验结果汇总表

序号	反应温度/℃	乙苯转化率/%	苯乙烯选择性/%	苯乙烯收率/%

(2) 作出反应温度与苯乙烯收率的关系图，找出最适宜的反应温度区域，并对所得实验结果进行讨论（包括曲线图趋势的合理性，误差分析、实验结果分析等）

七、注意事项

(1) 实验过程中需开冷凝水，以免部分气体没有完全冷凝被排出。

(2) 实验结束后需继续通蒸馏水 30min，除去催化剂表面积碳，延长催化剂使用寿命。

(3) 实验过程请勿触摸反应器及加热套外壁，当心烫伤。

(4) 乙苯具有毒性，在实验过程中要注意安全，避免乙苯直接接触到皮肤，实验过程中应戴口罩。

(5) 一般压力表示数为零，当有较大示数（如>0.05）时要立刻停乙苯泵，降温。原因可能是加热炉有堵塞（催化剂高温结焦严重，必要时更换催化剂）。

(6) 气体流量计在长时间不使用时，应将仪表内的蒸馏水排放干净。

(7) 加热过程中，若遇意外突然停水，应马上停乙苯并降温，重新开车时应通水蒸气活化，以除去残留在催化剂表面的积炭。

(8) 装置在实验运行过程中不能离人，因为气液分离器内的水达到一定液位要及时放空。

八、思考题

(1) 影响乙苯转化率的原因有哪些，各因素是如何影响的？

(2) 乙苯脱氢工艺过程对催化剂有何要求？

(3) 如何提高苯乙烯的收率？

(4) 目前，用于乙苯脱氢制苯乙烯的催化剂都有哪些？

(5) 对于乙苯脱氢制苯乙烯反应，是加压有利还是减压有利？工业上是如何实现的？本实验采用什么方法？原因是什么？

九、附录

1. 仪器使用说明

(1) 泵的操作。点击泵 P101 处"开"按钮，将 P101 处流量设定设置为 0.5mL/min（需要设置其他流量，输入不同数值即可），完成 P101 乙苯进料泵控制，点击泵 P101 处"关"按钮，完成泵的停止操作。点击泵 P102 处"开"按钮，将 P102 处流量设定设置为 0.75mL/min（需要设置其他流量，输入不同数值即可），完成 P102 清水进料泵控制，点击泵 P102 处"关"按钮，完成泵的停止操作。

(2) 加热的操作。点击预热器 E101 处"开"按钮，将 E101 处温度设定设置为需要加热的温度，完成 E101 加热操作，点击预热器 E101 处"关"按钮，完成加热停止操作；报警设定用来设置加热报警值，当前温度超过报警值，系统报警，界面右上角报警指示灯由绿色变为红色，装置上报警器会出现灯光闪烁和蜂鸣声，按下界面右上角处报警消除按钮，消除报警。R101 加热炉分为 3 段加热，上段、中段、下段加热，加热方式与预热器一致；报警设定及报警消除与预热器一致。

(3) 电子秤的操作。电子秤上电，只需打开插排电源即可，界面实时显示电子秤质量，V101 乙苯罐处质量为乙苯罐与乙苯质量，V102 清水罐处质量为清水罐与清水质量，质量显示处的报警设定用来设置质量报警值，当前质量低于报警值，系统报警，界面右上角报警指示灯由绿色变为红色，装置上报警器会出现灯光闪烁和蜂鸣声，按下界面右上角处报警消除按钮，消除报警。质量显示处的"清零"按钮用来给电子秤数值清零，按下"清零"按钮，即质量值显示 0g。

(4) 报表的存储操作。乙苯脱氢装置设备运行状态报表采集装置的泵和加热运行装置，只要泵/加热打开，报表实时采集并显示；乙苯脱氢数据采集报表采集系统的温度、质量、压力数值并存储，设定采集间隔时间，以 min 为单位。设置完成后，点击"开始实验"按钮，进行系统数据初始化，再点击"启动采集"按钮，"开始实验""启动采集"按钮显示绿色（表示操作成功），此时系统开始根据设定的间隔时间采集数据至报表中，完成实验，点击"停止"按钮，"停止"按钮显示绿色（表示操作成功），即完成了一次实验的数据采集；若要继续采集数据，再点击"开始实验"按钮，进行系统数据初始化（即数据清除），点击"启动采集"按钮，系统开始采集数据，完成实验，点击"停止"按钮；系统完成报表采集，点击"数据保存"按钮，将报表数据保存至 Excel 中，存储位置在 D 盘乙苯脱氢数据报表和乙苯脱氢设备运行状态报表文件夹中，可以实时查询保存的数据。

(5) 曲线的查看。在主界面中可以查看温度和质量的实时曲线，在主界面右下角处点击"曲线"按钮，切换至历史曲线界面，可以查看历史曲线。

2. 原料与产品性质

(1) 乙苯（ethylbenzene），是一种芳烃，化学式为 C_8H_{10}，分子量为 106.165，密度 $0.867g/cm^3$，沸点 136.2℃，闪点 22.2℃。主要用于生产苯乙烯，进而生产苯乙烯均聚物以及以苯乙烯为主要成分的共聚物（ABS、AS 等）。乙苯少量用于有机合成工业。在医药上用作合霉素和氯霉素的中间体，也用于香料。此外，还可作溶剂使用。不溶于水，可混溶于乙醇、醚等多数有机溶剂。属于 2B 类致癌物。

(2) 苯乙烯（styrene），是用苯取代乙烯的一个氢原子形成的有机化合物，化学式为 C_8H_8，分子量 104.15，密度 $0.909g/cm^3$，沸点 146℃，闪点 31℃。不溶于水，溶于乙醇、乙醚中，暴露于空气中逐渐发生聚合及氧化。工业上是合成树脂、离子交换树脂及合成橡胶等的重要单体。

(3) 苯（benzene），化学式为 C_6H_6。分子量 78.11，密度 $0.8765g/cm^3$，沸点 80.1℃，闪点 12℃。无色液体，有芳香气味，容易挥发和燃烧。可做染料、溶剂等，也用来合成有机物。

(4) 甲苯（methylbenzene），是一种有机化合物，化学式为 C_7H_8，分子量 92.14，密度 $0.872g/cm^3$，沸点 110.6℃，闪点 4℃。是一种无色、带特殊芳香味的易挥发液体。有强折光性。能与乙醇、乙醚、丙酮、氯仿、二硫化碳和冰乙酸混溶，极微溶于水。易燃，蒸气能与空气形成爆炸性混合物。

实验八　邻二甲苯气固相氧化制邻苯二甲酸酐

一、实验目的

(1) 通过制备邻苯二甲酸酐实验，运用所学理论知识，深入理解烃类氧化反应原理，学习掌握气固相催化反应实验的原料计量、产品的分析及相关操作技能；

(2) 掌握气固相催化反应实验流程安装原则；

富媒体 17　邻二甲苯气固相氧化制邻苯二甲酸酐

(3) 通过观察各种现象，分析其产生的原因。

二、实验原理

邻苯二甲酸酐是重要的化工产品，具有广泛的用途，是制造增塑剂、聚酯、染料、醇酸树脂等的原料。

以前生产邻苯二甲酸酐是以萘为原料，但随着石油工业的发展，以邻二甲苯为原料的生产工艺路线逐渐为人们所重视，目前世界上90%的邻苯二甲酸酐是以邻二甲苯为原料。本实验即邻二甲苯为原料生产邻苯二甲酸酐的工艺实验。

邻二甲苯氧化反应，是一个以空气为氧化剂的非均相的气固相催化反应。邻二甲苯（蒸气）与空气以一定比例混合，在适当温度下，流经五氧化二钒催化剂，使邻二甲苯氧化为邻苯二甲酸酐。

主反应为：

$$\text{o-C}_6\text{H}_4(\text{CH}_3)_2 + 3\text{O}_2 \xrightarrow{\text{V}_2\text{O}_5-\text{TiO}_2-\text{Sb}_2\text{O}_3 \text{催化剂}} \text{C}_6\text{H}_4(\text{CO})_2\text{O} + 3\text{H}_2\text{O} + 1300\text{kJ}$$

同时发生以下副反应：

$$\text{o-C}_6\text{H}_4(\text{CH}_3)_2 + \text{O}_2 \rightarrow \text{o-CH}_3\text{C}_6\text{H}_4\text{CHO} + \text{H}_2\text{O} + 222\text{kJ}$$

$$\text{o-C}_6\text{H}_4(\text{CH}_3)_2 + \text{O}_2 \rightarrow \text{苯酞} + 2\text{H}_2\text{O} + 874\text{kJ}$$

$$\text{o-C}_6\text{H}_4(\text{CH}_3)_2 + 7.5\text{O}_2 \rightarrow \text{顺丁烯二酸酐} + 4\text{H}_2\text{O} + 4\text{CO}_2 + 3173\text{kJ}$$

上述副反应分别生成邻甲基苯甲醛、苯酞、顺丁烯二酸酐等副产物，还有一个副反应为邻二甲苯的完全燃烧。为了减少副反应进行，必须严格控制反应温度与反应物流量，选用高选择性的催化剂以及合理安排工艺流程，才能得到较高的邻苯二甲酸酐收率。

三、主要操作条件

1. 反应温度

反应温度指反应过程中催化剂床层的温度，不同的催化剂要求不同的反应温度，同一种催化剂使用时间不同也要求有不同的反应温度，开始反应时使用较低的温度，随着催化剂使用时间的增加，催化剂活性降低，反应温度也相应逐渐提高。本实验使用的催化剂为$\text{V}_2\text{O}_5-\text{TiO}_2-\text{Sb}_2\text{O}_3$，要求反应温度控制在350~480℃为宜。反应温度应选择在催化剂活性较大、对生成邻苯二甲酸酐选择性较高的范围内。

如果反应温度过低，则催化剂活性低，邻二甲苯转化率低；如果温度过高，则邻二甲苯易深度氧化或完全燃烧，同时温度过高也会使催化剂烧结破坏，丧失催化能力。

邻二甲苯氧化是放热反应，完全氧化则放热更多，所以原料通入前应控制催化剂床层温度低于要求的反应温度10℃左右。反应温度不仅与反应器前加热保温情况有关，而且受到原料气的预热温度、空速、原料气的组成情况等因素的影响。

对于同一种催化剂，可以改变反应温度，固定其他条件，测出温度对收率的影响，选定最适宜的温度。

实验中必须严格控制反应温度，一方面可以提高邻苯二甲酸酐的收率，延长催化剂的使用寿命；另一方面也可以得到精确的实验数据。

2. 空间速度

空间速度（简称空速）是每小时通过每升催化剂的原料气体积（单位为L，以标准状态计），即：

$$空速 = \frac{原料气体积流量(L/h)}{催化剂体积(L)}$$

本实验用两路空气并联，一路经过邻二甲苯液面，称为B路空气；另一路不经过邻二甲苯液面，称为A路空气。用B路空气吹过邻二甲苯液面，带出一定量的邻二甲苯蒸气，然后与A路空气混合形成空气—邻二甲苯蒸气混合气，进入反应器。当A路空气流量一定，邻二甲苯温度也固定时，邻二甲苯的带出量就一定。因此改变B路空气流量或邻二甲苯汽化器的温度即可调节进料量的大小，从而改变催化剂的负荷或空速。

如果邻二甲苯进料量固定，提高空速对于移出反应热是有利的，但邻二甲苯在原料气中浓度降低，设备生产能力降低，而且若空速过高，造成产品邻苯二甲酸酐捕集困难。所以空速的选择要从各方面综合考虑。

3. 催化剂负荷

催化剂负荷是指每小时通过每千克（或每升）催化剂的原料（邻二甲苯）质量，它是表示催化剂生产能力的一个指标。

在一定反应条件下，催化剂负荷的增加有一定限度，在此限度之内负荷增加不影响收率，也就是提高了催化剂的生产能力；但当负荷超过限度时，邻苯二甲酸酐收率下降。所以催化剂负荷与邻苯二甲酸酐收率这两个指标必须统一考虑。

对于某催化剂，可固定其他条件，改变负荷，测出负荷变化时对收率的影响，以便确定适宜的催化剂负荷。

4. 实验操作条件

（1）反应温度350~430℃，催化剂用量20mL左右。（2）m（空气）：m（邻二甲苯）= 30：1（质量比）。（3）空速3600（h^{-1}）（标准状态下）。（4）恒温槽温度40℃。（5）B路空气是总空气量的1/3。（6）A路空气是总空气量的2/3。

四、实验仪器与试剂

实验装置流程图如图3-25所示。

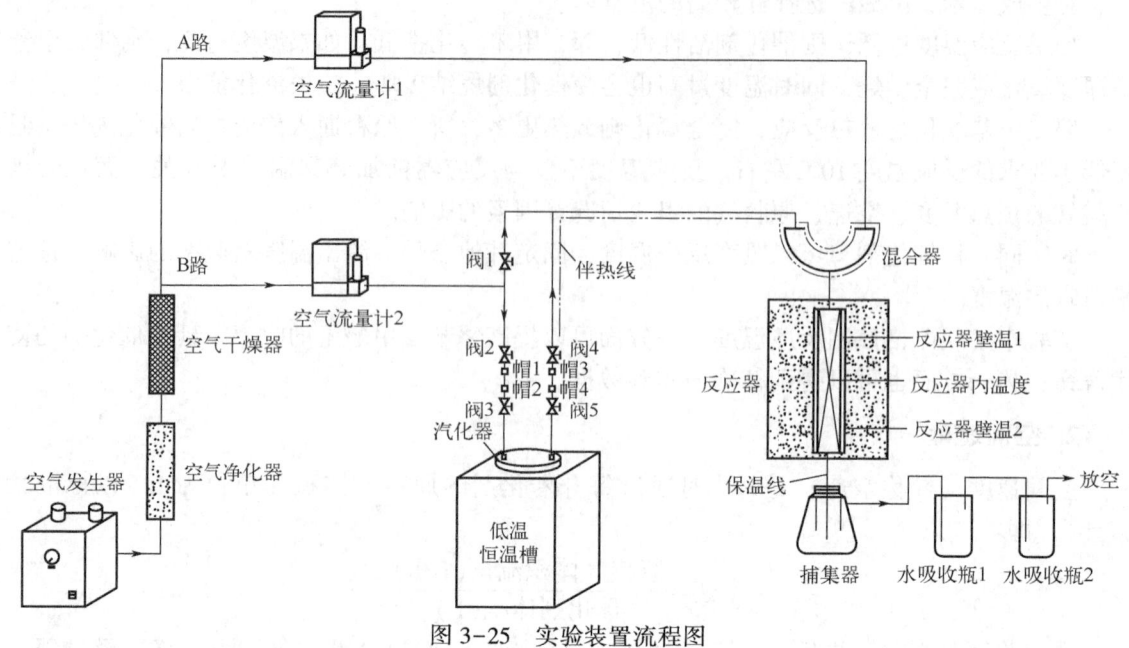

图 3-25 实验装置流程图

五、实验步骤

(1) 预习实验讲义,了解实验基本原理及有关注意事项;预算 A 路、B 路空气用量及邻二甲苯用量。

(2) 熟悉流程,按流程图要求安装捕集器及水吸收瓶 1、水吸收瓶 2;确认阀 1 处于打开、阀 2 与阀 4 处于关闭状态。

(3) 打开电源开关,进入实验界面后,按照实验流程提示,将面板上的其余电源开关全部按下去,然后点击"开始采集",软件界面会显示实时的温度传感器数据。在界面设定空格处键入实验设定值。其中反应器器壁温度设定值需满足反应温度要求(设定温度限高,要求<500℃,反应器壁温 1 与反应器壁温 2 设定相同);低温恒温槽温度设定为 40℃(设定温度限高,要求<80℃);伴热线温度设定为 80℃(设定温度限高,要求<200℃);保温线温度设定为 120℃(设定温度限高,要求<200℃)。点击对应按钮"确定"即可,加热反应器、汽化器、伴热线与保温线。

(4) 气体流量控制器单元操作。需要先点击"连接流量计",等待弹出"成功"的窗口,空气流量计 1 代表流程中 A 路的气体流量计,空气流量计 2 代表流程中 B 路的气体流量计,在确保空气发生器电源供电的情况下,输入 0~2000 的数字,点击"设定流量",响应的流量计就会控制气体流量稳定在设定值附近。

(5) 在存盘周期内设定大于 2 以上的数字,点击"开始存盘",数据将存在数据库中。同时软件界面曲线的更新周期也与存盘周期相同。

(6) 当反应器内温度低温恒温槽温度稳定在 (40±1)℃时,测出汽化器中邻二甲苯的量。测定方法如下:确认阀 2、阀 2、阀 3、阀 4 关闭的情况下,旋开帽 1、帽 3,从低温恒温槽中取出汽化器,擦干净汽化器外壁水,称重(精确到 0.01g)得到实验前装有邻二甲苯的汽化器罐质量,数据记录见表 3-14。

(7) 当反应器内温度升高到低于反应温度10℃时，即可开始进料。进料操作需遵循先开后关的原则，确认阀2、阀2、阀3、阀4打开的情况下，关闭阀1。当反应器内温度升到反应温度以上时，需要依据未进料之前温差适当调整反应器壁温设定值，确保反应温度满足要求。

(8) 反应过程中随时观察反应温度、空气流量、低温恒温槽温度是否满足实验要求，每15min记录一次温度、空气流量等工艺参数，并及时记录反应中的各种现象，反应时间为0.5h。

(9) 反应结束时，遵循先开后关的原则，确认阀1打开前提下，依次关闭阀2、阀3、阀4、阀5，使空气不经过汽化液面，而通过汽化器前置旁路直接进入反应器，继续通空气吹扫10min。

(10) 再次称重装有邻二甲苯的汽化器罐质量（方法如前），两次差值就是邻二甲苯的进料量。然后取下捕集器及水吸收瓶1、水吸收瓶2，收集产品，水解，定容，分析产品，计算邻苯二甲酸酐收率及催化剂负荷等参数。

(11) 按上述步骤，选择一个更高一点的反应温度，再进行一次实验。

六、实验数据记录及处理

邻二甲苯气固相催化合成邻苯二甲酸酐的反应过程，产品为邻苯二甲酸酐，同时还生成副产品顺丁烯二酸酐、邻甲基苯甲醛、苯酐、二氧化碳和水等。

为了衡量反应过程中所使用催化剂的性能及确定适宜的反应条件，必须对产物进行分析，从而计算出反应过程中的转化率。

1. 粗酐收率分析

除了邻苯二甲酸酐水解生成酸，副产品顺丁烯二酸酐水解也生成酸，水解生成的酸与NaOH进行中和反应能够近似确定产物的收率，在其他副产物含量相对较低情况下，实验可以用总酸度来近似计算粗酐的收率。

(1) 总酸度测定原理。

$$\text{邻苯二甲酸酐} + H_2O \longrightarrow \text{邻苯二甲酸}$$

$$\text{邻苯二甲酸} + 2NaOH \longrightarrow \text{邻苯二甲酸钠} + 2H_2O$$

$$\text{顺丁烯二酸酐} + H_2O \longrightarrow \text{顺丁烯二酸}$$

$$\text{顺丁烯二酸} + 2NaOH \longrightarrow \text{顺丁烯二酸钠} + 2H_2O$$

(2) 测定方法。

将吸收瓶1、吸收瓶2内的吸收液倒入已冷到室温的捕集器中，分别用蒸馏水各洗涤

2~3次，也倒入捕集器中。将捕集器在热水中加热，水解，并将溶液冷至室温，倒入250mL容量瓶中，用蒸馏水稀释至刻度。用25mL移液管移取溶液25mL于250mL锥形瓶中，用酚酞作指示剂，用0.1mol/L左右的NaOH标准溶液滴定。

（3）计算公式。

$$粗酐收率 = \frac{0.5 \times C_{NaOH} \times V_{NaOH} \times 10^{-3} \times 148}{M_{邻二甲苯}} \times \frac{250}{25} \times 100\%$$

此收率为近似值。

式中　C_{NaOH}——NaOH标准溶液的浓度，mol/L；

　　　V_{NaOH}——NaOH滴定时消耗的NaOH体积，mL；

　　　$M_{邻二甲苯}$——邻二甲苯的进料量，g；

　　　148——邻苯二甲酸酐的摩尔质量，g/moL。

　　　250/25——分析溶液之总量与分析所移取的溶液量之比。

$$催化剂负荷 = \frac{邻二甲苯的质量流量(g/h)}{催化剂用量(L)}$$

$$浓度\ C = \frac{邻二甲苯的进料量(mol)}{进料混合气的量(L)}$$

表3-14　数据记录表格

反应温度/℃	时间/min	邻二甲苯进料量/g		空气流量/（mL/min）		恒温槽温度/℃
		初读数	终读数	A路	B路	

2. 实验报告内容

（1）计算两个反应温度的粗酐收率、催化剂负荷及浓度。

（2）由实验数据分析温度对催化剂活性的影响。

七、思考题

（1）哪些因素影响邻苯二甲酸酐产品质量和收率？

（2）哪些因素影响邻二甲苯进料量的准确性？

（3）每次反应结束后为什么要进行空气吹扫？

实验九　石脑油管式炉裂解制乙烯

一、实验目的

（1）掌握烃类管式炉裂解法制取乙烯等低碳烯烃裂解装置的操作；

（2）熟悉掌握小型管式炉控温、进料、冷凝、取样、检测等操作，取得物料平衡数据，分析温度、停留时间等对裂解过程的影响；

富媒体 18　石脑油管式炉裂解制乙烯

（3）学会使用排水集气法收取气体，掌握比重瓶法测定气体密度的方法；

（4）加深对高温裂解基本原理以及影响因素的理解，运用所学知识处理实验数据。

二、实验原理

烃类热裂解过程是生产烯烃的典型反应，其反应机理是自由基反应。由于石油产品结构的复杂性，导致热裂解过程化学反应很多，其产物是复杂的混合物。裂解过程是强吸热过程，需要提供大量的热，在较短的时间内达到裂解反应温度。为了得到预期的产品收率，必须选择裂解反应的最佳工艺条件，主要包括裂解温度、停留时间、蒸汽稀释比、压力等。

裂解气的密度通过称量法测定，是测定气体质量（或密度）的准确方法。在一定的温度和压力下用真空泵把已知体积的比重瓶抽真空，然后充满裂解气。称其质量，再用同样的方法称得空气质量。最后通过换算，求出裂解气在标准状况下的密度。另外的方法，可以通过气相色谱仪分析裂解产物的气体部分的烃类组成，定性及定量，并查表计算气体的密度。

实验用小型裂解管式炉，装置简单，操作方便，容易掌握，常用来研究不同原料裂解的最佳工艺条件，可作为管式炉放大实验的参考依据。实验可以采用不同原料，进行不同条件下的裂解实验，用于取得反应动力学数据等，从中发现规律。小型管式炉裂解实验是教学、科研、工业设计的重要基础。

三、实验装置与试剂

（1）裂解实验装置流程图和裂解实验装置图如图 3-26 和图 3-27 所示。图 3-28 为裂解实验电脑操作页面图。

原料油和水分别经过计量泵输送到反应炉管。油和水在高温下立即汽化。反应炉管为不锈钢管，其中心是热电偶套管。用控温仪控制管式炉进行加热，反应温度控制在 700℃ 左右。裂解气自反应炉管末端导出，进入球形冷凝器。在此大部分焦油和水被冷凝，流入接收器。为了冷凝更彻底，需进行二次冷凝，然后不凝气通过湿式气体流量计计量后放空。

（2）进料装置。本实验用两台计量泵来进料，油和水的进料速度，采用实验前由学生进行预先演算后得到的数据，经教师确认后进行。数据计算过程需要写在预习报告里。

（3）反应器。反应器是一个内径为 25mm 不锈钢管，管中心装有热电偶套管。热电偶套管的外径为 1.5mm，套管内每间隔 200mm 固定一个热电偶，测得反应器轴向不同位置的温度。反应所需热量由管式炉提供。

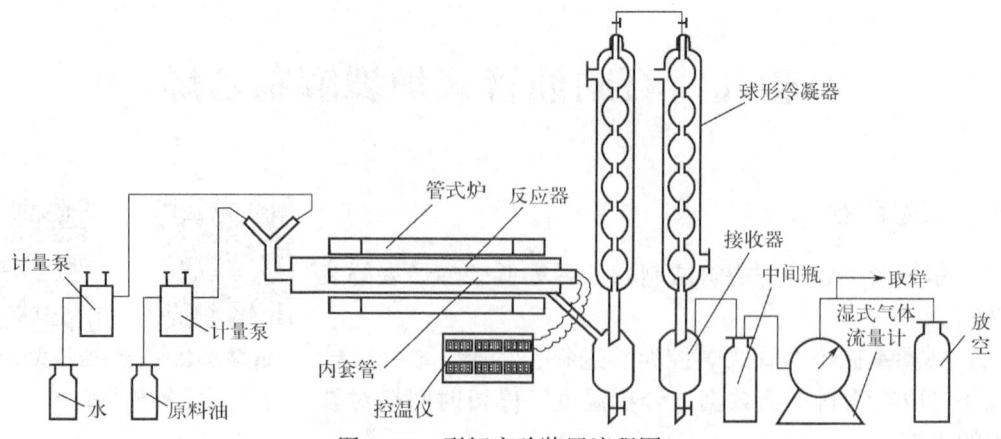

图 3-26 裂解实验装置流程图

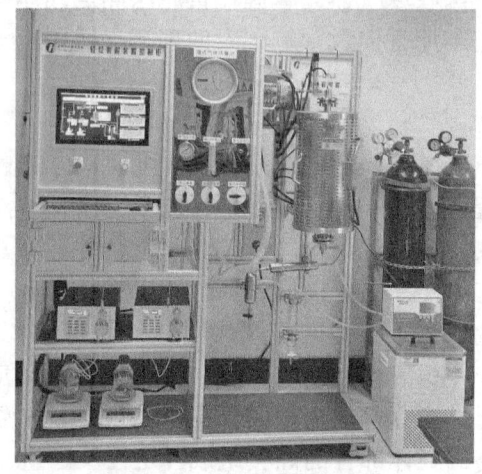

图 3-27 裂解实验装置图

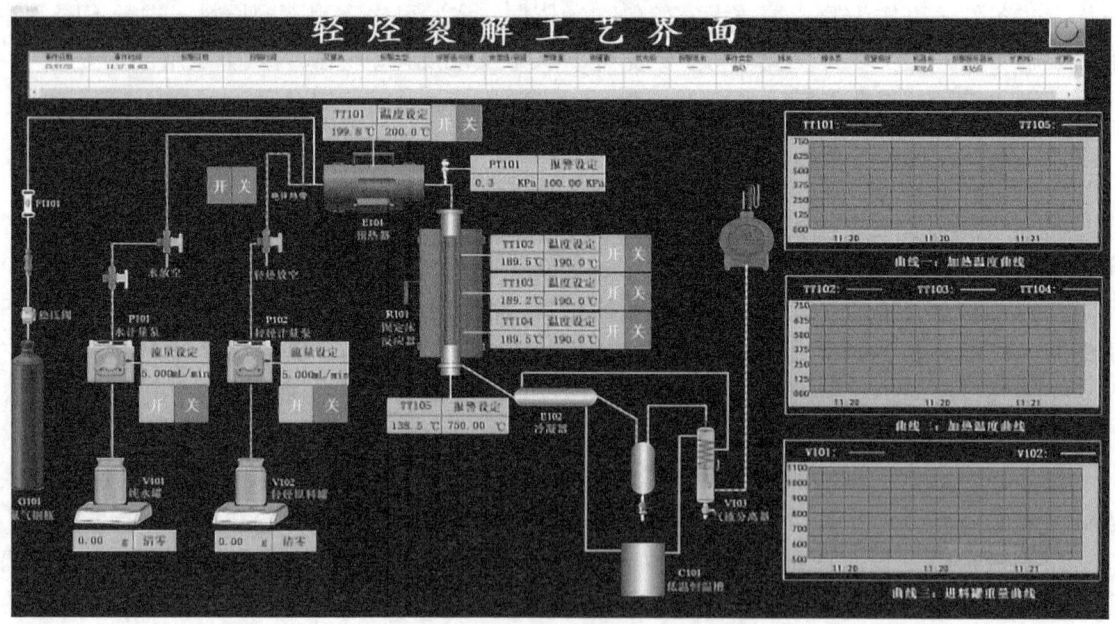

图 3-28 裂解实验电脑操作页面图

（4）裂解气的密度测定流程图如图 3-29 所示。

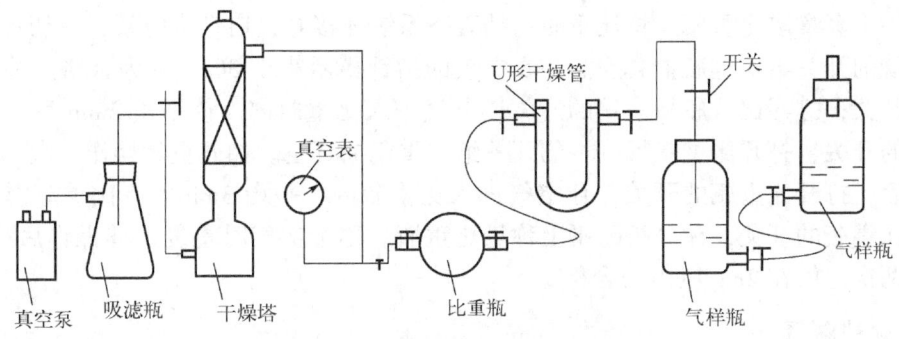

图 3-29　裂解气的密度测定流程图

（5）实验用原料：90#~120#石脑油（或轻柴油、生物柴油等）。

四、准备工作

（1）熟悉设备及流程，了解并掌握温度及流量调节控制的操作方法，检查流程连接系统是否完好。原料罐中分别添满原料油及去离子水。

（2）准备两个 5000mL 下口瓶，其中一个充满饱和食盐水，用于收集气体样品。

（3）设备试漏。为了取得可靠的物料平衡数据及保证操作顺利进行，检查装置是否严密是十分重要的一个环节。所以，设备安装完毕后必须进行试漏。

试漏方法：用正压方法向设备内充气（比如双联球加压），看是否能维持一定压力。或者用抽真空的方法，看是否能维持一定的真空度（比如真空压力表测压），直到不漏气。

（4）对双柱塞微量泵要根据型号掌握其操作步骤及要点。

五、实验步骤

1. 加热升温

首先将原料油和蒸馏水分别加入泵的进料瓶中。检查线路设备完好后，合上电源开关，开启控温仪给管式炉通电进行加热，设置炉子的温度为 700℃。当炉温达到 400℃ 时开启进水泵，按预算的进料速度调节设置水的流量，同时打开冷却水开关。当炉温达到 600℃ 时开启进油泵，按预算的进料速度调节设置原料油的流量。炉子的温度达到 700℃ 后，稳定 10min 开始裂解实验。

2. 实验过程

当炉温和进料速度达到实验要求后，开始裂解实验。首先打开接收器的开关，放出接收器中的焦油和水。然后在关上接收器开关的同时，记录原料油泵和蒸馏水泵的初始累计流量数据或将累计流量清零、记录气体流量计的数据及裂解时刻。注意：上述步骤要同步进行。

实验 10min 后，取裂解气体样品。用下口瓶取 3500mL 左右的裂解气以备测定裂解气密度分析用。实验过程每 15min 记录一次温度的数据并检查进料是否正常。实验总时间为 1h。1h 后，停油泵。首先将焦油和水分别放入 100mL 的烧杯中并称重，同时记录原料油和蒸馏水的累计进料数据及记录气体流量计的数据。继续进水烧炭 30min 后，关掉加热电源，继续进水降温。当炉温低于 400℃ 后关闭水泵。待温度降低至 200℃ 关掉冷却水。

3. 称量空气

戴细纱手套拿取比重瓶。将比重瓶与抽真空系统连接好，启动真空泵，一切正常后关上比重瓶一端的开关给比重瓶抽真空。当真空表的指针指示小于 80Pa 后为合格。关上比重瓶上开着的开关，打开比重瓶另一端的开关让空气进入比重瓶内。待平衡 2min 后，再关上比重瓶开着的开关，打开比重瓶另一端的开关给比重瓶抽真空。如此重复操作 3 次，待比重瓶清洗干净后，打开比重瓶的开关，让空气进入比重瓶内，平衡 3min，待比重瓶内充满空气后，关上比重瓶的开关，在分析天平上称量比重瓶。称量空气时重复上述操作后称量多次，直至相邻两次差值在 2mg 以内为合格。

4. 称量裂解气

将比重瓶接上已取满裂解气的盐水瓶。先用裂解气清洗比重瓶。方法同称空气时的洗瓶过程。清洗干净后再充满纯净的裂解气。充裂解气时一定要使两个盐水瓶的水面保持平衡 3~5min。然后关上比重瓶的开关，取下比重瓶在分析天平上称重。一班要求至少称两次，两次的误差在 2mg 以内为合格。

5. 停泵

停泵前，一定要让真空系统通大气放空后再停泵。

6. 结束工作

实验完毕后，所有的设备都要恢复到原来的状态。清洗干净玻璃仪器，整理实验台，打扫卫生。初步整理好所有原始数据，经指导教师检查合格后方能离开实验室。

六、实验数据记录及处理

1. 数据记录

列出物料平衡表，根据实验数据画出裂解温度和反应炉管长度的曲线图，裂解温度用每个温度点的平均值。同时进行物料衡算，列出物料平衡表。

2. 实验数据处理

（1）预算原料和水的进料量。

原料油的分子量 $M_{原料} = 140$；$M_{焦油} = 120$；$M_{裂解气} = 28$；反应炉管当量长度 $L_e = 35cm$；当量停留时间 $\theta = 3.5s$；裂解时间 $\tau = 1h$；裂解气的收率为 70%（质量分数）；原料油的密度为 0.8g/cm³ 左右；裂解温度为 700℃。

根据所给上述已知条件预算出原料油和水的进料速度（mL/min）。

（2）计算裂解气的质量：

$$G_{气} = V_{干} \cdot \rho_{干} \tag{3-43}$$

$$V_{干} = V_{湿} \cdot K_1 \times \frac{p_0 - p_0^{水}}{1.01325 \times 10^5} \times \frac{273.15}{273.15 + t} \tag{3-44}$$

式中 $V_{干}$——在标准状态下干裂解气的体积，L；

$\rho_{干}$——在标准状态下干裂解气的密度，g/L；

$V_{湿}$——实验测到的气体体积，L；

K_1——湿式气体流量计校正系数;

p_0——当天室内大气压力,Pa;

$p_0^{水}$——实验时湿式气体流量计温度 t_0 下水的饱和蒸气压,Pa。

(3) 计算裂解气、焦油的收率和原料油的损失率。

(4) 计算当量停留时间:

$$\theta = \frac{V_{反}}{V_{物}} = \frac{L_e \cdot S}{1000 \cdot V_{物}} \tag{3-45}$$

式中 L_e——反应管当量长度,cm;

$V_{反}$——反应器的容积,L;

$V_{物}$——反应器内物料的体积流量,L/s;

S——反应器横截面面积,cm²。

由于反应器内的物料体积流量是变化的,一般 $V_{物}$ 是取进出口的平均值。

$$V_{物} = \left(\frac{G_1}{M_1} + \frac{G_2}{M_2} + \frac{G_3}{M_3} + \frac{2G_4}{M_4}\right) \times \frac{22.4 \times T_e}{2 \times 273.15 \times \tau} \tag{3-46}$$

式中 G_1, G_2, G_3, G_4——原料油、焦油、裂解气和水的质量,g;

M_1, M_2, M_3, M_4——原料油、焦油、裂解气和水的分子量;

τ——裂解实验所用的时间,s;

T_e——裂解温度,取其中三个最高温度点的平均值,K。

(5) 计算一次反应速度常数 k 值。

许多文献资料表明:烃类裂解的反应为一级反应,其动力学方程式如下:

$$\frac{dx}{d\theta} = k \cdot (1-x) \tag{3-47}$$

把式(3-47)积分得到:

$$\ln\frac{1}{1-x} = k \cdot \theta \tag{3-48}$$

式中 θ——当量停留时间,s;

x——裂解原料的转化率,近似等于裂解气的收率;

k——一次反应速度常数,s⁻¹。

(6) 标准状态下干裂解气的密度计算公式:

$$\rho_{干} = 1.293 + \frac{\Delta W}{V} \times \frac{1.0132 \times 10^5}{p} \times \frac{273.15+t}{273.15} \tag{3-49}$$

式中 ΔW——装有裂解气的比重瓶的重量减去装有空气的比重瓶的质量,g;

p——大气压力,Pa;

t——室温,℃;

V——比重瓶的体积,L。

七、注意事项

(1) 必须遵守天平称量规则。

(2) 对排水集气法要提前确认三通阀的旋转开向,确保气体流动方向。

(3) 裂解过程的开始结束时刻,原料泵的开关和接收器的操作要相互配合同时进行。

八、思考题

（1）哪些因素影响裂解气体产物的收率？其中主要因素是什么？
（2）影响物料平衡的因素有哪些？
（3）取气时用饱和食盐水的原因是什么？
（4）水蒸气在反应过程中的主要作用是什么？
（5）本实验测量裂解气密度准确的关键主要是什么？
（6）分析试验数据产生误差的原因。

实验十　雪花膏的配制

一、实验目的

富媒体 19　雪花膏的配制

（1）学习护肤化妆品的基本知识；
（2）了解雪花膏的配制原理和各组分的作用；
（3）掌握雪花膏的配制方法。

二、实验原理

1. 主要性质

雪花膏是一种雪白、芳香的膏状乳剂类化妆品。雪花膏乳剂是指一种液体以极细小的液滴分散于另一种互不相溶的液体中所形成的多相分散体系。雪花膏涂在皮肤上，遇热容易消失，因此，被称为雪花膏。雪花膏的膏体应洁白细密、无粗颗粒、不刺激皮肤。香气味宜人，其主要用作润肤、打粉底和剃须后用化妆品。

2. 配制原理和护肤机理

雪花膏通常是以硬脂酸皂为乳化剂的水包油型乳化体系。水相中含有多元醇等水溶性物质，油相中含有脂肪酸、长链脂肪醇、多元醇脂肪酸酯等非水溶性物质。当雪花膏涂于皮肤上，水分挥发后，吸水性的多元醇与油性组分共同形成一个控制表皮水分过快蒸发的保护膜，它隔离了皮肤与空气的接触，避免皮肤在干燥环境中由于表皮水分过快蒸发导致的皮肤干裂，也可在配方中加入一些可被皮肤吸收的营养性物质。

3. 雪花膏在制备过程中的化学反应

（1）制取硬脂酸钾型雪花膏的化学反应。

$$C_{17}H_{35}COOH + KOH \longrightarrow C_{17}H_{35}COOK + H_2O$$
$$2C_{17}H_{35}COOH + K_2CO_3 \longrightarrow 2C_{17}H_{35}COOK + H_2O + CO_2\uparrow$$
$$C_{17}H_{35}COOH + KHCO_3 \longrightarrow C_{17}H_{35}COOK + H_2O + CO_2\uparrow$$

（2）制取硬脂酸钠型雪花膏的化学反应。

$$C_{17}H_{35}COOH + NaOH \longrightarrow C_{17}H_{35}COONa + H_2O$$
$$2C_{17}H_{35}COOH + Na_2CO_3 \longrightarrow 2C_{17}H_{35}COONa + H_2O + CO_2\uparrow$$

$$C_{17}H_{35}COOH+NaHCO_3 \longrightarrow C_{17}H_{35}COONa+H_2O+CO_2\uparrow$$

（3）制取硬脂酸铵型雪花膏的化学反应。

$$C_{17}H_{35}COOH+NH_3\cdot H_2O \longrightarrow C_{17}H_{35}COONH_4+H_2O$$

三、实验仪器与试剂

1. 主要仪器设备

（1）电动搅拌器（图3-30）；（2）恒温水浴锅（图3-31）；（3）电子天平；（4）烧杯（250ml，100mL）；（5）液体温度计（0～100℃）；（6）烧杯（250mL，100mL）；（7）容量瓶（500mL）。

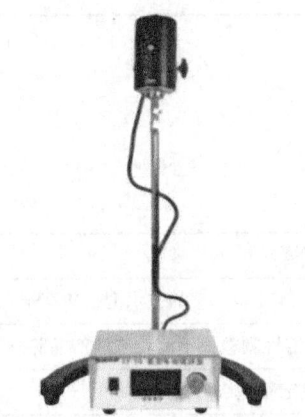

图3-30　JJ-1增力电动搅拌器

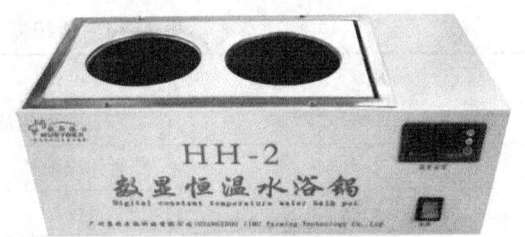

图3-31　数显恒温水浴锅

2. 主要试剂

（1）pH试纸；（2）三压硬脂酸：一级；（3）单硬脂酸甘油酯；（4）十六醇：分析纯；（5）液体石蜡：分析纯；（6）丙三醇：分析纯；（7）氢氧化钠：分析纯；（8）氢氧化钾：分析纯；（9）香精；山梨酸钾（防腐剂）。

四、雪花膏的基本配方

多年来，雪花膏的基础配方变化不大，它包括硬脂酸皂（3.0%～7.5%）、硬脂酸（10%～20%）、多元醇（5%～20%）、水（60%～80%）。配方中，一般控制碱的加入量，使皂的比例占全部脂肪酸的15%～25%。

我国轻工业部雪花膏的标准：理化指标要求包括膏体耐热、耐寒稳定性、微碱性pH<8.5、微酸性pH为4.0～7.0；感官要求包括色泽、香气和膏体结构（细腻），擦在皮肤上应润滑、无面条状、无刺激。

本实验按表3-15中配方开展。

表3-15　雪花膏配方

原料	加入量
三压硬脂酸（十八烷酸）	15.0g

续表

原料	加入量
单硬脂酸甘油酯	1.0g
十六（烷）醇	1.0g
丙三醇	10.0g
10%（质量分数）的 KOH 水溶液	6.0g
1%（质量分数）的 NaOH 水溶液	5.0g
防腐剂（山梨酸钾）	0.05g
白油（液体石蜡）	1.0g
香料	3~5滴
精制水	61.0g

五、产品配制检测标准

雪花膏的检测标准见表3-16。

表3-16 雪花膏的检测标准

	指标名称	指标要求	
		水包油型（O/W）	油包水型（W/O）
感官	外观	膏体应细腻，均匀一致（添加不溶性颗粒或不溶粉末的产品除外）	
	香气	符合规定香型	
理化	pH（25℃）	4.0~8.5（pH 不在上述范围内的产品按企业标准执行）	—
	耐热	（40±1）℃保持24h，恢复室温后应无油水分离现象	（40±1）℃保持24h，恢复室温后渗油率不应大于3%
	耐寒	（-8±2）℃保持24h，恢复室温后与试验前无明显性状差异	
卫生	菌落总数/(CFU/g)	符合《化妆品卫生规范》的规定	
	霉菌和酵母菌总数/(CFU/g)		

六、实验步骤

（1）准备工作：①将三压硬脂酸敲碎；②配制1%NaOH水溶液1000mL；③配制10% KOH水溶液1000mL；④配制0.1mg/L山梨酸钾水溶液；⑤配制20%（质量分数）磷酸水溶液。

（2）按配方中的量分别称取三压硬脂酸、单硬脂酸甘油酯、白油、十六醇和丙三醇。

（3）将称量好的原料加入250mL烧杯中，加热至90℃，手动搅拌15min，使物料熔化、溶解。

（4）水相混合：按配比将水和氢氧化钾和氢氧化钠溶液混合于另一个250mL烧杯中，搅拌均匀，于水浴90℃下恒温15min杀菌。

（5）乳化：恒温90℃，在保持匀速定相的搅拌条件下，用滴管将水相逐滴加入油相中，随着反应的进行，体系黏度逐渐增大，滴加完后，恒温90℃继续搅拌20min。

（6）用20%（质量分数）磷酸水溶液调节pH值至混合物呈中性。

（7）撤走水浴，低速搅拌下自然降温，至温度降低到60℃时，加入3~5滴香料和5~10滴防腐剂（0.1mg/L山梨酸钾水溶液）。

（8）当温度降低到55℃时，停止搅拌，静止冷却到室温即得到成品。

七、注意事项

（1）要用颜色洁白的工业一级三压硬脂酸，可使产品的色泽及储存稳定性提高。

（2）水质对雪花膏有重要影响，要求使用去离子水。切忌用硬水来配制雪花膏。因为硬水中含有钙、镁离子，它们在雪花膏中与硬脂酸反应后，生成硬脂酸钙、硬脂酸镁及盐分。

（3）降温过程中，黏度逐渐增大，搅拌带入膏体的气泡不易逸出。因此，黏度较大时，不宜过分搅拌。

（4）产品要用电动搅拌器搅拌。

（5）制作雪花膏的整个过程都需要保证试剂所接触的仪器干净和灭菌，否则被污染的产品将无法使用。

（6）加入的香精不宜过多，太多气味会加重，香精过多会刺激皮肤，而且闻起来会不舒服。

八、思考题

（1）雪花膏中加入碱的作用是什么？常用的碱类是什么？为什么氢氧化钠只能少量加入？

（2）配方中各组分的作用是什么？

（3）如何防止雪花膏在使用中出现面条化现象？

（4）皮脂膜的组成及作用是什么？如何保护干性皮肤？

（5）为什么水质对雪花膏质量有很大影响？

实验十一　皂基型洗面奶的制备与性能检测

一、实验目的

（1）熟悉皂基型洗面奶中各种原料在配方中的主要作用；

（2）初步掌握皂基型洗面奶的配方设计原则与制备工艺；

（3）了解皂基型洗面奶的性能检测方法。

二、实验原理

洗面奶是一种能够去除面部上的油脂、汗渍、灰尘、油彩、脂粉等污垢的皮肤清洁用品。洗面奶应对皮肤温和、无刺激，不仅仅具有清洁肌肤的作用，通常还兼具滋润肌肤、护肤保湿和营养肌肤等护肤功效。洗面奶是通过其配方中所含有的表面活性剂的润湿、渗透和乳化等作用去除皮肤上的污垢。洗面奶膏体应细腻，稳定性好，黏度适中，易涂抹；温和、无刺激，清洁力适中；泡沫丰富、细密，易冲洗；用后不干燥、紧绷；用后清爽、润滑。因此在设计洗面奶配方结构时，要综合考虑以上几要素。

在洗面奶的配方结构中，如果表面活性剂以脂肪酸盐为主，这类洗面奶通常称为皂基型洗面奶。皂基型洗面奶主要由脂肪酸皂（由脂肪酸与碱反应形成）、多元醇、辅助表面活性剂、增稠剂、防腐剂等组成。

皂基型洗面奶配方中常用的脂肪酸有月桂酸、肉豆蔻酸、棕榈酸、硬脂酸。一般来说，碳数越大的脂肪酸所产生的泡沫越细小、致密。随着脂肪链碳数减小，脂肪酸皂的泡沫越来越大。月桂酸的泡沫最大，洗净度高，但最易消失；硬脂酸产生的泡沫相对细小、稳定、柔和。不同的脂肪酸带给产品的珠光效果也不相同，例如，硬脂酸产生的是一种明显的白色高光泽质感珠光。为了达到良好的外观与使用效果，一般采用多种脂肪酸复合使用的方式。脂肪酸复合物在配方体系中的用量一般为25%~35%，脂肪酸的中和度一般应控制在80%，一般选用氢氧化钾作为中和剂和脂肪酸反应制皂。配方中氢氧化钾的用量计算公式为：

[（体系中所用的脂肪酸的用量×脂肪酸的酸值）×中和度]/(1000×氢氧化钾的纯度)

在皂基型洗面奶中添加一定量的多元醇的作用是促进脂肪酸皂的分散与溶解，以及提高产品的稳定性（包括耐寒稳定性）。常用的多元醇包括甘油、丙二醇、1,3-丁二醇和聚乙二醇等。如果体系中单独使用甘油，用量一般在10%~20%。丙二醇和1,3-丁二醇对皂的作用为溶解，因此这两者如果单独使用的话，用量可以少一些，大约在14%以上。甘油对皂的作用是分散，因此产品体系中析出的珠光不会受到甘油的影响，而丙二醇和1,3-丁二醇对皂的作用是溶解，因此在溶解皂的同时也会将析出的珠光破坏。根据所用多元醇的性能差异，一般多元醇的总用量为10%~25%。

在皂基型洗面奶中添加一些辅助表面活性剂[如月桂醇醚琥珀酸酯磺酸二钠、椰油酰羟乙磺酸钠、N-油酰基-N-甲基牛磺酸钠、月桂酸肌氨酸钾（或）钠、月桂酰谷氨酸二钠、椰油酰甘氨酸钠、烷基葡萄糖苷、十二烷基磷酸单酯钠、椰油酰基丙基甜菜碱、月桂酰两性基二乙酸二钠等]可以提高产品的热稳定性，同时改善皂基在体系中的分散性，降低洗面奶的低温硬度和刺激性，降低洗后皮肤的干涩和紧绷感，增加泡沫的稳定性。辅助表面活性剂在配方中的添加量一般控制在10%左右。

增稠剂不仅可以提高洗面奶外相的稠度，更可以提高产品的稳定性，改善产品的流变性。常用的增稠剂有聚丙烯酸盐[丙烯酸/C10-30烷基丙烯酸酯交链共聚物、丙烯酸酯/十八硬脂醇聚氧乙烯醚（20）甲基丙烯酸酯聚合物（Aculyn 22）、丙烯酸酯共聚物（Capigel 98、SF-1）]、汉生胶、羟丙基甲基纤维素、聚乙二醇（6000）双硬脂酸酯、PEG-(120)甲基葡萄糖苷二油酸酯（DOE-120）等。

在皂基型洗面奶中添加适量阳离子高分子聚合物（如聚季铵盐-7、聚季铵盐-39、聚季铵盐-47和季铵化咪唑啉等）可降低皂基低温硬度，降低刺激性以及洗后皮肤的干涩和紧绷感，提高发泡能力和改善泡沫质量。

三、实验仪器与试剂

仪器设备：实验室高剪切分散乳化机、电动搅拌器、电热套、恒温水浴锅、电子天平、架盘天平、烧杯（50mL，200mL）、量筒、滴管、玻璃棒、药匙。

试剂：月桂酸、肉豆蔻酸、棕榈酸、硬脂酸、硬脂酸甘油酯/PEG-100硬脂酸酯

（Arlacel 165）、氢氧化钾、1,3-丁二醇、甘油、乙二胺四乙酸二钠、硬脂月桂酰谷氨酸钠（30%）、椰油酰两性基乙酸钠（50%）、C8-10烷基葡糖苷、聚季铵盐-7（40%）、丙烯酸酯聚合物Carbopol Aqua SF-1(30%)、DMDM乙内酰脲、去离子水。

四、皂基型洗面奶配方

皂基型洗面奶配方见表3-17。

表3-17　皂基型洗面奶配方

原料		质量分数/%
A相	硬脂酸	11
	棕榈酸	8
	肉豆蔻酸	10
	月桂酸	3
	硬脂酸甘油酯/PEG-100硬脂酸酯（Arlacel 165）	1.5
B相	氢氧化钾（82%）	6.82
	1,3-丁二醇	7
	甘油	20
	乙二胺四乙酸二钠	0.1
	去离子水	至100
C相	月桂酰谷氨酸钠（30%）	7
	椰油酰两性基乙酸钠（50%）	6
	C8-10烷基葡糖苷	3
	聚季铵盐-7（40%）	1.2
D相	丙烯酸酯聚合物Carbopol Aqua SF-1（30%）	5
	去离子水	10
E相	DMDM乙内酰脲	0.3

五、实验步骤

（1）水相的制备（B相）：将氢氧化钾加入去离子水中，溶解，然后加入多元醇，加热至75℃（容器1）。

（2）油相的制备（A相）：将脂肪酸、乳化剂等其他油脂类成分混合，搅拌下加热至75℃（容器2）。

（3）皂化：在快速搅拌下，将水相快速加入油相中（水相加入的过程中，体系中可能会出现短暂的少量产生的皂块结团现象，这种现象可以不管，等水相完全添加结束后皂团会自然消失），水相添加完成后，在保持体系温度不低于80℃的情况下，保温皂化30~60min。

（4）皂化结束后加入辅助表面活性剂（C相）（沿容器壁加入，此时应注意避免因搅拌而产生大量气泡），搅拌会使体系产生气泡，搅拌混合均匀。

（5）降温至55~60℃，加入D相，搅拌均匀。

（6）降温至40~45℃，体系开始结膏时，保持温度不变，搅拌30min。

（7）降温至35℃，加入E相，搅拌15~20min至均匀。

六、产品质量检测

1. pH值（稀释法）的测定

（1）试样的制备。称取样品1份（精确至0.1g），加入经煮沸冷却后的去离子水10份，加热至40℃，并不断搅拌至均匀，冷却至规定温度，待用。

（2）pH计的校正。按仪器使用说明，校正pH计。选择两个标准缓冲溶液，在所规定温度下校正，或在温度补偿系统下进行校正。

（3）pH值的测定。仪器校正后，首先用去离子水清洗电极，然后用滤纸吸干。将电极小心插入待测试样中，使电极浸没，待pH值读数稳定，记录读数，读毕须彻底清洗电极，待用。pH值的结果以两次测量的平均值表示，精确度为0.01。

2. 应用性能评价

先使用清水打湿肌肤后，取本配方产品适量于手心，轻轻揉出泡沫后，涂于面部，并轻揉面部肌肤1min，然后用清水冲洗干净。评价清洁效果、泡沫性能（泡沫多少、泡沫大小）、冲洗性以及用后肤感（滋润或紧绷）。

七、注意事项

（1）为了降低因去离子水的挥发对产品带来的质量与外观的影响，去离子水应过量5%~10%。

（2）由于皂化反应是一个强烈的放热反应，皂化过程中，体系的温度可以升高大约10~20℃，因此皂化前水相和油相的温度不应过高，一般控制在70~75℃，以免最终皂化体系的温度过高。

八、思考题

（1）各种原料在配方中的作用是什么？
（2）皂基型洗面奶配方设计原则是什么？
（3）本实验的关键点在哪里？

实验十二　非离子表面活性剂的合成与性能测定

一、实验目的

（1）了解非离子表面活性剂的合成原理及制备方法；
（2）加深对精细化学品合成反应及合成手段的认识。

二、实验原理

表面活性剂是一种由亲油基团和亲水基团构成的有机化合物。由于表面活性剂的特殊结构，它能够在气—液、液—液、固—液界面定向吸附，显著地降低气—液、液—液、固—液界面张力，改变体系的界面状况，表面活性剂能够产生润湿、乳化、分散、增溶、发泡、消泡、洗涤等一系列作用，因而在洗涤剂、化妆品、纺织、印染、医药、食品、金属加工、石油开采、环保等众多工业领域被广泛应用。

非离子表面活性剂是一种非常重要的化工产品。由于它具有优异的低温洗涤性、低泡性、可生物降解性，加之原料充足，因而得到迅猛发展，广泛应用于工业生产和人民生活。

当温度达到 150~180℃ 时，在 NaOH 的催化作用下，以高级醇（也可以是高级脂肪酸或高级脂肪胺）作为起始剂，与环氧乙烷发生加成反应，生成非离子表面活性剂。

反应式如下：

$$R\text{—}OH + n CH_2\text{—}CH_2 \xrightarrow{NaOH} R\text{—}O(CH_2CH_2O)_nH$$

$$R\text{—}\underset{O}{C}\text{—}OH + n CH_2\text{—}CH_2 \xrightarrow{NaOH} R\text{—}\underset{O}{C}\text{—}O(CH_2CH_2O)_nH$$

$$R\text{—}NH_2 + n CH_2\text{—}CH_2 \xrightarrow{NaOH} R\text{—}NH(CH_2CH_2O)_nH$$

对于长链脂肪醇聚氧乙烯醚，通常当亲水亲油平衡值（HLB）在 3~6 时，其适合作油包水型乳化剂；当 HLB 在 7~9 时，适合作润湿剂；当 HLB 在 8~18 时，适合作水包油型乳化剂；当 HLB 在 13~15 时，适合作洗涤剂；当 HLB 在 15~18 时，适合作增溶剂。

三、实验仪器与试剂

1. 实验仪器

（1）反应釜；（2）温控搅拌系统；（3）真空泵；（4）环氧乙烷储罐；（5）氮气瓶。

2. 装置流程

装置流程图如图 3-32 所示。

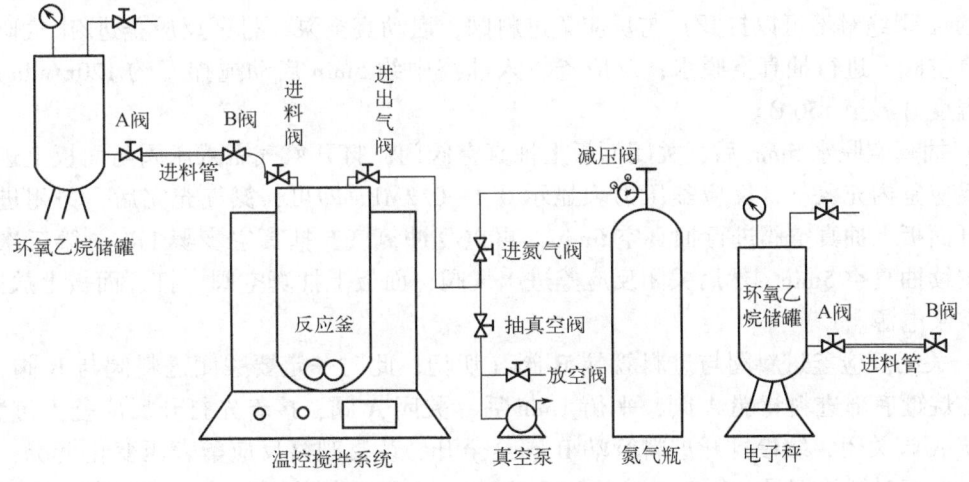

图 3-32 非离子表面活性剂合成反应装置流程图

3. 实验药品

（1）高级醇（高级脂肪酸或高级脂肪胺）：实验中采用正十二醇，正十二醇又称月桂醇，分子式为 $CH_3(CH_2)_{10}CH_2OH$，淡黄色油状液体或固体，相对密度 $0.831g/cm^3$（24℃），熔点24℃，沸点255~259℃、143℃（$2×10^3Pa$ 或 0.02atm）。不溶于水，溶于乙醇和乙醚，用于制造高效洗涤剂等，也用于纺织品皮革的加工，可由椰子油制得。

（2）环氧乙烷：又称氧化乙烯，分子式为 C_2H_4O，分子量44.03，是一种最简单的环氧醚，常温下为无色气体，低温时为无色易流动液体，有乙醚的气味，有毒，相对密度 $0.867g/cm^3$，熔点-111℃，沸点10.7℃，溶于水、乙醇和乙醚。化学性质非常活泼，能与多种化合物起加成反应。与空气形成爆炸性混合物，爆炸极限为 3.6%~78%。用于制造乙二醇、抗冻剂、合成洗涤剂、乳化剂、塑料和库房熏蒸剂等。是重要的有机合成中间体，可直接或间接由乙烯氧化而制得。

（3）氢氧化钠：化学纯，实验中用作催化剂。

四、实验步骤

（1）查看搅拌子是否放入反应釜，将反应釜放入未加热的油浴内，检查搅拌系统是否正常。当搅拌系统正常时，关闭搅拌电源，取出反应釜（将反应釜外壁黏附加热介质用刮刀刮入油浴内），启动油浴加热电源，温度设定为100℃。

（2）迅速称取 0.3g NaOH（催化剂）加入反应釜釜底，再取 6g 左右正十二醇（起始剂）加入反应釜内；按平均用力、平衡用力的原则安装好反应釜后，连接好反应釜试漏管线，在关闭反应釜进出气阀情况下，缓慢旋开进气阀，通入氮气 0.5~0.8MPa，1min 后记录表压数据，5min 后再记录一次表压数据，表压数据保持不变，试漏合格；表压数据下降说明反应釜漏气，需要缓慢放空氮气，拆卸反应釜，按上述要求重新安装反应釜，再次冲氮气试漏，直至反应釜不漏气。

（3）反应釜试漏合格后缓慢放空氮气，放入油浴中加热。称重环氧乙烷储罐，按照实验流程图安装好实验装置。检查并紧固好连接部件，打开进料管端的 B 阀（切记，此时进料管端的 A 阀绝对不可以打开）与反应釜进料阀，启动真空泵，打开反应釜进/出气阀与面板上抽真空阀，进行抽真空脱水；反应釜放入油浴中约 5min 启动搅拌（约120r/min），并将油浴温度升温至150℃。

（4）抽真空脱水 5min 后，关闭面板上抽真空阀门，打开氮气瓶减压阀与面板上进氮气阀，向反应釜内充氮气，反应釜压力表显示 0.1~0.2MPa 即可，氮气充完后，关闭进氮气阀，打开面板上抽真空阀进行抽真空 5min，再重复冲氮气、抽真空步骤 1 次，第三次充氮气后，继续抽真空 5min，然后关闭反应釜进出气阀、面板上抽真空阀。打开面板上放空阀，关闭真空泵电源。

（5）关闭反应釜进料阀与进料管端 B 阀（切记，此时一定要关闭进料阀与 B 阀），打开环氧乙烷罐底部进料管端 A 阀，平衡 1min 后，关闭 A 阀，接着先打开反应釜上进料阀，再次确认 A 阀关闭，缓慢打开进料管端 B 阀至全开，认真观察反应釜表压变化情况，从表压达到最大值时开始记录，每 2min 记录一次数据，直至表压为零。实验中观察油浴温度是否为150℃。

（6）当表压为零时，用电吹风反复加热 A 阀至反应釜进料阀之间的进料管线，加热管线中残留的环氧乙烷使其进入反应釜中进行反应,直至反应釜表压再次回到零,开始计时。

(7) 继续反应 15min,关闭搅拌与加热电源,垂直提起反应釜(反应釜水平位置保持不变),在油浴锅的锅孔上方垫上木板,将反应釜放置在木板上,冷却 5min,启动抽真空系统,抽真空 1min,用工具松开连接管线,将反应釜移至地面并拆卸反应釜,用移液管移取产品,观察其色泽并称量。

(8) 将环氧乙烷储罐恢复到第一次称重状态,进行第二次称重,清洗反应釜,使装置处于备用状态。

五、实验数据记录及处理

(1) 进行物料衡算,计算产品收率。
(2) 产品中环氧乙烷加成数的计算。

$$环氧乙烷的质量分数(w_{EO}) = \frac{环氧乙烷的质量}{起始剂的质量+环氧乙烷的质量} \times 100\%$$

$$环氧乙烷的加成数(\gamma) = \frac{w_{EO} \times M_{起始剂}}{(1-w_{EO}) \times M_{环氧乙烷}}$$

(3) 产物亲水亲油平衡值(HLB)的计算。

$$HLB = \frac{w_{EO} \times 100}{5}$$

(4) 表面活性剂的浊点测定。配制质量分数为 1%~5% 的表面活性剂水溶液 50mL,溶解均匀后取 3~5mL 于小试管中,置入加热套中加热,小试管中溶液出现浑浊后,在小试管内插入一支 0~100℃ 的温度计,移出加热套,让溶液慢慢冷却,记录溶液由浊变清时的温度即浊点。若溶液加热至沸仍无浑浊出现,可加 5%~10%(质量分数)的食盐水后再加热,加热后出现浑浊,移出加热套,让溶液慢慢冷却,记录加盐后溶液由浊变清时的温度即加盐溶液浊点。

六、注意事项

(1) 按照安全要求戴防护眼镜和橡皮手套或防毒面具。
(2) 加环氧乙烷时要严格控制好加入速度,防止倒吸。

七、思考题

(1) 非离子表面活性剂具有什么优点,在工业及日常生活中有什么用途?
(2) 聚氧乙烯化反应的影响因素有哪些?

实验十三　大分子有机酸酯的合成及性能测试

一、实验目的

(1) 用油酸和异辛醇(或正丁醇)为原料,固体酸做催化剂,进行酯化反应,增强对合成大分子酸酯及酯化工艺的认识；

（2）熟悉酯化过程中所用仪器设备的操作及分析仪器的使用；

（3）锻炼动手能力和分析问题、独立思考能力。

二、实验原理

油酸和异辛醇在一定的温度下（不管是否有催化剂）会发生脱水酯化反应。反应方程式如下：

$$CH_3(CH_2)_7CH=CH(CH_2)_7COOH+CH_3CH_2CH_2CH_2-\underset{\underset{CH_2CH_3}{|}}{CH}-CH_2OH$$

$$\xrightarrow[\Delta]{\text{催化剂}} CH_3(CH_2)_7CH=CH(CH_2)_7COO-CH_2-\underset{\underset{CH_2CH_2CH_3}{|}}{CH}-CH_2CH_3$$

羧酸与醇在液相中的反应是可逆的，其热效应几乎为零。因此平衡常数与温度无关。在各类醇中，伯醇酯化速度最快，酯化完全，正构醇酯化速度随醇的碳链增长有加快的趋势，仲醇酯化速度较慢，反应的平衡转化率较低；叔醇反应非常慢，反应的平衡转化率很低。酸的酯化反应平衡转化率随酸分子量的增加而增加。

三、实验仪器与试剂

油酸（CP），3000mL；异辛醇（CP）；氧化亚锡（CP）；KOH 标准溶液（0.1mol/L、0.01mol/L 两种）；细口瓶2个；电磁搅拌加热套1个；分析天平1台；烘箱1台；pH 酸度计；250mL24#磨口三口烧瓶10个；10mL滴定管2支；24#磨口冷凝器10支；24#磨口分水器10个；10mL量筒10个；250mL 三角瓶10个；1000g 普通天平5个；电磁搅拌磁子10个；牛角勺2个；酚酞指示剂2瓶；1000mL、500mL、100mL 烧杯各10个；托盘、剪刀、改锥、钳子、滤纸、脱脂棉、镊子等。

酯化反应装置图如图 3-33 所示。

四、实验步骤

（1）在三口烧瓶中放入搅拌磁子，称量出三口烧瓶及搅拌磁子的总重量；称取油酸57g，异辛醇39.5g、氧化亚锡0.2~0.5g 于三口烧瓶中，加料顺序为先将油酸加入三口烧瓶中，再加催化剂，最后加异辛醇，用异辛醇将黏到三口烧瓶口部的催化剂尽量冲洗到三口烧瓶中，并称量出三口烧瓶、搅拌磁子及物料的总重量；在分水器中加满异辛醇到回流口部；然后将三口烧瓶、冷凝器及分水器等按照图 3-33 在电磁加热套中安装连接好。

（2）接通电源设置加热温度后开始升温，同时开动搅拌器搅拌物料；打开冷却水；当温度升到190℃时，开始计时，继续反应30min。

（3）反应过程中需要记录的数据：开始升温的时间及温度；温度升到190℃的时间；190℃后继续反应

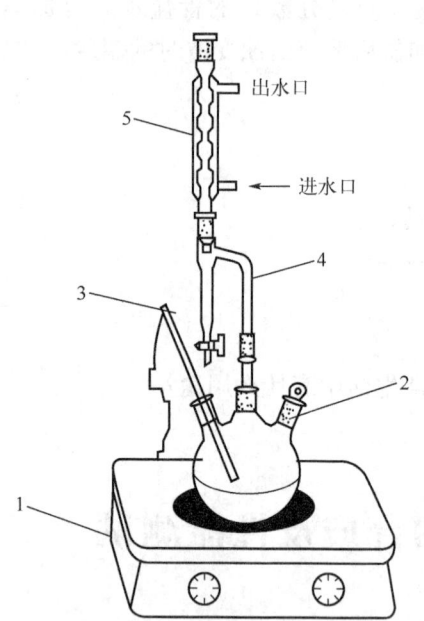

图 3-33 酯化反应装置图
1—电热套；2—三口烧瓶；3—热电偶；
4—分水器；5—冷凝器

30min内的最高温度；反应结束后计量分水器中出水的体积；反应过程中要随时观察分水器中的油水分界面，若水层快达到分水器回流口处时要及时把水放出并计量。

（4）反应完毕后停止加热开始降温，当温度降到60~70℃时，取出三口烧瓶称量总重，得到反应后物料的总质量。对反应过程进行物料衡算。物料衡算时要在总产物的质量中减去与分水器中出水量相同体积的异辛醇的质量。

（5）对原料及产物进行分析，分别测定油酸及酯产物的酸值。取产物进行分析时应取烧瓶中部的样品，且不能取到催化剂。

（6）产物分析合格后，先将搅拌磁子从三口烧瓶中取出清洗干净并放到电热套中，然后将反应物料倒入废油桶中。

五、实验数据记录及处理

（1）测定原料及产物的酸值。

酸值：中和1g试样中的酸所需要的KOH毫克数。

方法：称取样品（油酸0.2g左右，酯产品2g左右，称准至0.1mg），放入250mL的三角瓶中，加入20mL中性乙醇溶解，加入4滴酚酞指示剂，然后用0.1mol/L（酯产品用0.01mol/L）的KOH—乙醇标准溶液滴定，到溶液显玫瑰红色为终点。

$$酸值 = \frac{V_{KOH} N_{KOH}}{W_{样品}} \times 56.1$$

式中　V_{KOH}——滴定时消耗掉的KOH—乙醇标准溶液体积，mL；

　　　N_{KOH}——KOH—乙醇溶液的浓度，mol/L；

　　　56.1——KOH的分子量。

（2）根据酸值计算反应的转化率。

$$转化率 = \left(1 - \frac{K_E W_{EP}}{K_A W_A}\right) \times 100\%$$

式中　K_E——产物酯的酸值，mgKOH/g样品；

　　　W_{EP}——产物酯的总质量，g；

　　　K_A——原料油酸的酸值，mgKOH/g样品；

　　　W_A——原料油酸的总质量，g。

（3）实验报告要求。

① 记录温度随时间的变化情况。

② 记录酯化反应过程的出水量（mL）。

③ 对反应体系做物料衡算，求出操作过程中物料的损失率。

④ 根据酸值求出反应的转化率。

六、思考题

（1）酯化过程中醇的作用有哪些？

（2）酯化反应的催化剂有哪些种类？

（3）酯化反应过程的影响因素有哪些？

（4）影响物料平衡的因素有哪些？

实验十四 超滤膜的制备及性能测试

一、实验目的

(1) 掌握非对称超滤膜的制备过程，学会制膜条件的控制方法；
(2) 对所做的超滤膜进行结构测试；
(3) 测试超滤膜对含油污水的除油性能。

二、实验原理

超滤膜是孔径为 1~100nm 的微孔膜。利用微孔膜进行过滤的技术称为超滤技术。超滤膜分离物质的基本原理如下：被分离的溶液借助外界压力，以一定的流速沿着超滤膜面上流动，让溶液中无机离子、低分子量物质通过膜孔，把溶液中高分子、大分子物质、胶体微粒、热源质及细菌、微生物等截流下来，从而实现分离与浓缩的目的。超滤膜的截流粒子粒径可从几纳米到 1 微米，或截流分子量 500 以上乃至几万到上百万的物质。目前，作为一种新型分离技术，超滤膜技术已广泛应用于工业生产和日常生活中的许多领域。例如：用于工业废水的深度处理；化学、食品和医药工业中溶液的浓缩、纯化和分离；生物制品溶液和饮料的除菌、澄清和纯化；超纯水制备。

石油开采和加工中不可避免会产生大量含油污水。含油污水经重力分离、气浮、混凝等工艺处理后可基本去除水中的浮油和分散油，但乳化油和溶解油仍稳定存在，虽然浓度不高却使水质不能达到排放和回用标准。超滤膜技术可以有效除去包括乳化油和溶解油在内的水中含油成分，是当前石油石化企业实现水质达到排放和回用标准的有效技术手段。

超滤膜大体上可分为两种。一种是各向同性膜，是常用于超滤技术的微孔膜，它具有无数微孔贯通整个膜层，微孔数量与直径在膜层各处基本相同，正反面都具有相同的效应。另一种是各向异性膜，它是由一层极薄的表皮皮层（0.1~1μm）和一层较厚的起支撑作用的海绵层或指状层（100~200μm）组成的薄膜，也称为不对称膜。不对称膜的制备一般采用 Leob-Souriraj 相转化法制备。其过程是将聚合物和添加剂溶解于溶剂中，形成均相的聚合物溶液，然后将聚合物溶液涂敷成平板膜或其他形状的膜，控制一定挥发时间后，浸入由非溶剂组成的凝固浴中，非溶剂和溶剂交换，使聚合物均相溶液发生分相，聚合物固化下来，得到所需要的微孔膜，这样的膜具有非对称结构，典型的非对称膜分为指状孔结构和海绵状孔结构两种，如图 3-34 和图 3-35 所示。

不对称超滤膜的制备工艺流程图如图 3-36 所示。先将聚合物、添加剂和溶剂配制成聚合物溶液，然后刮制成一定形状的膜。浸入凝固浴中进行凝胶固化，经后处理后得到所需超滤膜。

在成膜条件相同的情况下，制膜液组成不同，膜的微观结构和性能也不同，因此，选择适宜的聚合物溶剂、致孔剂及其配比是制备性能优良膜的关键。

在选择溶剂时，一般遵循以下原则：首先考虑聚合物与溶剂的极性和溶解度参数，极性相近的相溶，溶解度相近的相溶；其次，还应考虑聚合物分子与溶剂相互作用参数小于1/2。对于制备分离膜来讲，还需要注意溶剂与致孔剂要互溶，溶剂与制膜液中任何组分不发生化学反应，且与凝固浴互溶，以利于膜在凝固浴中凝胶时溶剂能够在水中很好扩散。

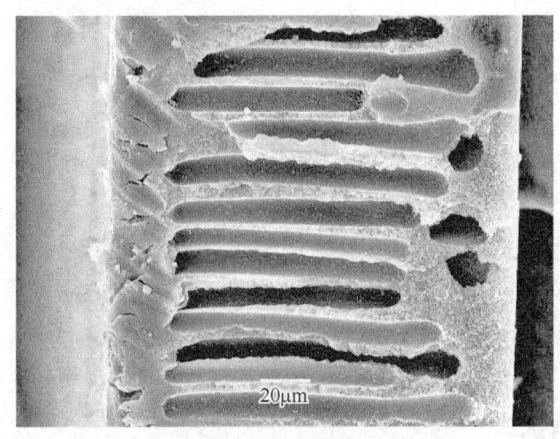

图 3-34　指状孔结构扫描电镜照片

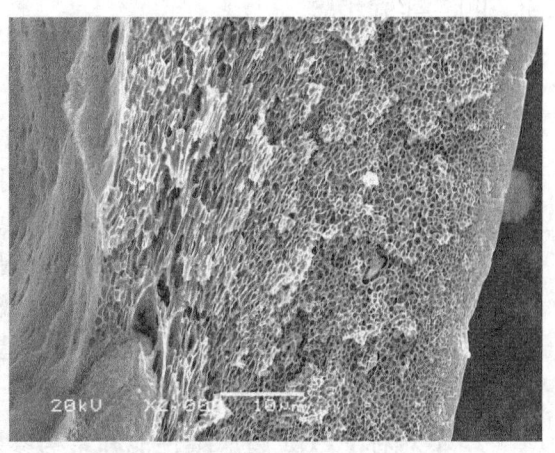

图 3-35　海绵状孔结构扫描电镜照片

有机添加剂和无机添加剂均可作为分离膜的致孔剂。致孔剂对制膜液和最后成品膜的微观结构及膜性能均有很大的影响。无论是有机还是无机添加剂都与添加剂的用量、制膜液与沉膜条件密切相关。同一添加剂在不同制膜条件下，膜的微观结构和性能差别也很大，因此成膜时一定要将所选用的添加剂、制膜液温度和成膜条件结合起来考虑。

制膜液组成是影响膜性能的重要因素，但是同一制膜液在不同的环境条件下成膜，膜的性能差别极大。如成膜环境的温度、湿度、气体性质、凝胶条件、成膜速度、进水角度等都会影响膜的性能，热处理条件和干燥条件对膜性能的影响也很大。所以在制膜时要较好地利用这些因素的变化，协调其相互制约因素，从而得到性能满意的分离膜。

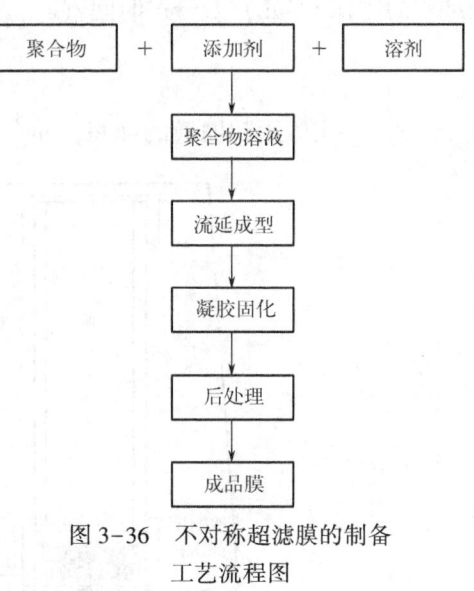

图 3-36　不对称超滤膜的制备工艺流程图

三、实验仪器与试剂

1. 实验设备

电加热套，电动搅拌机，电磁搅拌机，双柱塞微量泵，制膜装置，制膜液过滤装置，超滤池，鼓风干燥箱，托盘天平，分析天平，真空干燥箱，微米千分尺，膜测厚仪，电子秒表，空气瓶，缓冲罐，减压阀，真空泵，精密压力表，真空表，马弗炉，752紫外分光光度计。

2. 实验材料

聚偏氟乙烯（PVDF），N-甲基吡咯烷酮（NMP），聚乙二醇2000，含油污水，石油醚，盐酸，500目不锈钢网，玻璃板，玻璃棒，比色管，比色皿，压缩空气。

四、实验步骤

1. PVDF 不对称膜的制备

（1）制膜液制备。将一定量的PVDF、溶剂NMP和添加剂聚乙二醇2000置于三角烧瓶中，在室温下用电磁搅拌器或电动搅拌器搅拌直至得到均匀的聚合物溶液。所得聚合物溶液利用500目不锈钢网过滤后，进行真空脱气。

（2）制膜。在30℃下将脱气的制膜液倒在抛光过的玻璃板上，用玻璃棒刮制成0.3mm的薄膜。控制一定的挥发时间后，将玻璃板浸入一定温度的凝固浴中，除特殊说明外凝固浴为水。待凝固浴与溶剂完全交换后，得到所要的PVDF不对称微孔膜。将所得膜在去离子水中漂洗3次后，用于测定膜的结构和性能。

2. 不对称 PVDF 超滤膜性能和结构参数测试

（1）水通量测试。将膜夹在超滤池（图3-37）中，在一定压力（1atm）下，测定透过膜的纯水的体积 V(mL) 及透过时间 t(s)，并根据公式(3-50)计算膜的纯水通量 Q(m/s)。

$$Q = \frac{V}{t \times S \times 100} \tag{3-50}$$

式中 S——实验用超滤膜的面积，cm^2。

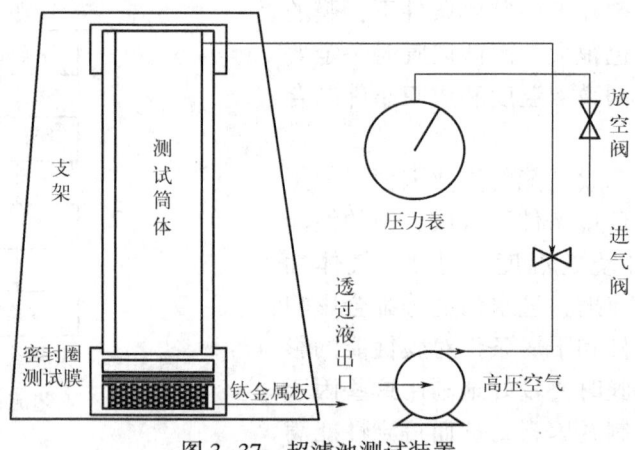

图3-37 超滤池测试装置

（2）膜孔隙率的测定。将测完纯水通量后膜的有效渗透部分剪下，用滤纸轻轻拭干后，迅速用电子天平称重，记为 W_1，用测厚规测量膜厚度，测量3次取平均厚度记为 L；将膜放在50℃烘箱中干燥至恒重，取出后称量，记为 W_2。按照公式(3-51)计算体积孔隙率 ε。

$$\varepsilon = \frac{\dfrac{W_1 - W_2}{\rho_{水}}}{\dfrac{W_1 - W_2}{\rho_{水}} + \dfrac{W_2}{\rho_{聚}}} \tag{3-51}$$

式中　$\rho_{水}$——室温下水的密度，为 0.9982g/cm³；
　　　$\rho_{聚}$——聚合物密度，g/cm³。

（3）底膜平均孔径的测定。由水通量及孔隙率，用滤速法测定平均孔径，采用叶凌碧修正公式计算：

$$\gamma_f = \sqrt{\frac{(2.9-1.75\varepsilon) \times 8 \times \eta \cdot L \cdot Q}{A \cdot \Delta p \cdot \varepsilon}} \tag{3-52}$$

式中　γ_f——平均孔径，μm；
　　　ε——膜的孔隙率；
　　　η——去离子水的黏度，Pa·s；
　　　L——膜厚，m；
　　　A——所取膜的有效滤过面积，m²；
　　　Q——水的滤速，m/s；
　　　Δp——操作压力，Pa。

3. PVDF 不对称超滤膜对含油污水除油性能的评价

（1）膜渗透通量的测定。将含油污水加入超滤池中，打开气瓶和稳压器加压，控制过滤压力为 2atm，待滤液侧有液体流出时，开始计时测定流出体积，待流出体积达到要求时终止计时。按公式(3-53) 计算膜的渗透通量：

$$J = \frac{V}{A \cdot t} \tag{3-53}$$

式中　J——膜的渗透通量，L/(m²·h)；
　　　V——透过液体积，L；
　　　A——膜的有效过滤面积，m²；
　　　t——过滤时间，h。

（2）膜的除油率测定。分别测定原料水样和滤液水样的含油量。水中油含量测定依据《碎屑岩油藏注水水质指标技术要求及分析方法》（SY/T 5329—2022）采用比色法测定，具体步骤如下：

① 将水样移入 250mL 分液漏斗中，加 2.5~5.0mL 盐酸溶液，记录所加盐酸的体积 V_{HCl}。用 50mL 石油醚分两次萃取水样，每次都将洗涤细口瓶后的石油醚倒入分液漏斗中，并振摇 1~2min。

② 将萃取液收集于 50mL 比色管中，用石油醚稀释至刻度，盖紧瓶塞并摇匀，同时测量萃取后水样体积 V_w。若萃取液混浊，应加入无水氯化钙，脱水后再进行比色测定。注意：收集萃取液的比色管每次使用后都要用石油醚清洗。

③ 用石油醚作空白样，在 752 紫外分光光度计上测其吸收比 A，在标准曲线上查出含油量 m_0。实验所用的波长为 430nm，比色皿规格为 3cm。

④ 按公式(3-54) 计算水样中含油量 C_0：

$$C_0 = 1000 \times \frac{m_0}{V_w - V_{HCl}} \tag{3-54}$$

式中　C_0——试样中的含油量，mg/L；
　　　m_0——由标准曲线查出的含油量，g；

V_w——萃取后水样的体积，mL；

V_{HCl}——分液漏斗中所加盐酸的体积，mL。

⑤ 按公式（3-55）计算除油率 R：

$$R=(C_1-C_2)/C_1\times100\% \qquad (3-55)$$

式中　R——除油率，%；

　　　C_1——原料水样含油量，mg/L；

　　　C_2——过滤后水样含油量，mg/L。

五、思考题

（1）制膜液中聚合物含量对膜孔径有何影响？

（2）挥发时间对膜结构有何影响？

（3）超滤膜处理含油污水时，随操作时间得增加，膜通量会有什么变化？为什么？

实验十五　双酚 A 型低分子量环氧树脂的制备

一、实验目的

（1）深入了解逐步聚合的基本原理；

（2）熟悉掌握低分子量环氧树脂合成的基本操作及环氧值的测定和计算方法。

二、实验原理

凡分子中含有环氧基团的树脂统称为环氧树脂。最广泛应用的环氧树脂是由环氧氯丙烷和双酚 A（4，4-二羟基二苯基丙烷）缩聚而成的双酚 A 型环氧树脂。它是采用逐步聚合的方法制备高分子化合物的重要代表。

以双酚 A 和环氧氯丙烷为原料合成环氧树脂的反应机理属于逐步聚合反应，一般认为它们在氢氧化钠存在下不断进行开环和闭环反应。反应方程式如下：

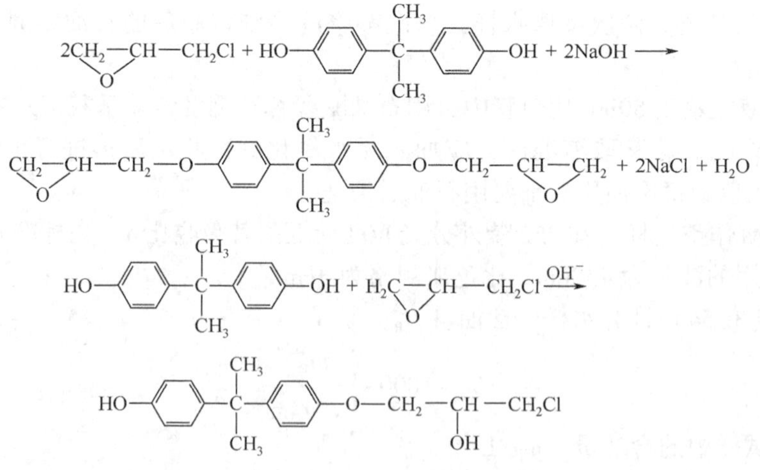

$$HO-\text{C}_6\text{H}_4-C(CH_3)_2-C_6\text{H}_4-O-CH_2-CH(OH)-CH_2Cl + H_2C(O)CH-CH_2Cl \xrightarrow{OH^-}$$

$$ClCH_2-CH(OH)-CH_2-O-R-O-CH_2-CH(OH)-CH_2Cl$$

R 为 $-C_6H_4-C(CH_3)_2-C_6H_4-$

如此不断反应下去，最终得到短链分子：

$$n\,CH_2(O)CH-CH_2Cl + n\,HO-C_6H_4-C(CH_3)_2-C_6H_4-OH \xrightarrow{NaOH}$$

$$CH_2(O)CH-CH_2-[O-C_6H_4-C(CH_3)_2-C_6H_4-O-CH_2-CH(OH)-CH_2]_n-O-C_6H_4-C(CH_3)_2-C_6H_4-O-CH_2-CH(O)CH_2$$

式中，n 为聚合度。当平均聚合度 $n<2$ 时，树脂呈液体状态，称为低分子量树脂；$n \geq 2$ 时，树脂呈固体状态，称为高分子量树脂。本实验合成的是低分子量环氧树脂。

环氧值是指每 100g 树脂中所含的环氧基的摩尔数，它是衡量环氧树脂质量的重要指标之一，也是计算固化剂用量的依据。环氧树脂的分子量越高，环氧值就相应越低。一般地，低分子环氧树脂的环氧值为 0.48~0.57。

分子量小于 1500 的环氧树脂，其环氧值可用盐酸—丙酮法测定，分子量高的则用盐酸-吡啶法测定。

三、实验仪器与试剂

标准磨口三口烧瓶（250mL/24mm×3）1 只，球形冷凝器（300mL）1 支，直形冷凝器（300mm）1 支，滴液漏斗（60mL）1 只，分液漏斗（250mL）1 只，温度计（100℃、200℃）各 1 支，接液管 1 只，具塞锥形瓶（250mL）4 只，量筒（100mL）1 只，容量瓶（100mL）1 只，烧杯（800mL）2 只、（50mL）1 只，刻度吸管（10mL）1 支，移液管（25mL）1 支，碱式滴定管（50mL）1 支，广口试剂瓶（100mL）1 只，电动搅拌器 1 套。

双酚 A（4,4-二羟基二苯基丙烷），环氧氯丙烷，氢氧化钠，甲苯，盐酸，丙酮，氢氧化钠标准溶液（1mol/L），酚酞指示剂，0.1%乙醇溶液。

四、实验步骤

1. 环氧树脂合成

环氧树脂合成装置如图 3-38 所示。

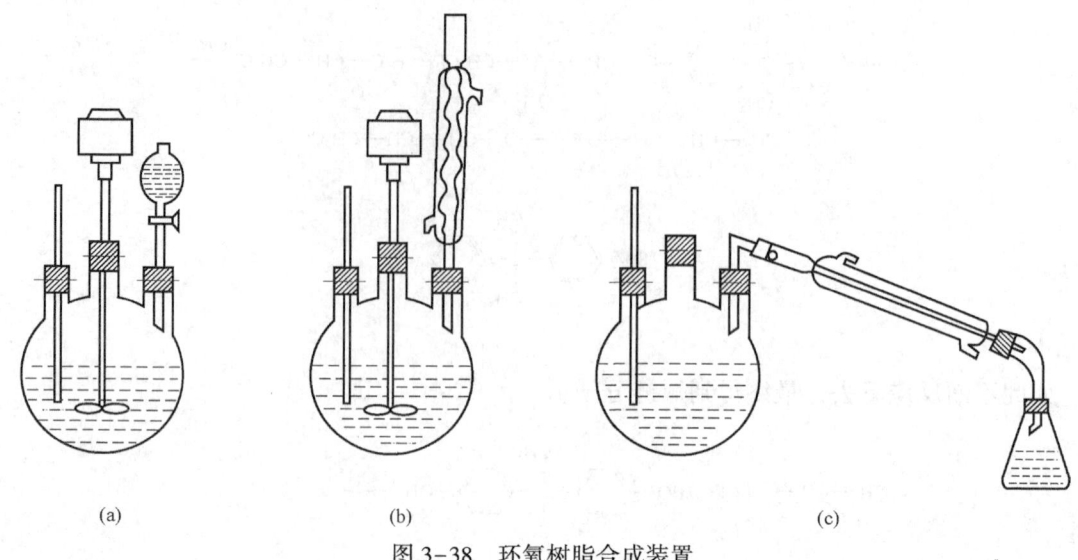

图 3-38 环氧树脂合成装置

（1）将三口烧瓶称重并记录。将双酚 A34.2g（0.15mol）和环氧氯丙烷 42g（0.45mol）依次加入三颈瓶中，按图 3-38(a) 装好仪器。用水浴加热，搅拌下升温至 70~75℃，使双酚 A 全部溶解。

（2）用 12g 氢氧化钠加 30mL 去离子水，配成碱液。用滴液漏斗向三口烧瓶中滴加碱液，开始时必须加得很慢，以防止因反应物浓度过大而凝聚成固体，难以分散。此时反应放热，体系温度自动升高，可暂时撤去水浴，并调节碱液滴加速度，使温度控制在 75℃。

（3）滴加完碱液，将聚合装置改成如图 3-38(b) 所示。在 75℃下回流 1.5h（温度不要超过 80℃），体系呈现乳黄色。

（4）加入去离子水 45mL，甲苯 90mL，搅拌均匀后，倒入分液漏斗中，静止片刻。待液体分层后，分去下层的水层。重复加入去离子水 30mL，甲苯 60mL，剧烈摇荡。然后静止片刻，分去水层。再用 60~70℃温水按上法洗涤两次，上层有机相转入如图 3-38(c) 的装置中。

（5）减压下蒸馏（加沸石 3~4 粒），除去溶剂甲苯和未反应的环氧氯丙烷，得到淡黄色黏稠树脂。

（6）将三口烧瓶和树脂一起称重，计算产率。所得树脂倒入试剂瓶中备用。

2. 环氧值测定

（1）用刻度吸管吸取盐酸 1.6mL，置于 100mL 容量瓶中，用丙酮稀释至刻度，即配成 0.2mol/L 的盐酸—丙酮溶液。

（2）在锥形瓶中准确称取 0.3~0.5g 环氧树脂（精确到 1mg），用移液管吸取 15mL 盐酸—丙酮溶液，塞上塞子，摇动使树脂溶解。放置阴暗处 1h，加酚酞指示剂三滴，用 0.1mol/L 氢氧化钠标准溶液滴定至溶液呈粉红色为终点。平行试验一次，并做空白试验一次。

（3）环氧值 E 计算公式：

$$E = (V_1 - V_2)N/W \times (100/1000)$$

式中　V_1——空白滴定消耗的氢氧化钠标准溶液的体积，mL；

V_2——样品测试消耗的氢氧化钠标准溶液的体积,mL;
N——氢氧化钠标准溶液的浓度,mol/L;
W——试样质量,g。

五、注意事项

(1) 在环氧树脂制备过程中,碱液滴加速度应根据体系升温情况和反应物凝聚情况来调整。若发生凝聚现象,可暂停滴加,等凝聚物溶解后再继续滴加。

(2) 环氧树脂甲苯溶液蒸馏时,最终温度不可超过120℃。否则树脂易焦化而发黑,影响质量。

(3) 用于环氧值测定的盐酸—丙酮溶液须现配现用,不需标定。

实验十六 酯交换法合成生物柴油

一、实验目的

(1) 了解生物柴油制备的意义;
(2) 熟悉酯交换法生物柴油制备的原理及方法;
(3) 设计生物柴油制备实验方案;
(4) 掌握生物柴油产率的分析计算方法。

二、实验原理

生物柴油(biodiesel),即脂肪酸甲酯,是一种含氧清洁燃料,由植物油、动物油等可再生油脂制取加工而成。其作为优质的柴油代用品,属环境友好型绿色燃料,具有良好的经济效益与社会效益。

化学催化法是目前应用最广泛的制备生物柴油的工艺方法。催化剂按照形态分为均相和非均相两类。

均相催化剂主要是强酸、强碱催化剂。其中酸催化剂常用硫酸、盐酸及有机磺酸;碱催化剂主要是碱金属的甲醇盐和氢氧化物。均相催化剂的使用存在反应产物中催化剂的后处理问题,并且催化剂经过中和之后又会产生废渣的处理问题,不仅增加了工序,也给环境造成了污染。

非均相催化剂(多相催化剂)比均相催化剂最明显的优势是容易从产物中分离,不会造成酸性废水污染,对环境污染小。固体碱催化剂的活性较固体酸催化剂活性高,且对装置腐蚀性小。采用负载性固体碱催化剂更有利于催化剂与产物的分离。其载体主要有三氧化二铝和分子筛。

另外,离子液体作为一种新型的环境友好反应介质,在多种有机反应中有逐步推广应用前景。与传统的有机溶剂相比,离子液体具有很好的溶解性能,并且可以非常好地吸收微波、超声波等。离子液体还具有蒸气压极低、不易燃烧、热稳定好、可重复循环利用等诸多优点。

由于微波辐射及超声波特有的作用原理,其使用可以促进有机化学反应。因其能耗低、反应时间短、副反应少、后处理简单等优点,也已成为绿色合成的化学方法之一,并得到了迅速发展。

生物柴油有四类制备方法：直接使用和混合、微乳法、热解法和酯交换法。在生产实践中普遍采用的方法是利用植物油或动物脂肪和醇的酯交换反应制备生物柴油。

以大豆油为原料在催化剂作用下通过与低碳醇的酯交换反应来制备生物柴油。用于酯交换的醇可以是甲醇、乙醇、丙醇、丁醇和戊醇等，由于甲醇的价格较低，同时碳链短、极性强，其能够很快地与脂肪酸甘油酯发生反应，因此本实验中采用甲醇。

醇、油的酯交换为三步连串的可逆反应如下：

$$
\begin{array}{c}
\text{H} \\
\text{H—C—OOR} \\
\text{H—C—OOR}' \\
\text{H—C—OOR}'' \\
\text{H}
\end{array}
+ \text{CH}_3\text{OH} \xrightleftharpoons{\text{催化剂}}
\begin{array}{c}
\text{H} \\
\text{H—C—OH} \\
\text{H—C—OOR}' \\
\text{H—C—OOR}'' \\
\text{H}
\end{array}
+ \text{ROOCH}_3
$$

$$
\begin{array}{c}
\text{H} \\
\text{H—C—OH} \\
\text{H—C—OOR}' \\
\text{H—C—OOR}'' \\
\text{H}
\end{array}
+ \text{CH}_3\text{OH} \xrightleftharpoons{\text{催化剂}}
\begin{array}{c}
\text{H} \\
\text{H—C—OH} \\
\text{H—C—OH} \\
\text{H—C—OOR}'' \\
\text{H}
\end{array}
+ \text{R}'\text{OOCH}_3
$$

$$
\begin{array}{c}
\text{H} \\
\text{H—C—OH} \\
\text{H—C—OH} \\
\text{H—C—OOR}'' \\
\text{H}
\end{array}
+ \text{CH}_3\text{OH} \xrightleftharpoons{\text{催化剂}}
\begin{array}{c}
\text{H} \\
\text{H—C—OH} \\
\text{H—C—OH} \\
\text{H—C—OH} \\
\text{H}
\end{array}
+ \text{R}''\text{OOCH}_3
$$

三、实验仪器与试剂

1. 实验装置

本实验采用常压反应装置，如图3-39所示。

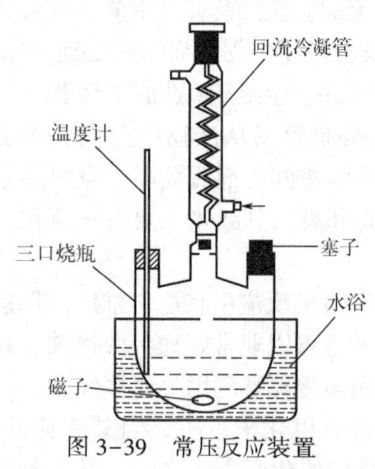

图3-39 常压反应装置

2. 实验药品

氢氧化钾，乙酸钙，碳酸钾，碳酸镁，阳离子交换树脂，某离子液体，无水甲醇，10%硫酸，硫代硫酸钠，高碘酸钾，碘化钾，淀粉指示剂，大豆油等。

3. 实验仪器

250mL三口烧瓶，小烧杯，量筒，容量瓶，分液漏斗，移液管，温度计，水冷凝回流管，塑料离心管，梨形瓶等；机械搅拌器，恒温水浴槽，分析天平，烘箱，离心机，马弗炉；微波反应器（带回流装置），气相色谱仪（FID检测器），毛细管色谱柱（30m×0.32mm×0.25μm）。

四、实验步骤

1. 生物柴油催化剂的选取

(1) 均相催化剂。采用 KOH 溶液、浓 H_2SO_4 等均相催化剂来进行酯交换反应。

(2) 固体酸、固体碱催化剂。采用现有的固体超强酸碱或者利用不同原料,采用浸渍等方法,制备负载型催化剂。

(3) 离子液体。采用不同原料,采用分步合成、溶剂提纯等方法,制备 [bmim] BF4 等离子液体。

2. 生物柴油的制备

酯交换反应一般采用常压法。常压法制备要注意的几个影响因素主要有:醇油物质的量比、催化剂用量、反应温度,搅拌速度、反应时间。

实验方案通过由学生自行分组去选择、设计实验方案;按照"正交实验法"这种实验最优化方法去设计条件,考察在微波振荡的反应环境下,离子液体作为催化剂和醇油共溶剂的条件下,不同催化剂及不同试验条件对于酯化法制备生物柴油的影响(如实验条件不允许,微波及离子液体可以不予考虑)。

实验结束后,汇总各组同学的实验数据,自行组织分析总结实验规律。

3. 产物的检测

(1) 测定甘油法(高碘酸氧化法)。测定反应生成甘油的量,计算生物柴油产率,在实验报告中给出结果。

根据高碘酸钾(也叫过碘酸钾)能氧化有机化合物中的羟基,使甘油被氧化成甲酸和甲醛,而高碘酸钾被还原成碘酸钾,碘酸钾和过量的高碘酸钾,在强酸性介质中加入 KI 后析出碘,游离碘用硫代硫酸钠标准溶液滴定,以淀粉作指示剂。

取样后充分混匀,精确称取样品 0.2g(精确至 0.002g)于烧杯中,加水溶解倒入 200mL 容量瓶中,稀释并摇匀,用移液管吸取 25mL 于碘价瓶中(可以按比例缩减)。再吸取 50mL 0.01mol/L 高碘酸钾溶液于瓶中,摇匀,置暗处静置 15min。

加入 10%硫酸溶液 20mL 和 2gKI,用 0.1mol/L 的硫代硫酸钠标准溶液滴定至淡黄色,加 2mL 淀粉指示剂,继续滴定至蓝色消失即为终点。

在同一条件下,做一次空白试验。

甘油含量用质量百分数(%)表示,按下式计算:

$$甘油含量 = (V_2-V_1) \times C \times 0.023024/(W \times 25/500) \times 100 = (V_2-V_1) \times C \times 0.023024 \times 20/W \times 100\%$$

式中 C——硫代硫酸钠标准溶液的当量浓度;

V_2——滴定空白时耗用硫代硫酸钠标准溶液的体积,mL;

V_1——滴定样品时耗用硫代硫酸钠标准溶液的体积,mL;

0.023024——甘油的毫克当量;

W——样品质量,g。

以两次平行测定结果的算术平均值表示至小数点后一位作为测定结果。

(2) 气相色谱法。生物柴油的主要成分为棕榈酸甲酯、硬脂酸甲酯、油酸甲酯、亚油酸甲酯、亚麻酸甲酯等。可采用液相色谱及气相色谱进行产品的定性及定量测定。制备生物柴油的气相色谱图如图 3-40 所示。

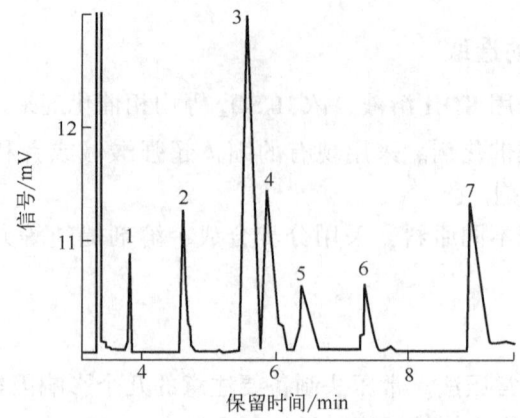

图 3-40　制备生物柴油的气相色谱图

色谱峰 1、2、3、4、5、6 和 7 分别为十三酸甲酯、棕榈酸甲酯、油酸甲酯、亚油酸甲酯、亚麻酸甲酯、花生一烯酸甲酯和芥酸甲酯

由于食用油的沸点很高，需要经甲酯化作用将其转化为低沸点的相应脂肪酸甲酯产物才能进入气相色谱进行定量定性分析，因此只有反应产物中的上层产品才能经丙酮稀释 10 倍后进入色谱。

五、注意事项

（1）甲醇为有毒试剂，应注意使用，反应在通风橱中进行，避免洒出或与皮肤接触，反应产品应回收。

（2）反应完毕后应充分冷却，防止实验继续进行，影响实验结果。

（3）反应后蒸馏除甲醇应充分，防止甘油产品中残留甲醇影响实验结果。

六、思考题

（1）生物柴油的制备实验为什么要保持在无水状态下进行？

（2）如果酯交换的醇采用乙醇，其反应条件应该如何调整？

第四章 专业综合实验

目前，化工类工程实践教学的现状是工程技术人才的培养与社会需求、行业需求脱节，综合性和创新性训练偏少，动手能力不足，校内实习资源有限，缺乏真实的工程环境。因此针对化工专业工程实践环节偏弱，学生解决复杂工程能力不足等问题，加强建设校内综合实验实训平台建设显得尤为重要。

以化工行业发展为出发点，目的是培养更多具有创新能力的、满足石油化工行业需求的综合性化工类人才。选择特色鲜明乙酸乙酯合成及水解综合实训实验、固体流态化综合实训实验作为实训教学项目，构建了多学科交叉、多专业共享、多模块组合、多功能集成、多手段教学的全过程实践教学平台，实现了环境"车间化"、装置"真实化"、项目"典型化"、要求"规程化"、任务"生产化"、事故"仿真化"，加强学生协作沟通、工程推理、分析和解决问题、故障处理、事故应急等能力的培养。

实验一 乙酸乙酯合成及水解综合实验

一、实验目的

（1）通过实验，掌握连续化生产过程中乙酸乙酯合成—水解的工艺流程、方法和原理。掌握乙酸乙酯实训装置的基本结构、主要设备的作用和操作方法；

（2）通过现场工艺控制及操作，生产出合格乙酸乙酯产品，并将乙酸乙酯产品再水解为乙醇和乙酸；

（3）掌握控制或调整乙酸乙酯、乙醇、乙酸等产品的质量以及应对操作装置过程中的常见问题的一般处理方法；

（4）掌握解决反应、精馏、水解等过程中不合格中间产品的处理方法，掌握装置的临时开车、停车、物料切换等操作过程；

（5）熟悉工厂操作步骤，具备一定的实践动手能力、强化理论与实操的结合、提高综合实践能力，能进行安全分析与事故模拟。

二、实验原理

乙酸乙酯是醋酸的一种重要下游产品，具有优异的溶解性、快干性，在工业中主要用作生产涂料、黏合剂、乙基纤维素、人造革以及人造纤维等的溶剂，作为提取剂用于医药、有机酸的产品生产等，在世界化工市场相当活跃，需求不断增加，发展前景好。

乙酸乙酯综合生产实训装置是石油化工企业脂类产品制备的重要装置之一，其工艺主要有三类：即国内常用的乙酸乙酯直接酯化法，欧美常用的乙醛缩合法以及乙醇一步法（仅有少量报道）。本实训装置采用乙酸乙酯直接酯化法。

1. 乙酸乙酯合成—水解的反应原理

乙酸和乙醇在浓 H_2SO_4 催化下生成乙酸乙酯

$$CH_3COOH+CH_3CH_2OH \underset{60\sim70℃}{\overset{浓 H_2SO_4}{\rightleftharpoons}} CH_3COOCH_2CH_3+H_2O$$

其中，主反应： $CH_3COOH+CH_3CH_2OH \longrightarrow CH_3COOCH_2CH_3+H_2O$

若反应温度较高（140~150℃）时，也可以发生副反应：

$$CH_3CH_2OH+CH_3CH_2OH \longrightarrow CH_3CH_2OCH_2CH_3+H_2O$$

反应中，浓硫酸除了起催化剂作用外，还可吸收反应生成的水，有利于酯的生成。若反应温度过高，则促使副反应发生，生成乙醚。为提高产率，本实验中采用增加醇的用量、不断将产物酯和水蒸出，使平衡向右移动。本反应的特点：①反应温度较高，达到平衡时间短；②操作简单；③转化率较高。由于乙醇和乙酸都易挥发，反应温度应控制在 110~120℃，不宜过高（温度过高易发生副反应）。乙酸乙酯合成是一个可逆反应，生成的乙酸乙酯在同样的条件下又水解成乙酸和乙醇。为了获得较高产率的酯，通常采用增加酸或醇的用量以及不断移去产物中的酯或水的方法来进行。本实验采用不断从酯化釜中移出生成的乙酸乙酯及使用过量的乙醇的方法来增加酯的产率。

2. 主要原料及产物

（1）乙酸，也叫醋酸（36%~38%）、冰醋酸（98%），化学式为 CH_3COOH，是一种有机一元酸，为食醋内酸味及刺激性气味的来源，沸点为 117.9℃。纯的无水乙酸（冰醋酸）是无色的吸湿性固体，凝固点为 16.6℃，凝固后为无色晶体。尽管根据乙酸在水溶液中的解离能力它是一种弱酸，但是乙酸是具有腐蚀性的，其蒸气对眼和鼻有刺激性作用。

（2）乙醇，俗称酒精，是一种有机物，带有一个羟基的饱和一元醇，在常温、常压下是一种易燃、易挥发的无色透明液体，它的水溶液具有酒香的气味，并略带刺激性。有酒的气味和刺激的辛辣滋味，微甘。乙醇液体的密度是 $0.789g/cm^3$（20℃），乙醇气体的密度为 $1.59kg/m^3$，沸点是 78.4℃，熔点是 -114.3℃，易燃，其蒸气能与空气形成爆炸性混合物，能与水以任意比互溶。能与水、氯仿、乙醚、甲醇、丙酮和其他多数有机溶剂混溶，相对密度（$d15.56$）为 0.816。

（3）硫酸，硫的最重要的含氧酸。无水硫酸为无色油状液体，10.36℃时结晶，通常使用的是它的各种不同浓度的水溶液。质量分数 98.3% 的浓硫酸，沸点为 338℃，相对密度为 1.84。高浓度的硫酸有强烈吸水性，可用作脱水剂，碳化木材、纸张、棉麻织物及生物皮肉等含碳水化合物的物质。硫酸具有强烈的腐蚀性和氧化性，故须谨慎使用。

（4）乙酸乙酯，又称醋酸乙酯，沸点是 77℃，是无色透明液体，有水果香，易挥发，对空气敏感，能吸水分，水分能使其缓慢分解而呈酸性反应。具有优异的溶解性、快干性，用途广泛，是一种非常重要的有机化工原料和极好的工业溶剂，被广泛用于醋酸纤维、乙基纤维、氯化橡胶、乙烯树脂、乙酸纤维树脂、合成橡胶、涂料及油漆等的生产过程中。主要危害为易燃，有刺激性。

3. 常用乙酸乙酯的合成方法

（1）直接酯化法是国内工业生产乙酸乙酯的主要工艺路线。以醋酸和乙醇为原料，硫酸为催化剂直接酯化得乙酸乙酯，再经脱水、分馏精制得成品。

（2）乙醛缩合法：以烷基铝为催化剂，将乙醛进行缩合反应生成乙酸乙酯。国外工业生产大多采用此工艺。

（3）乙烯与醋酸直接酯化生成乙酸乙酯。乙酸乙酯也可由乙酸、乙酐或乙烯酮与乙醇反应制得；也可在乙醇铝催化下，由两分子乙醛反应生成。此外，工业上由丁烷氧化制乙酸时也副产乙酸乙酯。

4. 常见的制备工艺

生产工艺上有连续与间歇之分。

（1）间歇工艺。将乙酸、乙醇和少量的硫酸加入反应釜，加热回流 5~6h。然后蒸出乙酸乙酯，并用5%的食盐水洗涤，氢氧化钠和氯化钠混合溶液中和至 pH=8。再用氧化钙溶液洗涤，加无水碳酸钾干燥。最后蒸馏，收集 76~77℃的馏分，即得产品。

（2）连续工艺。1:1.15（质量比）的乙醇和乙酸连续进入酯化塔釜，在硫酸的催化下于 105~110℃下进行酯化反应。生成的乙酸乙酯和水以共沸物的形式从塔顶馏出，经冷凝分层后，上层酯部分回流，其余进入粗品槽，下层水经回收乙酸乙酯后放弃。粗酯经脱低沸物塔脱去少量的水后再入精制塔，塔顶可得产品。此工艺较间歇法好。

三、实验装置

1. 装置基本介绍

乙酸乙酯生产综合实训系统是根据实际典型流程化工生产，完全按照工厂实际生产状况并结合教学实训的要求而进行工程化设计的教学实训系统。模拟典型流程化工生产系统的生产流程，其目的在于提高学生感性认识与实践操作技能，培养学生参与操作，理论与实践相结合，进一步提高专业实验室水平，满足化工工艺及化工自动化仪表专业技术人才培养的需要。通过实训学习石油化工单元过程的基本原理、设备结构、操作方法，强化对相关理论知识的理解，掌握化工单元过程的操作方法，培养学生的动手能力和运用理论知识发现问题、分析问题和解决问题的能力。

本实训装置是一座以塔式反应器为主要反应单元的 DCS 自控连续化生产型实体运行的石化生产综合实践教学平台，能够进行乙酸乙酯产品的真实安全生产的连续化实体运行。本实训装置的流程、机械结构及参数设计能体现实际化工连续生产的操作流程、运行工作原理及实际现象，通过 DCS 控制系统能够实现对装置的温度、压力、流量、液位等参数的测量、控制和监控功能，能够实现对实训装置进行操作，对监控数据趋势进行浏览和报表分析、报警查询等功能。本实训装置具有故障点设置、排障、设备维护、化工清洁、安全生产培训功能，能够进行装置开车、停车、运行、故障处理过程中的调节、操作和监控的操作；可进行实训评价与管理；可进行安全分析与事故模拟。乙酸乙酯合成及水解 DCS 控制流程图如图 4-1 所示。

2. 实训装置组成

整套装置包含了酯化—水解热态循环生产全流程，集化工工艺、化工操作、化工设备、化工仪表、自动控制、DCS 集散控制等于一体，除了对化工单元操作进行了有机整合之外，还包括了反应精馏、间歇釜式反应、普通精馏等典型的化工操作过程，有助于更好地熟悉和掌握现代化的化工生产过程，实训装置图如图 4-2 所示。

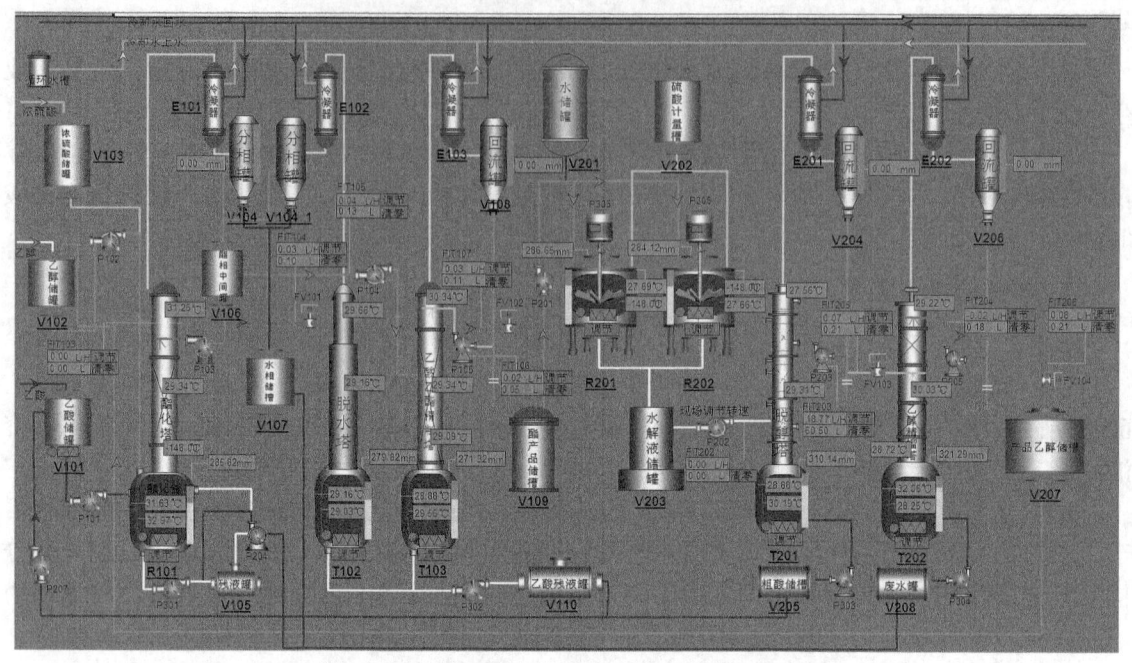

图 4-1　乙酸乙酯合成及水解 DCS 控制流程图

图 4-2　乙酸乙酯合成及水解实训装置图

系统主要由 DCS 控制对象系统、远程分布式 DCS 集散控制系统、就地智能仪表及工控组态监控平台系统、用于实验过程监控及参数设置的学生实验终端计算机群几个大部分组成。

从单元功能的角度，整个系统划分成如下子系统：框架、平台和斜梯子系统，乙酸乙酯合成子系统，乙酸乙酯精制子系统，乙酸乙酯水解子系统，乙酸乙酯水解产物脱酸子系统，乙酸乙酯水解产物分离及回收子系统，冷却循环水子系统，自动化仪表及 DCS 控制子系统等。

3. 实训装置功能

（1）系统可满足工艺操作训练的各种要求，主要如下：了解手动或自动控制下，特定设备的温度、压力等对常减压装置系统正常生产过程的影响，以及通过实践了解温度、压力、进料位置、进料组成、回流比等对精馏和吸收过程的影响；测定全回流和不同回流比条件下，精馏塔的理论塔板数和填料塔板高度对正常生产的影响；进行反应精馏、萃取精馏等特殊精馏操作过程；能够进行单塔操作、串联操作及组合操作；能够进行连续操作和间歇操作过程。

（2）系统可满足设备操作训练的各种要求，主要如下：能够进行常减压装置系统设备的安装检修及结构改进设计操作训练；能够进行设备的平面、立面布置及相关视图的绘图训练。

（3）系统可满足设备过程控制训练的各种要求，主要如下：控制方案具有多样性与开放性，即对于该实验装置，可以选择应用各种控制方案，如单回路控制、串级控制、前馈控制、比值控制、均匀等常规控制方案与多回路控制、多变量解耦控制与预测控制、非线性控制等复杂先进控制方案进行操作实践；采用先进的 DCS 控制系统，配备标准工业机柜，4 个 DCS 操作员站，1 个 DCS 工程师站，可进行 DCS 组态与控制实验；可对温度、压力、液位、流量等参数进行控制，可完成电动机变频控制系统实验，掌握精馏塔、填料塔、换热器（加热釜）、泵等典型工艺设备的控制原理与方案；主要机动设备的启、停操作除可就地控制外，还可由 DCS 操作、控制并显示运行状态。

（4）精馏装置系统可满足生产实习训练的各种要求，主要如下：考查由化学反应过程和精馏分离过程组成的典型化工系统的运行；考查系统中各点压力、物料及能量的平衡问题；考查各主要操作因素改变对生产系统的影响；能够安全、长周期运行，满足企业多班制连续操作要求。

（5）可满足石化中试放大及小批量生产模拟的各种要求，主要如下：能够满足模拟炼油化工常减压装置系统中的各产品的开发、中试研究模拟工作；能够完成小批量产品的试生产工作。

四、乙酸乙酯合成及水解实验基本内容

1. 实验仪器与试剂

仪器：乙酸乙酯合成—水解教学综合实训实验装置、DCS 控制系统。

试剂：98%冰醋酸、95%乙醇和98%硫酸。

2. 实验主要内容

（1）基本理论学习。掌握乙酸乙酯合成反应和水解反应的基本原理和特点，学习酯的合成和水解方法（可逆反应）及反应条件控制，掌握产物的分离提纯原理和方法。

（2）装置主体认识。观摩整体装置，了解装置工艺流程，识别原料和产品储罐、酯化塔、脱水塔、精馏塔、乙醇脱水塔、乙醇精馏塔等主要设备，了解计算机控制系统，掌握反应器、精馏塔、泵、流量计、液位计等设备的基本操作和使用。掌握实验装置安全使用要求、其他设备的使用和维护。

酯化过程中的主要设备：酯化釜（R101）和酯化塔（T101）、乙酸乙酯脱水塔（T102）和乙酸乙酯精馏塔（T103）。

酯化釜为搪瓷反应釜，体积为50L，外有电加热套，导热介质为导热油。酯化塔为内置陶瓷、玻璃填料的填料塔，塔的规格为DN100mm×4000mm，塔外还有保温层。

脱水塔内置填料，塔的规格为DN100mm×3000mm。塔底安装有体积为30L的加热釜，加热设备同为加热棒，导热介质为导热油。

精馏塔内置填料，塔的规格为DN100mm×3500mm。塔底安装有体积为30L的加热釜，加热设备同为加热棒，导热介质为导热油。

水解过程中的主要设备：水解釜（R201、R202）、脱醇塔（T201）和乙醇精馏塔（T202）。

水解釜为一对，分别为搪瓷反应釜，每个体积为50L。水解釜带有搅拌，外有电加热套，导热介质为导热油。

脱醇塔为内置陶瓷、玻璃填料的填料塔，塔的规格为DN100mm×4000mm，塔外还有保温层，塔釜为30L。

乙醇精馏塔内置填料，塔的规格为DN100mm×3000mm。塔底安装有体积为30L的加热釜，加热设备同为加热棒，导热介质为导热油。

其他相关设备包括：物料输送主要设备为MG磁力驱动齿轮泵。这是一种精密的齿轮泵与电动机组合而成一体化的液压动力源装置。电动机通过磁力耦合传动的驱动齿轮泵，完全消除齿轮泵长期工作后轴端渗漏问题。泵壳体采用不锈钢或工程塑料制造。具有高压力，小流量、无渗漏、耐腐蚀、耐高温的特点。

物料流量的测定主要采用LZ系列金属管浮子流量计。这种流量计结构简单、工作可靠、准确度高、使用范围广。与玻璃转子流量计相比能耐较高压力。

（3）乙酸乙酯合成和水解模拟实验。采用模拟软件，熟悉乙酸乙酯合成和水解实验的操作。

（4）乙酸乙酯合成和水解实验。分组定岗进行乙酸乙酯合成和水解开工、运行和停工，并记录实验数据。学习和掌握：反应釜及水解釜的原料配料加料操作；反应控制操作；搅拌器操作；反应回流操作；物料出料操作；精馏塔的普通精馏和反应精馏操作；回流及产品采出操作等；温度计、流量计、压力表、液位计，以及可编程多回路控制器、声光报警联锁装置、DCS控制系统等仪表检测系统。

（5）实验报告。分析和总结实验数据，针对操作过程中出现的各种问题进行讨论和分析。绘制乙酸乙酯合成—水解装置平立面图及流程简图，撰写综合实训报告。

五、乙酸乙酯合成实验

在合成乙酸乙酯的过程中，分离乙酸乙酯的方法一共有3步。首先，在反应过程中，通过控制酯化塔的温度来达到分离反应产物乙酸乙酯和部分水的目的。其次，通过脱水塔将乙酸乙酯和水分离。最后，通过精馏塔将乙酸乙酯进行精馏达到所需的产品质量要求。

根据乙酸乙酯合成工艺路线，该实训装置分为主控、合成中控、酯化、脱水和精制5个岗位。实验指导教师负责主控岗位，随时注意各个岗位的主要操作参数，及时处理各种非正常工况。合成中控岗的人员负责协调酯化、脱水和精制3个岗位的开工、稳定生产和停工等操作。酯化、脱水和精制3个岗位的人员根据各自的岗位要求和操作规范对本岗位设备进行操作，完成开工、稳定生产和停工等生产过程。

各岗位检查水、电供应是否正常；检查各设备、管道、阀门是否正常且处于合适位置；在开工后，及时开启冷凝器和冷却器循环水阀门；检查并使各调节仪表灵活调节，其他仪表正常运行；检查相关设备中液位是否正常；准备好岗位操作记录；准备好必需的安全消防器材。

在整个开工、稳定运行和停工过程中，做好岗位记录并注意电加热情况，及时进行调整；按时巡检各设备和仪表，及时发现问题，及时处理；特别注意观察塔釜内液面，保持正常稳定。

1. 酯化岗位

（1）按照次序分别打开乙醇罐、浓硫酸罐和乙酸罐的阀门。根据给定量控制相关开关阀门的时间，并记录时间。

（2）检查酯化釜（R101）中原料液位，并及时补充，通过控制台开启酯化釜加热，并记录操作时间和相关温度。酯化釜是进行酯化反应的场所，而酯化塔的作用是将反应生成的乙酸乙酯从反应釜中分离出去。

（3）观察温度变化，固定时间间隔记录时间、温度。观察釜内液位变化，记录分相罐（V104）、酯相中间罐（V106）出现液位的时间，当分相罐（V104）液位达到要求，开始启动回流（P103），回流量为5L/h。

（4）根据回流情况控制温度，回流一段时间后取样分析。当取样分析合格后，通知中控酯化完毕，等待中控的分流指示，对脱水岗位供料；不合格，继续回流。

（5）根据中控指示，停止分流，对主要设备进行缓慢降温，停工。

塔器的加热控制和回流量控制是实验中需要掌握的重点和难点。

（1）酯化釜加热控温操作：酯化釜需缓慢加热（由于乙醇沸点低，过快加热易导致物料损失），内胆温度控制在80~90℃，塔顶温度控制在70℃左右，在整个加热过程中以塔顶的温度为准。

对酯化釜的进行加热的操作控制过程：在进入计算机操作画面后，首先设定酯化釜的加热参数。主调设为串级，副调设为自动。内胆温度设定在40℃（SV值）。设定调节PID参数，主调中P设定为0.1，I设定为80，D不用设定。副调中P设定为0.01，I设定为70。其中，P是控制温度的振幅，I是控制温度的变化时间长短。加热前期副调中的OP值开度为100，当酯化釜温度达到40℃时，调节主、副调温的PID，使加热OP值开度留有20%~30%的余量，保持0.5h。之后设定内胆温度，每次增加10℃，等温度提升到设置温度后，继续保持0.5h。以此类推，不断升温，直至釜温达到80~90℃。之后保持温度，并留有20%~30%的加热余量（OP值为20~30）。

（2）酯化塔回流量控制操作：当分相罐中液位读数达到一定液位后，保持半小时，然后开启回流。打开回流管路上所有阀门，及T101塔顶放空。在计算机上的操作过程如下：首先设定回流泵P103参数，先打手动，设定OP值为30后，先开启泵的开关，然后打开变频器。此时，泵启动，流量计开始有示数。正常情况下，流量计显示读数会大于回流流量（5L/h），逐步调小OP值，前期减小量值为5~8。当OP值低于20后，OP值减小量为2~3。直到流量达到10以下后，开始切换为自动状态。通过调节设定中的减小按钮，每次减少SV

值 0.25，然后停顿几分钟，让计算机自行调节。此阶段可以适当调节 P、I 参数，减少变化时间（其中知道 P 是控制回流量的振幅，I 是控制回流量的变化时间长短），以加快回流量的调整。最终达到所需设定流量，保持不变。

(3) 酯化塔 T101 回流且分流时的控制操作：当从 T101 塔顶回流取样合格后，准备将酯相中间罐（V106）的乙酸乙酯输送到脱水塔（T102），准备开启分流。打开分流管路上的手阀（旁路阀不用打开）。在计算机上首先设定回流和分流参数。回流和分流都设定为手动，回流 OP 值设定为 30，分流 OP 值也设定为 30 后，启动泵 P103（先开泵的开关，后开变频器）。正常情况下，回流和分流的流量计都会出现流量读数。在调节流量的过程中，我们保持回流 OP 值不变，改变分流的 OP 值。如果回流流量过大，则增加分流的 OP 值（每次 OP 值的增减量为 2~3）；反之，则减少分流的 OP 值，直到回流区域在 10 以下，则将分流和回流都设定为自动。自动状态下，使用回流调节中的增减按钮，调节分流和回流的 SV 值，每次增减量为 2~3。分流调整为设定值，最终达到所需的设定流量，保持不变直至分流过程结束。

2. 脱水岗位

(1) 检查乙酸乙酯脱水塔（T102）的塔釜中液位，达到要求后，设定加热参数，开启加热。乙酸乙酯脱水塔的作用是将粗产品乙酸乙酯中的水进行分离。

(2) 当脱水塔（T102）塔顶开始出现冷却液后，控制温度，并维持一段时间，取样分析；当取样分析合格后，通知中控，等待中控指示，停 P103，开启 P104，对精制岗位供料；若不合格，继续回流，并控制脱水塔温度。

(3) 脱水塔的加热、回流和分流控制操作参照酯化塔。

(4) 根据中控指示，停止分流，对主要设备进行缓慢降温，停工。

3. 精制岗位

(1) 检查乙酸乙酯精馏塔（T103）的塔釜中液位，达到要求后，设定加热参数，开启加热。若液位不足，可开启 P104，往乙酸乙酯精馏塔（T103）进料；乙酸乙酯精馏塔的作用是将脱水后的乙酸乙酯进行进一步精馏得到合格的乙酸乙酯产品。

(2) 观察分相罐（V108）液位，当分相罐（V108）液位达到要求后，开始回流（P105），调整合适的回流量值。

(3) 回流一段时间，取样分析。当取样合格，通知中控，等待中控指示，开始分流，产出乙酸乙酯产品；若不合格，继续回流。

(4) 精馏塔的加热、回流和分流控制操作参照酯化塔。

(5) 根据中控指示，停止分流，对主要设备进行缓慢降温，停工。

4. 中控岗位

(1) 打开总电源，接通电柜，检查各个仪表显示正常后，打开控制计算机，运行控制程序，检查程序运行是否正常，观察各个测试点显示是否正常。

(2) 观察各个设备的操作参数，与现场操作人员配合，进行酯化、脱水和精馏 3 个工段的开工操作，待 3 个工段全部达到稳定状态后，指示并协调进行 3 个工段的连续操作，达到稳定运行。

(3) 当酯产品罐（V109）液位达到要求，指示并协调进行 3 个工段，停止分流，停止精馏塔加热、泵及相关设备。

(4) 指示并协调进行 3 个工段的停工操作,当温度降到可接受温度后,关闭相关设备,退出程序。关闭计算机、电柜及总电源,结束酯化实验。

5. 主控岗位

全程监控各个岗位的开工、稳定运行和停工全过程,及时发现和纠正非正常操作。

停车处置步骤如下:(1) 酯化釜内原料不足,液面低于大法兰或者酯化中温、顶温不宜控制时,停止采出。(2) 停止分流,关闭相关阀门。(3) 关闭再沸器蒸汽及精馏釜电加热。(4) 待塔内各温度降至室温时,关闭冷凝器和冷却器的循环水阀门;若长期停车,需将釜排污管与醋酸送料泵进口管相接,将釜内残液打入临时存料槽,管道内物料用桶接收,收集到存料槽,并对塔釜进行加水蒸馏清洗。(5) 关闭各调节仪表。

六、乙酸乙酯水解实验

根据乙酸乙酯水解工艺路线,该实训装置分为主控、水解中控、水解、脱醇、精制 5 个岗位。实验指导教师负责主控岗位,随时注意各个岗位的主要操作参数,及时处理各种非正常工况。水解中控岗的人员负责协调水解、脱醇、精制 3 个岗位的开工、稳定生产和停工等操作。水解、脱醇、精制 3 个岗位的人员根据各自的岗位要求和操作规范对本岗位设备进行操作,完成开工、稳定生产和停工等生产过程。

各岗位检查水、电供应是否正常;检查各设备、管道、阀门是否正常且处于合适位置;检查并使各调节仪表灵活调节,其他仪表正常运行;在开工后,及时开启冷凝器和冷却器循环水阀门;检查相关设备中液位是否正常;准备好岗位操作记录;准备好必需的安全消防器材。

在整个开工、稳定运行和停工过程中,做好岗位记录并注意电加热情况,当塔釜中液位逐渐降低时,应适当减小加热功率,直至停止加热;按时巡检各设备和仪表,及时发现问题,及时处理;特别注意观察塔釜内液面,保持正常稳定。

1. 水解岗位

(1) 检查 V201、V202 中水和硫酸液位,并及时补充,检查 R201/R202 中乙酸乙酯液位,并及时补充。按照次序分别打开进料的阀门,并记录时间。

(2) 检查水解釜中原料液位,并及时补充,通过控制台开启水解釜加热,并记录操作时间和相关温度;水解釜的作用是提供水解反应场所。

(3) 观察温度变化,固定时间间隔记录时间、温度。反应一段时间后,取样分析。取样合格,进行下一步(5);不合格,继续反应。

(4) 将水解釜(R201/R202)中反应完毕物料放到水解液储罐(V203)中;通知中控水解完毕,等待中控的指示,对脱醇岗位供料。

(5) 水解塔的加热、回流和分流控制操作参照酯化塔。

(6) 根据中控指示,停止分流,对主要设备进行缓慢降温,停工。

2. 脱醇岗位

(1) 检查脱醇塔(T201)中原料液位,若液位不足,可由水解液储罐(V203)及时补充。脱醇塔的作用是将反应生成的乙酸、乙醇从混合产物中分离开。

（2）启动脱醇塔（T201）加热，观察分相罐（V204）液位变化，当达到要求液位，开启脱醇塔循环泵（P203），进行回流，回流量10L/h。

（3）回流一段时间，取样分析，合格后，通知中控，等待中控的分流指示，对精制岗位供料；不合格，继续回流。

（4）脱醇塔的加热、回流和分流控制操作参照酯化塔。

（5）根据中控指示，停止分流，对主要设备进行缓慢降温，停工。

3. 精制岗位

（1）检查乙醇精馏塔（T202）中原料液位，并及时补充；开启加热，观察分相罐（V206）液位。乙醇精馏塔（T202）的作用是将从脱醇塔中得到的乙醇进行进一步精馏得到合格的乙醇产品。

（2）观察分相罐（V206）液位，达到要求，开始回流，回流量5L/h。

（3）回流一段时间，取样分析。当取样合格，通知中控，等待中控指示，开始分流，产出乙酸乙酯产品；不合格，继续回流。

（4）精馏塔的加热、回流和分流控制操作参照酯化塔。

（5）根据中控指示，停止分流，对主要设备进行缓慢降温，停工。

4. 中控岗位

（1）打开总电源，接通电柜，检查各个仪表显示正常后，打开控制计算机，运行控制程序，检查程序运行是否正常，观察各个测试点显示是否正常。

（2）观察各个设备的操作参数，与现场操作人员配合，进行水解、脱醇、精制3个工段的开工操作，待3个工段全部达到稳定状态后，指示并协调进行3个工段的连续操作，达到稳定运行。

（3）当乙醇储罐（V207）液位达到要求，指示并协调进行3个工段，停止分流，停止精馏塔加热、泵及相关设备。

（4）指示并协调进行3个工段的停工操作，当温度降到可接受温度后，关闭相关设备，退出程序。关闭计算机、电柜及总电源，结束酯化实验。

停车处置步骤如下：

（1）停止进料。

（2）停止分流，关闭相关阀门。

（3）当釜液位低于50%时，停止采出。

（4）关闭再沸器蒸汽及精馏釜电加热。

（5）待塔内各温度降至室温时，关闭冷凝器和冷却器的循环水阀门；若长期停车，需将塔釜和再沸器中的存料，用泵打入残液罐，并对塔釜进行加水蒸馏清洗。

（6）关闭各调节仪表。

5. 主控岗位

全程监控各个岗位的开工、稳定运行和停工全过程，及时发现和纠正非正常操作。

七、实验记录

乙酸乙酯合成和水解实验数据记录见表4-1和表4-2。

表 4-1 酯化反应操作记录表

序号	原料	单位	数量	批号	含量	操作人/时间		
1	乙酸	L						
2	乙醇	L						
3	浓硫酸	mL						
4								
冷凝器冷却介质			起始时间	结束时间	操作人	备注		

序号	项目	起始时间	釜内温度/℃	塔中温度/℃	塔顶温度/℃	夹套温度/℃	实验现象
1	（V101）加入乙酸						
2	（V102）加入乙醇						
3	（V103）加入硫酸						
4	（R101）进乙醇						
5	（R101）滴加硫酸						
6	（R101）进乙酸						
7	启动（R101）加热						
8	（V104）出现液位						
9	（V106）出现液位						
10	启动 P103 5L/h						
11	第一次取样分析						
12	取样合格						
13	开始分流						
14	（T102）开启加热						

续表

序号	项目	起始时间	釜内温度/℃	塔中温度/℃	塔顶温度/℃	夹套温度/℃	实验现象
15	（T102）塔顶出现冷却液						
16	（T102）取样分析						
17	（T103）进料						
18	（T103）加热						
19	（V108）出现液位						
20	启动 P105 3.6L/h						
21	第一次取样分析						
22	取样合格						
23	开始分流						
24	停止操作						

表 4-2　水解反应操作记录表

序号	原料	单位	数量	批号	含量	操作人/时间
1	乙酸乙酯	L				
2	水	L				
3	浓硫酸	mL				
4						

冷凝器冷却介质	起始时间	结束时间	操作人	备注

序号	项目	起始时间	釜内温度/℃	塔中温度/℃	塔顶温度/℃	夹套温度/℃	实验现象	备注
1	V201 加入水							
2	V202 加硫酸							
3	R201/R202 进乙酸乙酯							
4	R201/R202 滴加硫酸							

续表

序号	项目	起始时间	釜内温度/℃	塔中温度/℃	塔顶温度/℃	夹套温度/℃	实验现象	备注
5	R201/R202 进水							
6	R201/R202 加热启动							
7	R201/R202 取样分析							
8	R201/R202 取样合格							
9	(R201/R202)→(V203)							
10	(V203)→(T201)							
11	(T201)加热							
12	(V204)出现液位							
13	(P203)开启 10L/H							
14	(T201)回流口取样分析							
15	取样合格							
16	(FIT203)回流分流量变化							
17	(T202)开启加热							

续表

序号	项目	起始时间	釜内温度/℃	塔中温度/℃	塔顶温度/℃	夹套温度/℃	实验现象	备注
18	（V206）出现液位							
19	（V206）开始回流，5L/h							
20	（V206）取样分析							
21	（V206）取样合格							
22	（FIT204）分流量变化							
23	（V207）到达液位							
24	停止操作							

八、生产过程中常见的问题

（1）对于加热操作都采用由小到大逐步增加，力求平稳，切记大幅度升温降温，回流量忽大忽小。

（2）对于不合格产品处理的一般原则是采用打回流处理或重新反应，例如，当酯化过程出现不合格的产品时，应将不合格乙酸乙酯重新打入酯化釜进行再次反应。乙酸乙酯产品不合格的主要原因可能有下面几种：

① 加热速率。加热速率过快容易造成最终实际温度过高，超过目标设定温度，由于滞后，装置降温需要自然冷却，因而降温时间延长，不利于装置平稳控温。另外加热速率过快会造成釜内外温差过大，对于多数搪瓷釜来说容易造成搪瓷表面的龟裂，引起设备损坏。因此，手动加热时，加热开始阶段可以加快升温速率。接近目标温度时，不断降低升温速率，实现尽量平稳升温。注意升温过程中不要造成内外温差超出允许范围，造成加热元件或搪瓷釜损害。

② 反应温度控制。反应温度控制不准确会造成产品质量不合格。反应温度达不到时，不能得到乙酸乙酯。控温一定要准确，接近目标温度时尽量切换到自动控温操作。

③ 回流量控制。回流量控制不准造成产品质量不合格，分流量不合适会延长生产周期，增加能耗，增加成本。应谨慎控制回流量。特别是在刚刚出现回流时，不要着急立刻分流，让回流平稳后，再将分流量由小到大逐步加大，同样采取平稳操作的原则。

④ 泵的操作。泵是重要的输送设备，对泵流量的控制也应遵循先小后大、平稳操作的原则。对流量的控制本装置采用控制泵流量的方法，所以泵流量控制要准确。泵的开启，严格遵守操作次序，不要空转，开关泵时，注意泵的工作状态，并注意各个相关阀门的状态。不要造成物料的泄漏。

（3）突然停电、停循环水。立即关闭酯化釜夹套、各精馏塔再沸器的电加热，停止分流,改为全回流,关闭进/出料阀门,注意回流槽液位,防止溢料,直至确认系统没有蒸发量。联系电工,为开车做准备。

(4) 突然停蒸汽、仪表气。立即关闭酯化釜夹套、各精馏塔再沸器的电加热,停止分流,改为全回流,关闭进/出料阀门,直至确认系统没有蒸发量后,停回流泵。联系电工,和生产调度,为开车做准备。

(5) 紧急停车注意事项如下:

① 酯化、水解岗位迅速停进料泵,关闭酸醇进料和脱水液采出阀门,然后关闭酯化釜、水解釜等的加热。采出各设备和管道内的残液,然后停止排废泵。

② 脱水、脱醇和精制岗位迅速停止各塔进料泵,停止分流,关闭过料调节阀,关闭回流泵和出料泵,关闭进料阀门、采头酯阀门和成品采出阀门,然后立即关闭各塔釜的电加热。采出各设备和管道内的残液,然后停止排废泵。

③ 根据工艺温度要求,停止循化水泵。停车后按时巡检各岗位,及时处理各种非正常情况。不正常现象原因及处理方法见表4-3。

表4-3 不正常现象原因及处理方法

序号	不正常现象	原因	处理方法
1	粗酯含量低,水分含量高,醇含量高	硫酸失去活性; 再沸器泄露	补加硫酸; 验证补漏
2	进料无流量	进料管内有气体; 浮子被夹住; 进料阀门被堵塞	放气; 轻敲流量计或拆下维修; 清除杂物
3	酯化釜压力过高	液面满; 冷却水断流; 系统放空管不畅; 物料管不畅	关小电加热功率,降低进料量; 关蒸汽,开冷却水; 检查放空管道; 检查物料管
4	分馏成品酸度高	成品回流没有或不足; 粗酯酸度高; 精馏釜内酸度高	停止出成品,改全回流或加大回流; 加大回流; 抽釜酸
5	分馏成品水分高	粗酯含量低; 蒸汽加热量小; 液面太低	增加粗酯含量; 加大蒸汽开度,检查釜内液面变化; 停止出成品,关闭两釜连通阀,使脱水釜液面上升至正常,控制出料量不能太大
6	分馏成品铂—钴号不合格	进料太快; 釜内或塔内太脏	减慢进料; 清洗设备管道
7	回收排废不合格	进料太多; 釜温度低	减慢进料; 加大电加热功率,提高釜温

九、注意事项

(1) 熟悉实验设备,仔细阅读实验讲义和相关资料,严格遵守操作规程。

(2) 实验过程中,应戴好防护,防止毒害气体被吸入体内。

(3) 详细记录实验现象,实验数据都要整理成数据表格,实验前后多动脑动手,加深对实验原理和过程的掌握。

(4) 安全注意事项,自我防护原则不伤害自己,不伤害别人,不被别人所伤害。

严格遵守实验室安全规定，不经允许不准擅自操作任何装置部件。注意安全，发生任何意外事件，要冷静处理。及时通告有关教师或工作人员，不要盲目擅自处理。注意乙酸刺激气体毒害；注意硫酸强腐蚀伤害；注意防火，所用物料多为易燃易爆物质，不许动火。装置操作空间狭小，当人员较多时，注意避免磕碰、从平台摔落等伤害。

（5）由于乙酸乙酯合成反应为可逆反应，反应的温度不宜过高，因为温度过高会增加副产物的产量。本实验中涉及的副反应较多。例如：

$$2CH_3CH_2OH \longrightarrow CH_3CH_2OCH_2CH_3 + H_2O$$

$$CH_3CH_2OH + H_2SO_4 \xrightarrow{\triangle} CH_3CHO + SO_2 + H_2O$$

所以，反应过程中应严格控制酯化釜温度，加热时力求平稳升温。应避免加热速率过快造成温度波动，影响平稳操作。

（6）操作过程中，注意各个设备的操作次序，特别是泵和相关阀门的配合开启等。

（7）详细记录实验现象，实验数据都要整理成数据表格，实验前后注意多动脑动手，加深对实验原理和过程的掌握。

（8）实验报告应该在阅读大量相关文献基础上，用自己的语言来进行组织和整理，应有实验现象观察记录、实验结果分析与讨论，以及实验总结，包括体会、建议等。

十、思考题

1. 基础知识

（1）乙酸乙酯装置主要由几部分组成？

（2）酯化塔、脱水塔、精馏塔、水解釜、乙醇脱水塔、乙醇精馏塔的作用是什么？

（3）酯化—水解反应的原理及过程是什么？控制反应中注意的事项有哪些？

（4）各个塔、釜的加热部件如何操作与控制？注意事项有哪些？

（5）如何调节酯化塔的加热量？

（6）回流的作用是什么？如何控制？

（7）泵启动前，出口阀处于什么状态？为什么？关闭泵时，出口阀处于什么状态？为什么？泵启动后，如不打开出口阀，会有什么结果？

2. 酯化过程

（1）酯化反应有何特点？实验中采取哪些措施提高酯的产量？

（2）浓硫酸的作用是什么？加入浓硫酸的量是多少？

（3）为什么要使用过量的醇，能否使用过量的酸？

（4）为什么调节回流量？调节酯化釜和精馏塔的回流的作用是什么？

（5）为什么维持反应液温度在110~120℃？

（6）实验中，怎样检验酯的质量是否合格？

（7）酯化塔出口的乙酸乙酯产品的浓度为什么尽量提高？

3. 水解过程

（1）水解反应有何特点？实验中采取哪些措施提高酯的水解？

（2）为什么要控制温度？

（3）为什么调节回流量？调节酯化釜和精馏塔的回流的作用是什么？

（4）为什么维持反应液温度在 70℃ 左右？

（5）实验中，怎样检验酯是否水解充分？

4. 应急处理

（1）加热过快时，不容易稳定操作；加热慢时，效率不高。如何解决既要平稳操作，又要提高加热效率的矛盾？加热釜内外的温差最大允许多少？为什么？

（2）当反应温度过高时如何快速实现回到正常操作范围？

（3）回流比不稳定会造成什么问题？

（4）造成酯化塔出口产品不合格的原因有哪些？

（5）如何避免脱水环节中产生不合格产品？

（6）冒塔时的应急处理的步骤有哪些？

（7）水解釜产品不合格的因素是什么？如何处理？

（8）开车、停车时应注意事项有哪些？

实验二　气固流态化综合实验

一、实验目的

（1）熟悉"提出问题→文献调研→设计方案→开展实验→结果分析→撰写报告"这一科学研究的思路，锻炼综合运用所学知识以分析和解决问题的能力，培养基本科研素养；

（2）通过实验，学习气固流态化的基本原理，了解流化床装置的基本结构；

（3）了解气固流态化中随气速升高依次经历鼓泡床、湍动床、快速床、气力输送等流型时，流化现象的差异以及各流型颗粒夹带、轴径向流动结构的差异；

（4）掌握颗粒初始流化气速、颗粒循环量的测定方法；

（5）掌握采用红外光纤探头测定轴径向固含率分布的基本方法。

二、实验原理

固体颗粒床层在向上流动流体的作用下，给予颗粒一定的曳力，使得颗粒悬浮于流体中，呈现出一般流体性质的现象，称为固体流态化，简称流态化（图 4-3）。根据流化介质的不同，又可以分为气固、液固和气液固三相流态化。流态化技术则是指利用流体运动使得

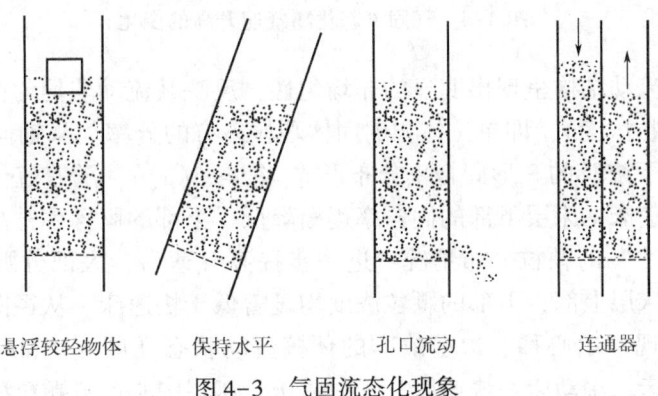

悬浮较轻物体　　　保持水平　　　孔口流动　　　连通器

图 4-3　气固流态化现象

固体颗粒悬浮于流体中，进而进行一定操作过程的工艺技术。其中，气固流态化技术普遍用于粉体输送、催化反应、气固分离、干燥焙烧等化工过程中，已成为化学工程学科的重要研究领域之一。

颗粒的粒径和表观密度等物理性质对气固流化床内气固两相流化特性具有显著影响，Geldart 以大量实验数据作为依据，按照颗粒粒度和气固两相密度差将固体颗粒分为 A、B、C、D 四类，该分类方法只适用于气固体系。A 类颗粒一般具有较小的粒度（30~100μm）及表观密度（$\rho_p<1400kg/m^3$）。催化裂化催化剂是典型的 A 类颗粒，以该类固体颗粒构成的床层随操作气速的增大，依次经历固定床、散式流态化、鼓泡床、湍动床、快速床、气力输送等流动形态的转变（图 4-4）。其中，快速流态化和气力输送统称为循环流态化。由图 4-4 可知，无流化气体时，颗粒床层处于堆积状态，为固定床；随着气速增大床层压降增大，颗粒床层没有聚集现象，床层界面平稳，随着气速的增大，床层的空隙率增大，床层膨胀，为散式流态化；进一步升高气速，颗粒被完全流化起来，床层压降稳定，此时对应气速为起始流化速度，可以看到很多气体以大气泡的形式通过床层，此时为鼓泡床；进一步提高气速，湍动床内的大气泡分裂成多个小气泡，床层颗粒内循环加剧，气泡分布趋于均匀，床层压力波动减小，床层表面颗粒夹带量大增；在快速流态化和气力输送状态下，颗粒夹带速率较大，在没有颗粒补充情况下，床层颗粒很快被吹空，需设有气固分离装置回收带出的颗粒，并将其不断补充至床层底部，才能维持固体颗粒床层，此时所对应的流化床称为循环流化床。

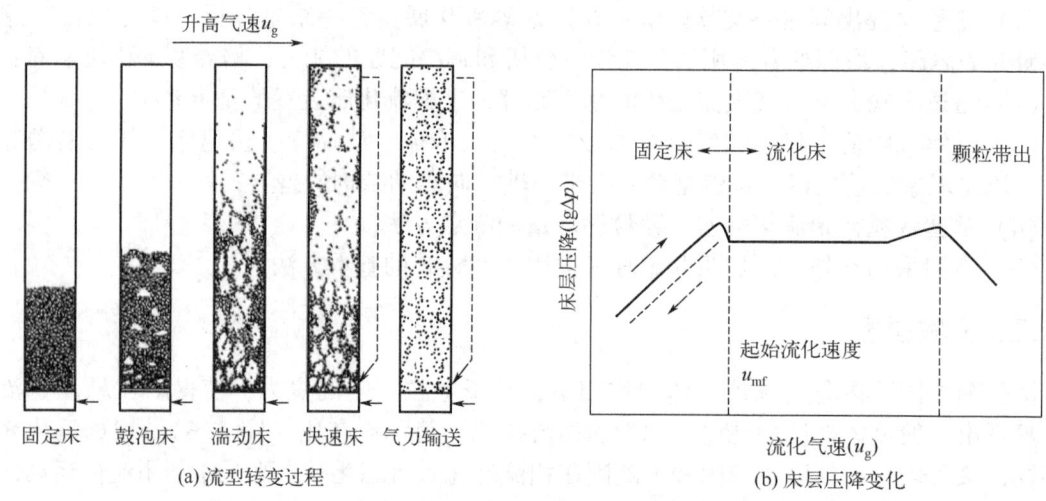

(a) 流型转变过程　　(b) 床层压降变化

图 4-4　气固流态化随气速升高的变化

气固流化床内流动结构呈现出明显的非均匀性，反映其流动非均匀性的最直接的参数是固含率（亦称为颗粒浓度），即单位体积内固体颗粒占有的分率。从轴向流动结构来说，流化床内呈现"上稀下浓"的 S 形固含率分布形式[图 4-5(a)]；随着流化气速的升高，从鼓泡床、湍动床到快速床，床层下部的固含率逐渐降低，上部的固含率升高，且三种流化床床型均呈现"上稀下浓"的颗粒分布情况；进一步提高气速后，大部分颗粒被带出床层，导致气力输送状态下床层上部、下部的颗粒浓度均显著低于快速床。从径向流动结构来看，四种流化床床型均呈现"中心稀、边壁浓"的环核流动状态［图 4-5(b)］；随着气速提高，床层依次经历鼓泡床、湍动床、快速床、气力输送，床层中心位置颗粒浓度明显降低，颗粒浓度径向分布的不均匀性更加突出。

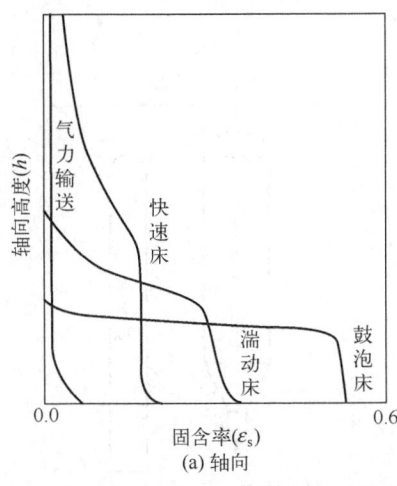
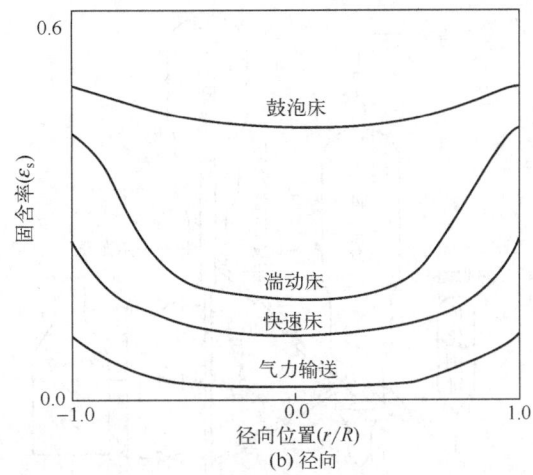

图 4-5 不同气固流态化床型内固含率分布情况

气固流化床的基本结构主要包括气体分布器、床体、沉降段、旋风分离器、内构件及换热装置等部件构成（图 4-6）。具体来说，流化床床体多为圆筒形，在床体底部设置椭球形或锥形气体分布器，用于均布气体进料，气体通过分布装置的阻力越大，气体分布越均匀，但同时动力损耗也越大；流化床床体上部一般设置直径扩大的沉降段，用于降低气速，实现粗颗粒的初步自由沉降，同时沉降段内设置旋风分离器，细颗粒经旋分的料腿和止逆阀返回流化床床层；此外，流化床内还常常设置各种内构件以破碎气泡，强化气固两相的接触，有些还设有换热装置，以维持床层特定温度。

在一些气固催化反应过程中，由于催化剂失活较快，催化剂需进行循环反应—再生过程，常采用循环流化床，以实现该操作。气固流化床应用的典型过程主要包括催化裂化、甲醇制烯烃、丙烷催化脱氢等过程，这

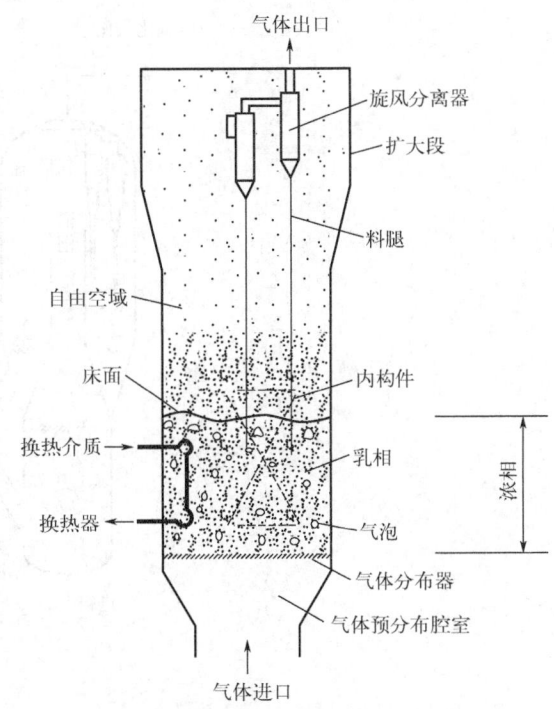

图 4-6 典型流化床的基本结构组成

些流化床工艺的反应—再生流程如图 4-7 所示。对于催化裂化工艺其提升管反应器内为气力输送状态，甲醇制烯烃和丙烷脱氢工艺中反应器内为湍流床状态，三类工艺再生器的操作则主要为鼓泡床状态。

三、实验装置与测试方法

为了弥补传统流态化实验教学中循环流态化和气固流动结构测试的缺失，我校自主设计

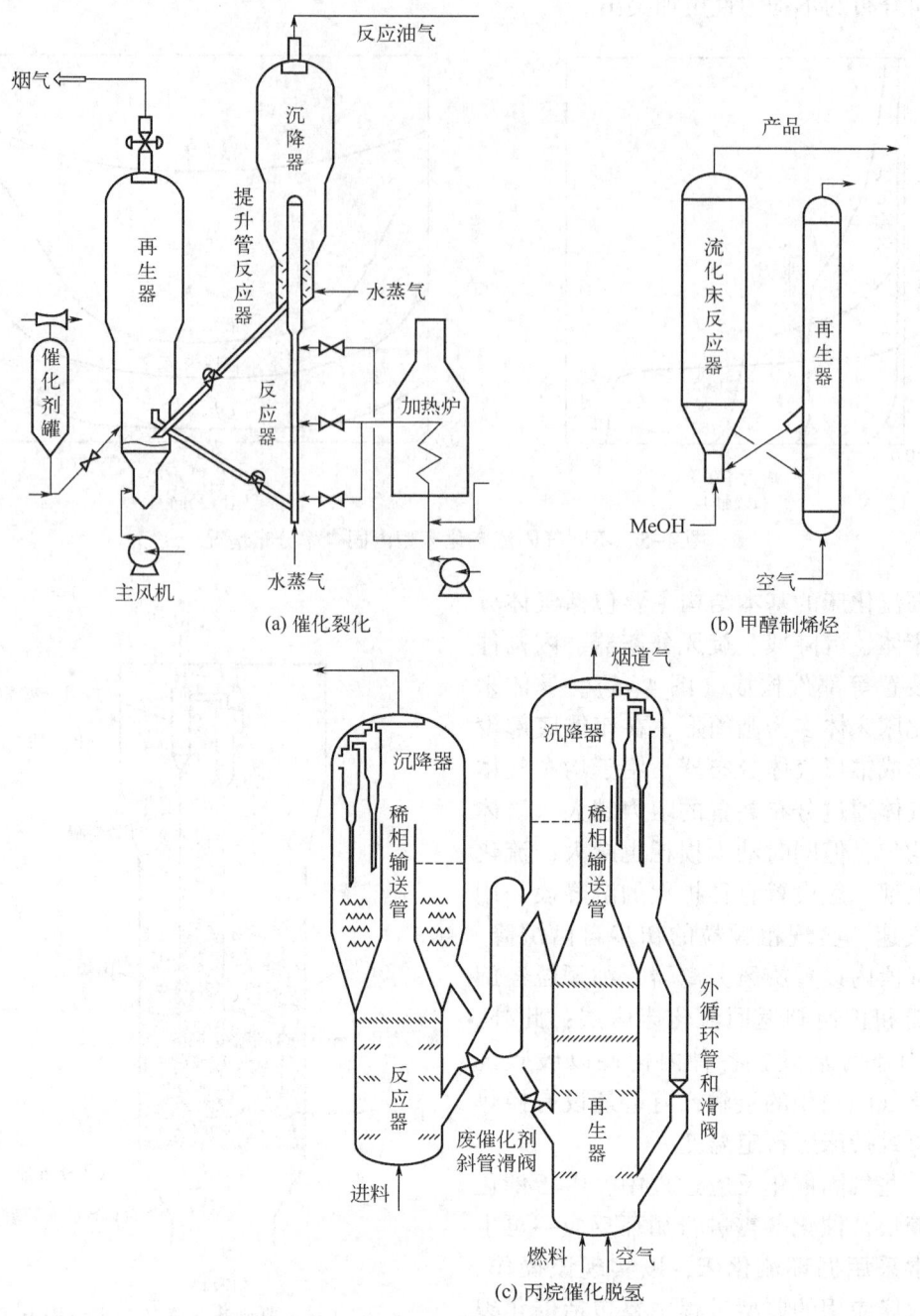

图 4-7 气固流化床催化反应应用

并搭建了气固流态化综合实验教学平台,平台主要包括一套多功能大型循环流化床冷模装置,以及配套测试仪器和虚拟仿真系统,可开展常规固体流态化和气固循环流态化两种模式下流化现象观测、颗粒流动特性测试、气固流动结构和两器压力平衡分析等方面的教研工作,丰富和完善了化工专业实验的实践教学内容。

1. 多功能大型循环流化床冷模装置

多功能大型循环流化床冷模装置流程如图 4-8 所示,包括流化床和循环流化床两部分,两者共用颗粒供料系统（即伴床和下料斜管）和供气系统（即鼓风机和气路管线）。所搭建冷模装置实物如图4-9(a)所示，主体结构采用有机玻璃材质，以便于直观观察流动现象，安装于4层钢结构平台上，装置总高16.0m，占地面积10.0m²。

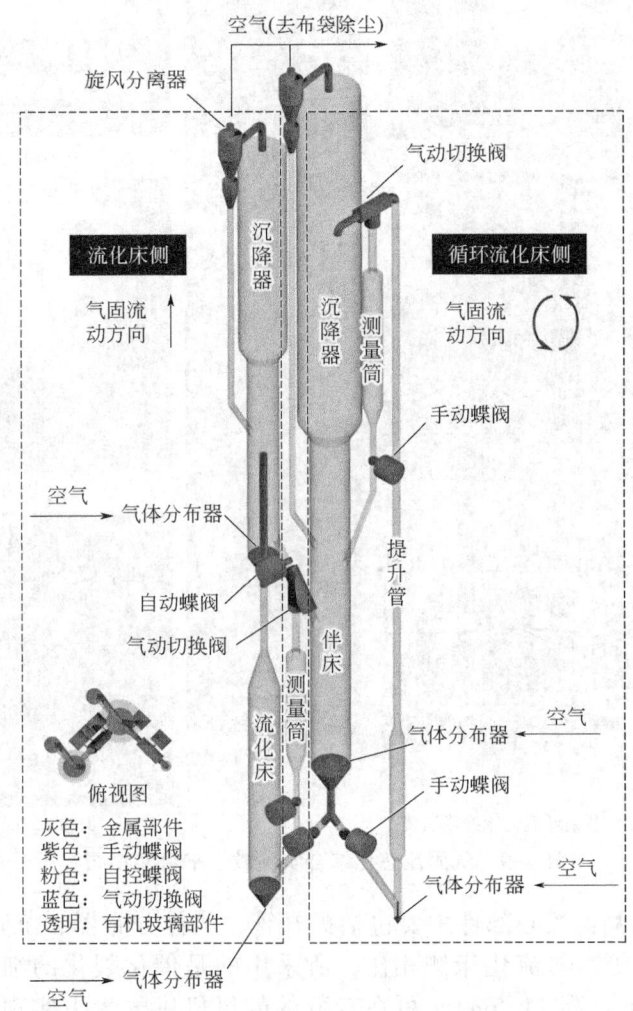

图4-8 多功能大型循环流化床冷模装置流程示意图

装置所装填颗粒为催化裂化平衡剂，其颗粒密度ρ_p=1500kg/m³，堆积密度ρ_b=938kg/m³，平均粒径d_p=90μm，属于Geldart颗粒分类法中的A类颗粒。

(1) 流化床侧：核心部件主要包括流化床、气体分布器、沉降器、旋风分离器、气动切换阀、测量筒等。流化床床型结构类似于甲醇制烯烃、烷烃脱氢等催化反应过程所采用的短粗型湍流床反应器结构（内径0.37m，高5.5m），实验教学中可用于流态化流型转变的观测、颗粒流化特性曲线的测试，以及鼓泡床、湍动床内固含率的测定。实验过程中首先将伴床内的固体颗粒卸料至流化床主体，至其高径比1~2为宜；然后经底部气体分布器注入压缩空气，并逐渐提高气速，使颗粒床层依次经固定床、鼓泡床和湍动床，从而得到完全流化；进一步提高气速颗粒将被带出床层，进入快速流态化，所被带出的颗粒经扩径沉降和旋风分离后返回沉降器底部，通过气动切换阀将颗粒通路切换至测量筒侧，根据一定时间内积聚的催化剂量即可计算颗粒带出速率。

(a) 大型循环流化床冷模装置

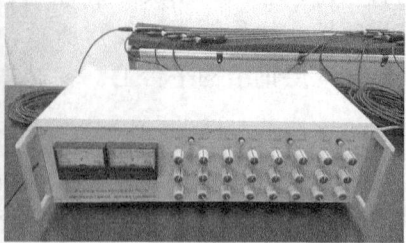
(b) 多通道颗粒浓度测试仪

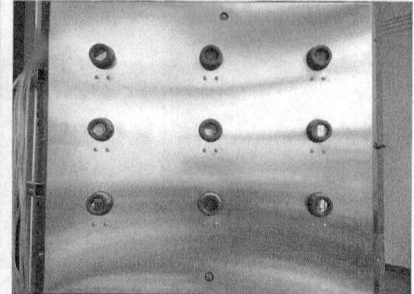
(c) 压力信号采集系统

(d) 虚拟仿真软件操作界面

图 4-9 气固流态化综合实验教学平台实物图

（2）循环流化床侧：核心部件主要包括提升管、气体分布器、沉降器、旋风分离器、气动切换阀、测量筒等。与流化床侧相比，所采用的是催化裂化的细长型提升管反应器结构形式（内径 0.10m，高 11.5m），可在较低的鼓风机供气量下实现快速床、气力输送等流化床型的操作，以及相关教学研究工作，如颗粒循环通量测定、两器压力平衡分析、轴径向气固相分布测试等。实验操作过程与流化床侧略有不同，首先经提升管底部气体分布器注入高速气流；其次伴床内固体颗粒通过斜管进入提升管，颗粒在高速气体的推动下沿提升管向上运动；最后颗粒经沉降器和旋风分离器后返回伴床，实现循环流动，旋风分离器出口的气体则经布袋除尘后排空。颗粒循环通量的测试则与前述颗粒带出速率测试过程相似。

2. 平台配套功能化模块

平台不仅配备了气固流态化相关先进测试仪器，如多通道颗粒浓度测试仪、压差传感器及压力采集系统，还根据冷模装置实际流程和布置，开发了配套的虚拟仿真系统，以辅助实验教学任务。

（1）颗粒浓度测试系统：从中科院过程所购置了 PC6M 型八通道颗粒浓度测试仪 [图 4-9(b)]，该设备由测试仪主机、8 根光导纤维探针及模数转换器构成；光导纤维阵列探头通过检测与运动颗粒浓度相关的反射光信号,测定气固两相流动系统中固体颗粒物料的浓度,可同时检测流化床中8个不同轴径向位置处的颗粒浓度。

(2) 压力信号采集系统:沿着流化床、提升管和伴床,以及提升管和伴床顶部位置共设置了一系列压力传感器 [图4-9(c)],经变送器和数据采集卡模数转换后,记录于计算机;压力采集系统的主要功能是采集局部压力信号,为后续颗粒流动特性曲线测定和两器压力平衡分析提供基础数据。

(3) 虚拟仿真系统:依据大型冷模实验装置各层平台的实际布置和流程,开发的虚拟仿真软件界面如图4-9(d)所示;该虚拟仿真系统不仅可用于学生熟悉装置流程和设备信息,还设置了包括循环流态化在内的各种流态化流型演示动画,便于学生理解气固流态化现象;此外,增设了虚拟仿真实验操作,可进行颗粒流动曲线的测定、轴向颗粒浓度分布、径向颗粒浓度分布等仿真实验。

3. 核心参数的测试方法

(1) 表观气速:所用流化介质为常温空气,气源稳压阀控制在0.09MPa,通过2~3处气体分布器引入接近常压操作的流化床内,在计算表观气速时,应采用各处进气量之和。实验用压缩机所输出的压缩空气状态与转子流量计标定条件($p_0 = 0.1013$MPa,$T_0 = 20$℃)不同,因此需对流量进行校正,即先读取转子流量计示数 Q_0,然后根据压缩空气状态(压力 P,温度 T)计算进入装置的空气流量 Q:

$$Q = Q_0 \sqrt{\frac{pT}{p_0 T_0}} \tag{4-1}$$

进而计算得到提升管内表观气速 U_g:

$$U_g = \frac{Q}{\pi R^2} \tag{4-2}$$

其中,R 为流化床内径,提升管内径为0.10m,湍流床内径为0.37m。

(2) 颗粒循环速率:装置的颗粒循环速率采用切换法测定,即通过切换安装于测量筒和伴床顶部的气动切换阀至测量筒一侧,记录一定时间 t(10~20s)内累积催化剂体积 V_{ol} [等于测量筒(内径0.25m)横截面积与催化剂累积高度的乘积],依据式(4-3)计算颗粒循环速率 G_s:

$$G_s = \frac{\rho_b V_{ol}}{\pi R^2 t} \tag{4-3}$$

其中,R 为流化床内径,提升管内径为0.10m,湍流床内径为0.37m。

(3) 固含率:颗粒浓度测量仪的工作原理是,光纤探头插入提升管内,光源发出的光通过光纤照射到颗粒群,反射光又通过光纤传送至光电倍增管转换为电压信号。当颗粒通过探头前端时,将产生反射电压信号,电压信号与固含率是非线性关系,根据文献报道的标定方法,获得电压信号与固含率的对应关系如图4-10所示,拟合得到标定曲线如式(4-4),然后根据电压信号 U 即可计算得到局部颗粒浓度 ε_s。

$$\varepsilon_s = 0.0294 e^{0.683U} - 0.0172 \tag{4-4}$$

湍流床(内径0.37m)和提升管(内径0.10m)上沿轴向设置多处轴向测量位置,而径向测量位置的选取采用等面积的划分方法,即将横截面划分为等面积的五份,然后将提升管中心位置和每份的中点设为测量点,分别为 $r/R = -0.98$、-0.87、-0.74、-0.59、

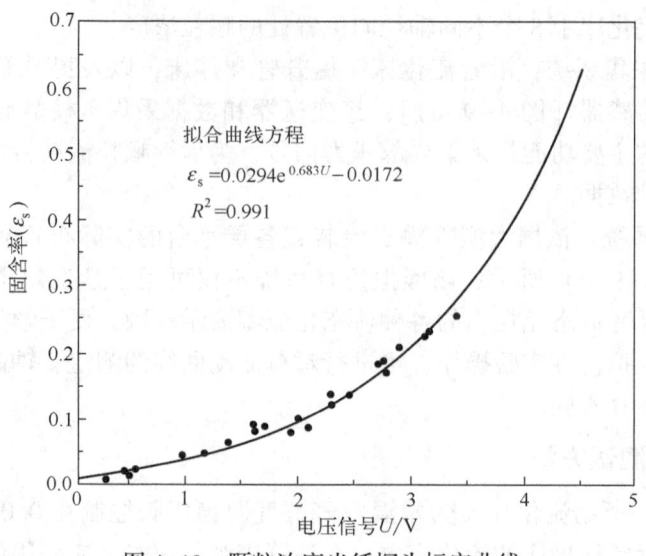

图 4-10 颗粒浓度光纤探头标定曲线

-0.38、0.00、0.38、0.59、0.74、0.87 和 0.98。为了保证测定结果的准确性和可靠性，每个测量位置的测定时间为 30s，采样频率为 1kHz。理论上讲，截面平均颗粒浓度 $\overline{\varepsilon_s}$ 应按照式(4-5)进行计算。但由于各径向测量位置的选取依据的是等面积的划分方法，因此，截面平均颗粒浓度等于除去中心位置外 10 个径向测量位置局部颗粒浓度的算术平均值。

$$\overline{\varepsilon_s} = \frac{1}{\pi R^2}\int_0^R 2\pi r \varepsilon_s \mathrm{d}r = \int_0^1 2\varepsilon_s \frac{r}{R}\mathrm{d}\left(\frac{r}{R}\right) \tag{4-5}$$

四、实验步骤

1. 熟悉流化床装置结构与流程

通过现实实验装置观测和三维虚拟仿真漫游相结合的方式，熟悉流化床装置结构和核心单元，掌握装置的基本流程。绘制大型气固流态化装置的流程图，并从流程图中识别出催化裂化（FCC）、甲醇制烯烃（MTO）、丙烷脱氢（PDH）等循环流化床催化反应过程的基本流程。

2. 气固流态化实验虚拟仿真操作

通过三维虚拟仿真漫游的方式，熟悉和掌握流化床装置核心设备和基本流程。观察固定床、散式流态化、鼓泡床、湍动床、快速床、气力输送等气固流态化的演示动画，同时观察节涌床这一非稳定流化现象，加深对气固流态化现象的理解。进一步完成虚拟仿真实验操作，主要包括颗粒流动曲线的测定、轴向颗粒浓度分布、径向颗粒浓度分布等仿真实验，为后续现实实验操作做好准备。

3. 自主提出问题、设计实验方案及虚拟仿真实验

根据化工专业综合实验的教学目的，学生自主提出问题；针对该问题提出解决方案

和实验思路；经与教师分析讨论，确定合理方案；开展虚拟仿真/现实实验研究，解决相关问题。至于待解决的问题，学生可从以下问题中任选部分问题，也可提出新的问题和研究任务。

（1）气固两相的固定床、鼓泡床、湍动床、循环流态化的流化现象有何相似与差别？它们之间操作气速、颗粒夹带、流动结构有何差异？

（2）通过设计怎样的实验过程观测上述现象？

（3）初始流化速度如何测定？

（4）如何测定颗粒循环量？

（5）如何测定径向固含率分布，并计算截面平均固含率？

（6）流化床与伴床之间的压力平衡情况如何？颗粒循环流化的推动力和阻力分别来自哪里？

4. 测定颗粒流动特性曲线

首先打开鼓风机和空气压缩机，将空气缓冲罐压力控制在 0.08~0.09MPa。基于流化床侧进行操作，保证流化床内固定床（0.00m/s）床层高度为 1m 左右，随后通过控制转子流量计阀门，逐步升高流化气速，使床层依次经历散式流态化（0.01m/s、0.02m/s、0.03m/s、0.04m/s、0.05m/s、0.06m/s）、鼓泡床（0.1m/s、0.3m/s）、湍动床（0.5m/s、0.7m/s）等流化状态，实验过程中，注意透过有机玻璃透明材质直观观察上述流化现象，记录床层压降，绘制颗粒流动特性上行曲线。随后，按照相反的方向，逐步降低流化气速，并记录床层压降，绘制颗粒流动特性下行曲线，根据拐点确定颗粒初始流化速度。

5. 测定鼓泡床、湍动床轴径向颗粒浓度分布

基于流化床侧进行操作，调整转子流量计气量，使床层分别处于鼓泡床（0.1m/s）、湍动床（0.5m/s）的状态，通过切换阀和测量筒的配合测定颗粒循环通量；调试颗粒浓度测试仪，确保各探头在固定床内的最高电压为 4.5V，设定采样频率为 1kHz，采样时长为 30s 左右；测定一系列不同轴向高度位置处（$h=0.5m$、$1.5m$、$2.5m$、$3.5m$）的固含率径向分布（$r/R=-0.98$、-0.87、-0.74、-0.59、-0.38、0.00、0.38、0.59、0.74、0.87 和 0.98）情况，分别绘制径向固含率分布曲线，以及截面平均固含率沿轴向的分布情况。

6. 测定快速床、气力输送轴径向颗粒浓度分布

基于循环流化床侧进行操作，调整转子流量计气量，使床层分别处于快速床（1.5m/s）、气力输送（10.0m/s）的状态，通过切换阀和测量筒的配合测定颗粒循环通量；调试颗粒浓度测试仪，确保各探头在固定床内的最高电压为 4.5V，设定采样频率为 1kHz，采样时长为 30s 左右；测定一系列不同轴向高度位置处（$h=2.0m$、$4.0m$、$6.0m$、$8.0m$）的固含率径向分布（$r/R=-0.98$、-0.87、-0.74、-0.59、-0.38、0.00、0.38、0.59、0.74、0.87 和 0.98）情况，分别绘制径向固含率分布曲线，以及截面平均固含率沿轴向的分布情况。

六、实验记录表

实验数据记录表见表 4-4 和表 4-5。

表 4-4 颗粒流化特性曲线数据记录表（通过虚拟仿真获取数据）

气速增加（上行方向）				气速降低（下行方向）			
气源压力/MPa	流量计示数/(m³/h)	表观气速/(m/s)	床层压降/kPa	气源压力/MPa	流量计示数/(m³/h)	表观气速/(m/s)	床层压降/kPa

表 4-5 轴径向颗粒浓度分布数据记录表（记录电压，须根据标准曲线自行计算固含率）

床型	轴向位置（高度）/m	径向位置（r/R）					
		0.00	0.38	0.59	0.74	0.87	0.98
鼓泡床 $U_g=$ $G_s=$							
湍动床 $U_g=$ $G_s=$							
循环流化床 $U_g=$ $G_s=$							

七、实验报告要求

实验报告主要内容包括以下几方面：实验目的、实验原理、实验仪器、实验方案、结果和分析、结论、参考文献。结果分析中要求绘制流态化装置流程图；绘制颗粒流动特性曲线，确定颗粒起始流化速度；汇总对比鼓泡床、湍动床、快速床、气力输送的操作气速、颗粒夹带，以及不同流态下的径向固含率分布和截面平均固含率沿轴向的分布情况。

八、思考题

(1) 从流化气速、颗粒夹带、流化现象、固含率分布等方面入手，对比分析聚式流态化（鼓泡床、湍动床）和循环流态化（快速床、气力输送）有何异同？

(2) 流化床内颗粒上行的受力情况是怎样的？

(3) 颗粒循环流化的推动力来自哪里？

(4) 湍动床、循环流化床两类反应器内的流动更接近哪种理想流动状态？

(5) 根据操作条件，流化催化裂化反应过程可能是扩散控制还是动力学控制？

参 考 文 献

[1] 赵慧菊. 油品分析 [M]. 北京：中国石化出版社，2010.
[2] 中国石油化工股份有限公司科技开发部、中国标准出版社. 石油化工产品及试验方法国家标准汇编（2012）[M]. 北京：中国标准出版社，2012.
[3] 王从岗，涂永善，杨朝合. 石油炼制工程实验 [M]. 东营：石油大学出版社，1997.
[4] 徐春明，杨朝合. 石油炼制工程：富媒体 [M]. 5 版. 北京：石油工业出版社，2022.
[5] 米振涛. 化学工艺学 [M]. 北京：化学工业出版社，2006.
[6] 陈甘棠. 化学反应工程 [M]. 北京：化学工业出版社，2007.
[7] 田维亮. 化学工程与工艺专业实验 [M]. 上海：华东理工大学出版社，2015.
[8] 张雅明，谷和平，丁健. 化学工程与工艺实验 [M]. 南京：南京大学出版社，2006.
[9] 房鼎业，乐清华，李福清. 化学工程与工艺专业实验 [M]. 北京：化学工业出版社，2000.
[10] 梁亮. 化学化工专业实验 [M]. 北京：化学工业出版社，2009.
[11] 孙昱东. 化学工程与工艺专业实验 [M]. 北京：石油工业出版社，2013.